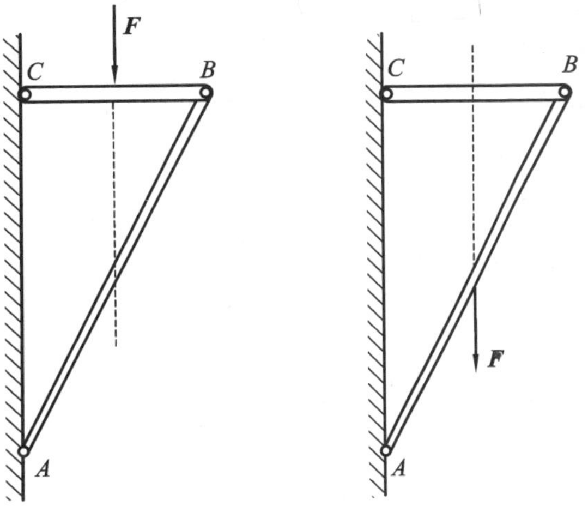

思 1-5 图

思 1-6　指出图中哪些是二力构件(设所有接触处均光滑,未画出重力的物体都不计自重)。

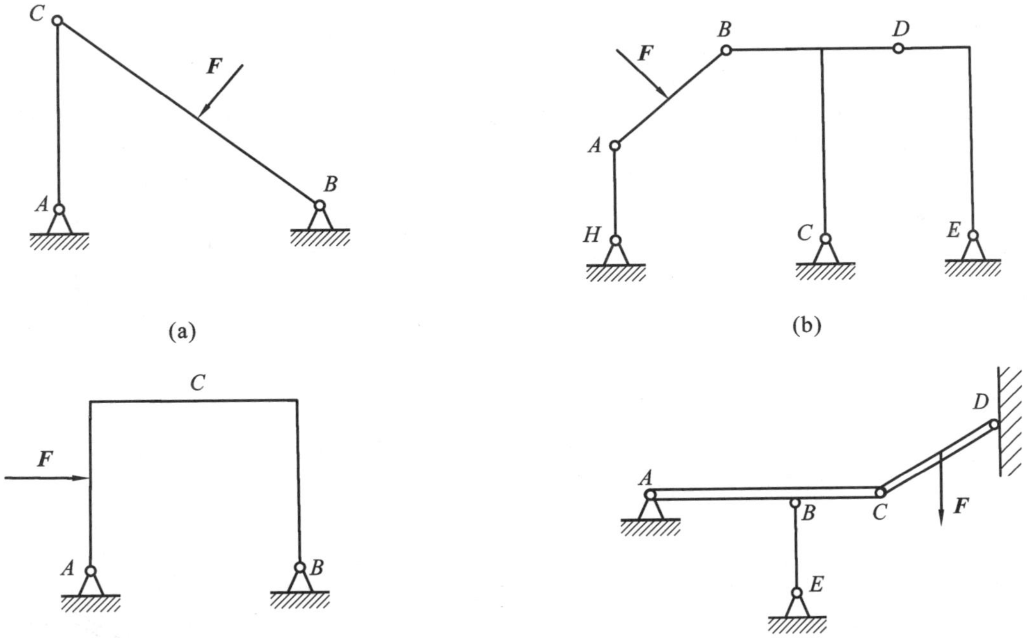

(c)　(d)

思 1-6 图

思 1-7　从图中所示的平面汇交力系各力多边形中,判断出哪个力系是平衡的,哪个力系有合力,哪个力是合力?

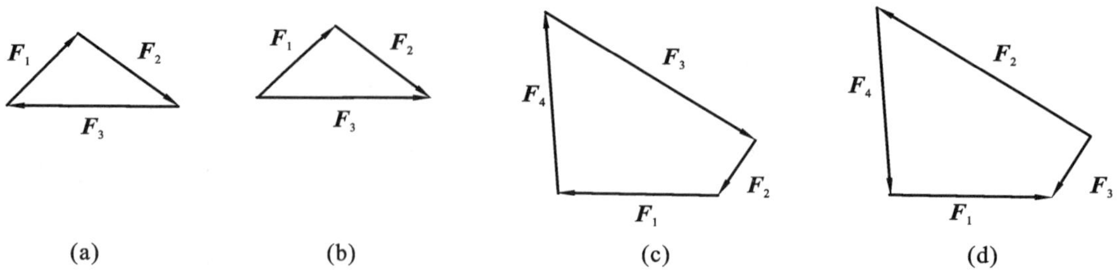

思 1-7 图

思 1-8 图中两物体均受两个力作用，它们对物体的作用效果是否一样？

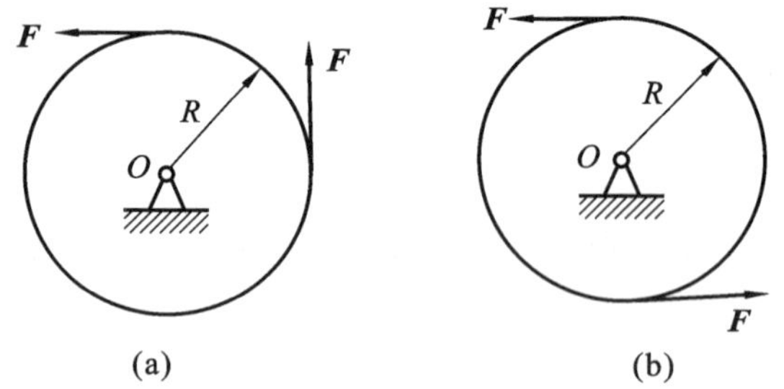

思 1-8 图

思 1-9 力偶不能用一个力平衡，为什么图中的轮子却能平衡呢？

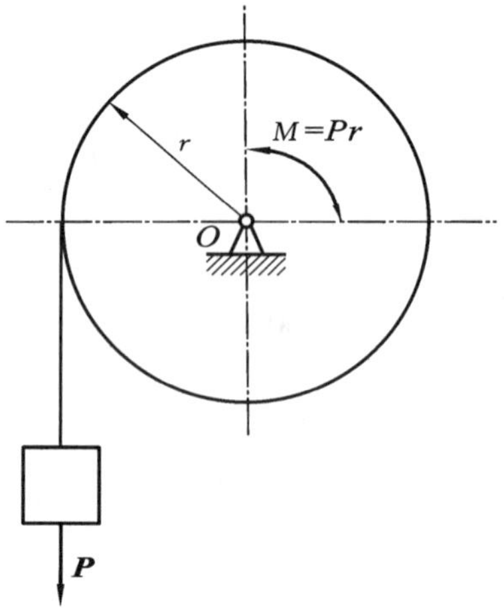

思 1-9 图

思 1-10 图示四连杆机构中，若 $M_2=-M_1$，试问此机构能否平衡？为什么？

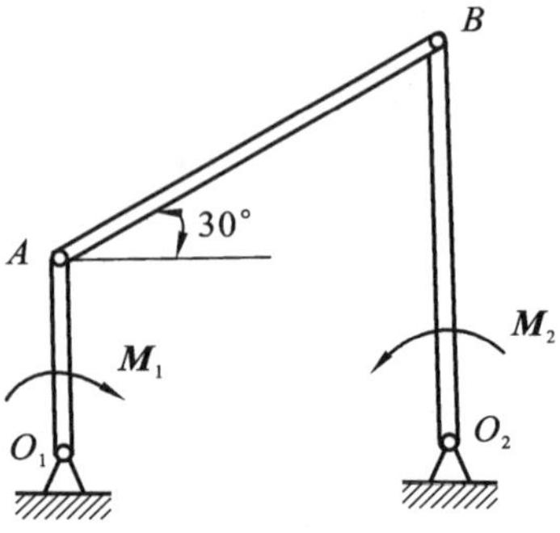

思 1-10 图

1-8 试画出物系中每个物体的受力图。

1-9 画出物系中各物体的受力图。

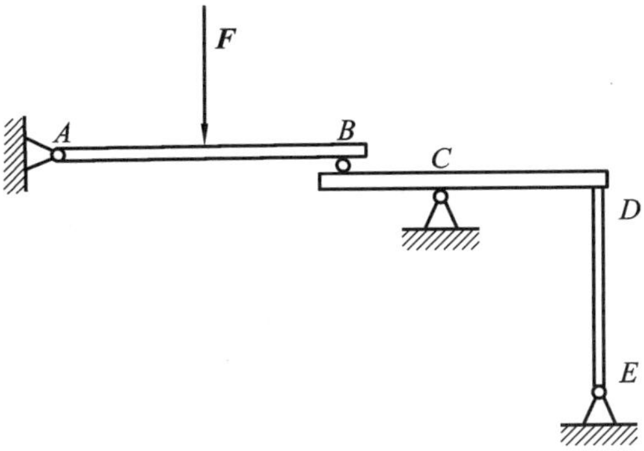

题 1-8 图

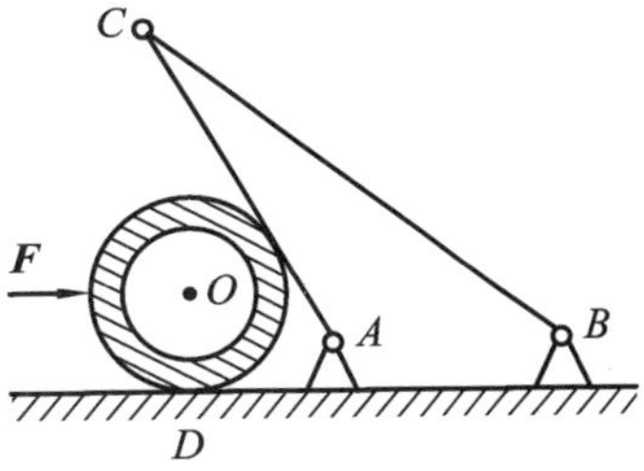

题 1-9 图

1-10 画出杆 AC、BC 的受力图。

1-11 画出物系中圆球和杆的受力图。

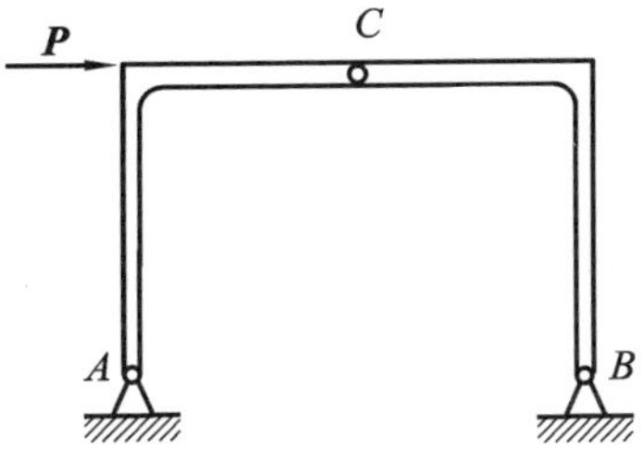

题 1-10 图

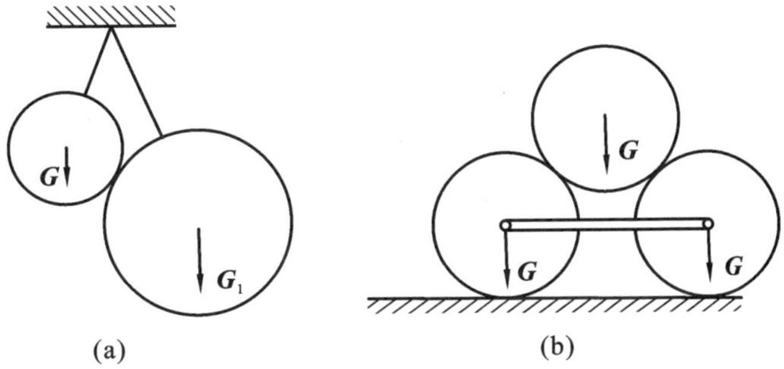

题 1-11 图

1-12 油压夹紧装置如图所示，试分别画出活塞 A、滚子 B 和杆 DCE 的受力图。

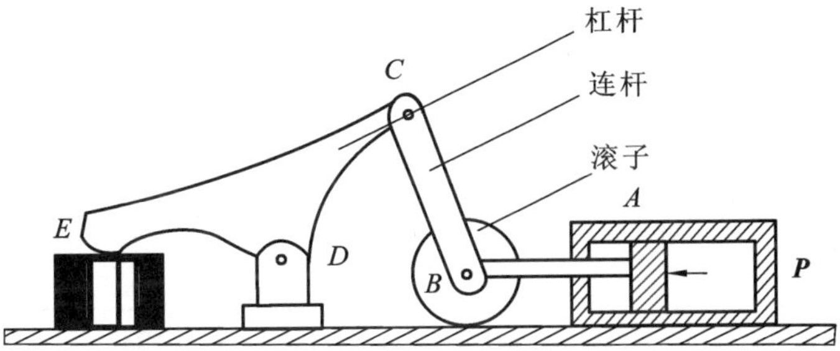

题 1-12 图

1-13　试写出图中所示各力在 x 轴和 y 轴上投影的计算式。

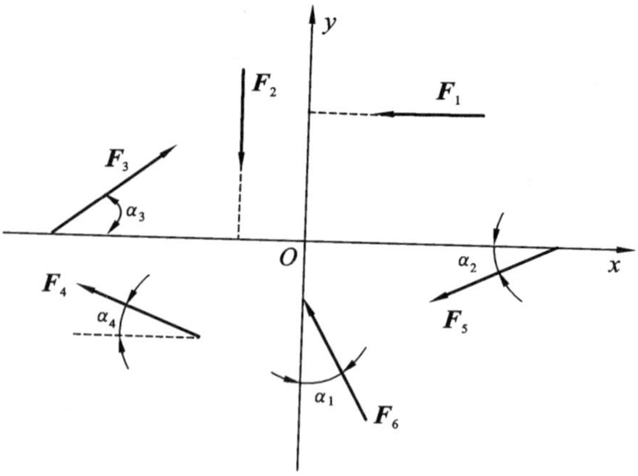

题 1-13 图

1-14　图中 $F_1=10\ \text{N}$，$F_2=6\ \text{N}$，$F_3=8\ \text{N}$，$F_4=12\ \text{N}$，求该力系的合力。

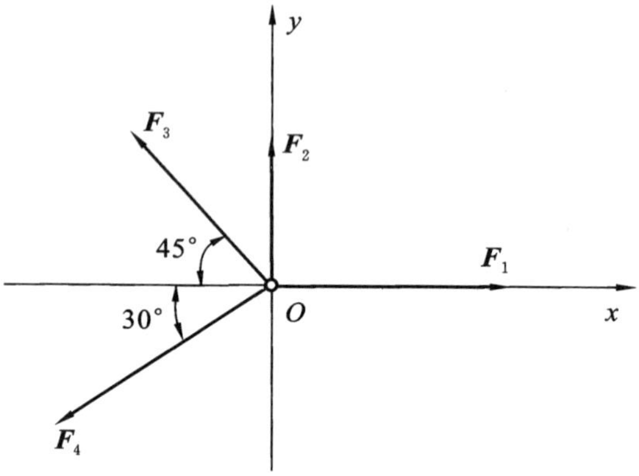

题 1-14 图

1-15　曲臂杠杆 ABC 处于平衡状态，已知 $F_1=10\ \text{N}$，$F_2=20\ \text{N}$，求铰链 B 处的总反力。

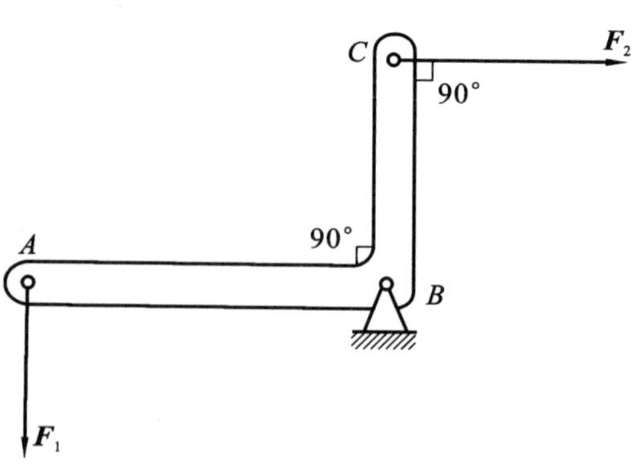

题 1-15 图

二、习题

2-1 在两垂直墙壁之间的绳子上挂一重力 $G=100\ \text{N}$ 的物体，绳子与两墙的夹角 $\alpha=60°$ 和 $\beta=30°$，求两绳中的拉力。

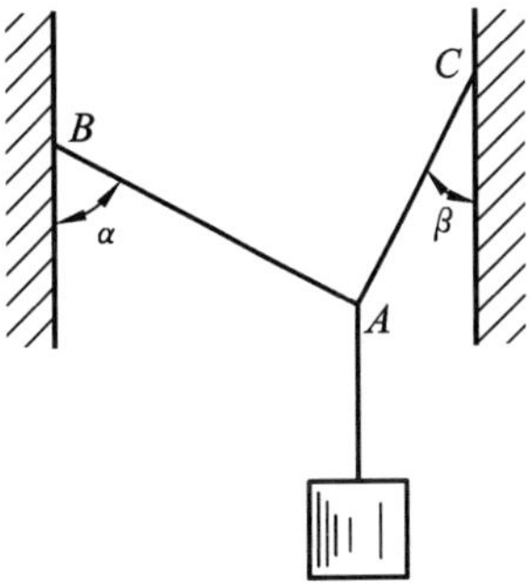

题 2-1 图

2-2 柱式起重机臂 AB 的 A 端用铰链连接在柱上，B 端用绳索 BC 拉住，已知 $G=2\ \text{kN}$，不计 AB 自重，求绳索的拉力及臂 AB 所受的力。

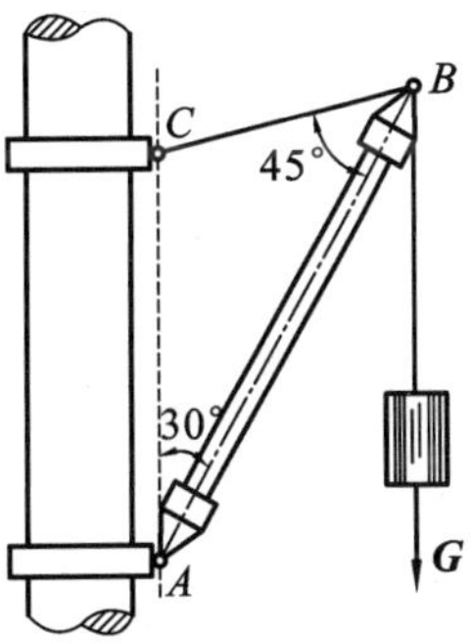

题 2-2 图

2-3 将重力为 $\boldsymbol{G}$ 的球放在光滑的水平面上，球上系两绳 AB 及 AC，两绳都通过球心，并绕过滑轮 B 及 C，两端分别挂一重力为 $\boldsymbol{G}_2$ 及 $\boldsymbol{G}_3$ 的重物，并假设 $G_3>G_2$。试求平衡时，AC 与水平线所成的角 α 及水平方向上的压力 $\boldsymbol{N}$。

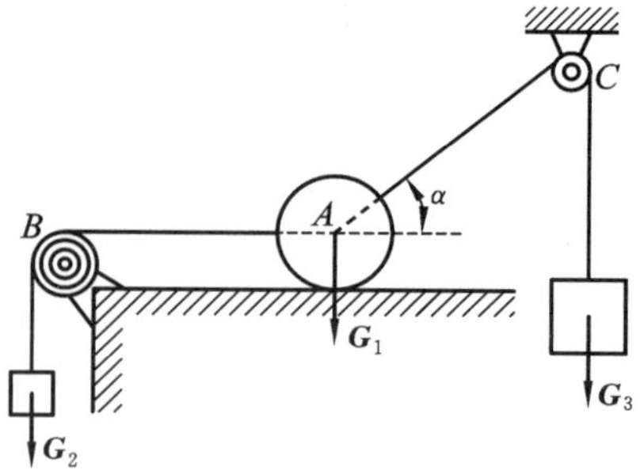

题 2-3 图

2-4 铰接四连杆机构 $CABD$ 的 CD 边固定。在铰链 A 上作用一力 $\boldsymbol{Q}$，$\angle BAR=45°$。在铰链 B 上作用一力 $\boldsymbol{R}$，$\angle BAR=30°$。这样使四边形 $CABD$ 处于平衡。如果已知 $\angle CAQ=90°$，$\angle DBR=60°$，试求力 $\boldsymbol{Q}$ 与 $\boldsymbol{R}$ 的关系。杆重略去不计。

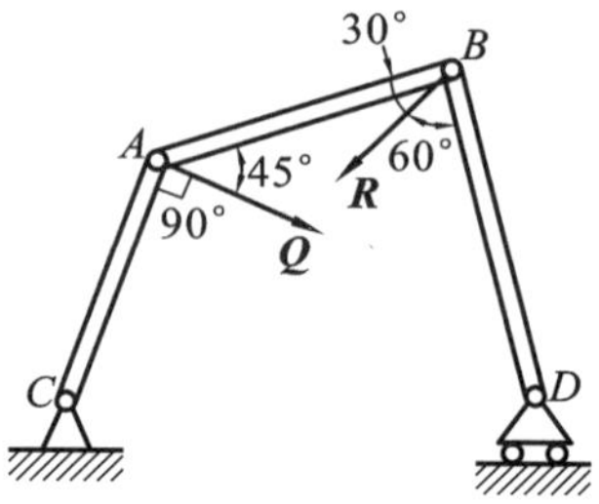

题 2-4 图

2-9 试求图示各梁的支座反力。

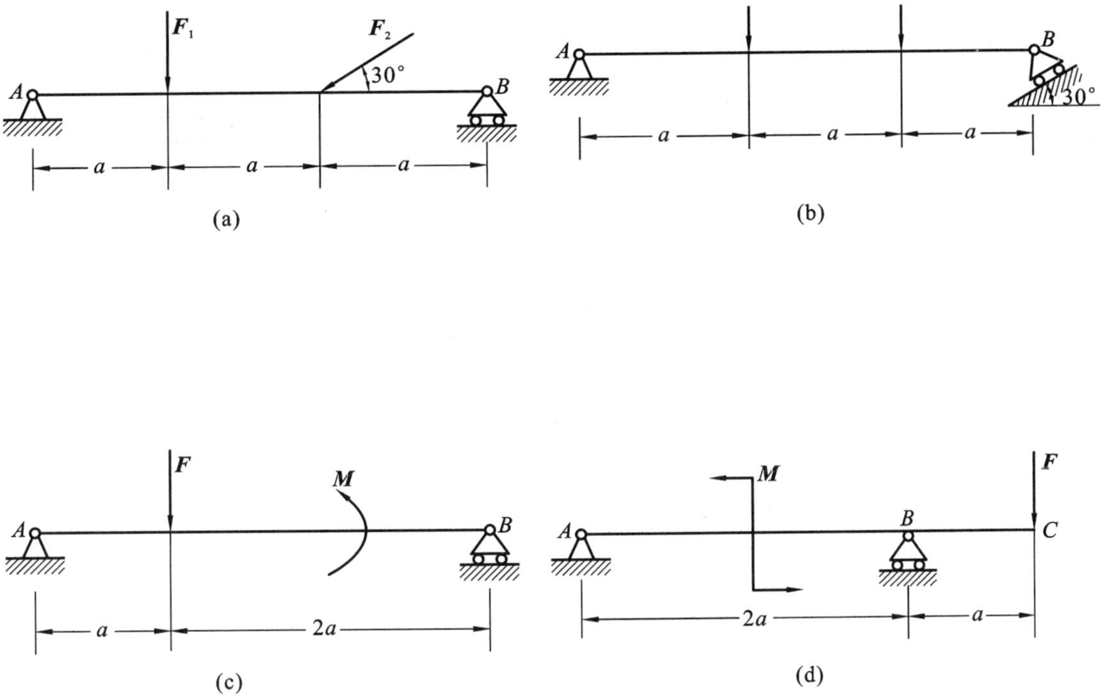

题 2-9 图

2-10 凉台的左端砌入砖墙内，凉台的自重可近似为均布载荷，其载荷集度为 $\boldsymbol{q}$（N/m）。在凉台的外伸端，作用有从柱子传来的力 $\boldsymbol{F}$（N），柱的轴线到墙的距离为 l（m）。试求凉台固定端的约束反力。

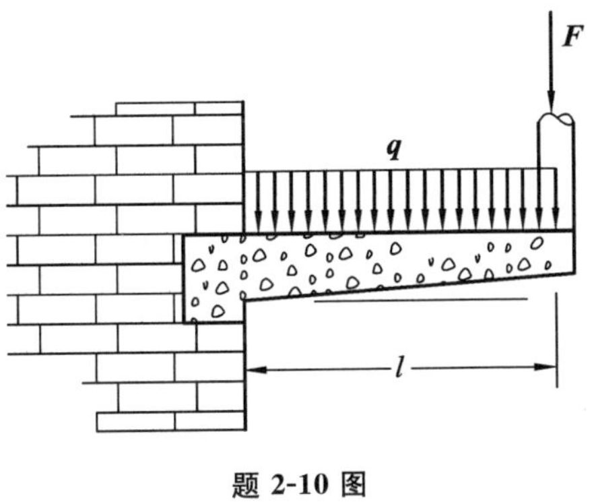

题 2-10 图

2-11 对于图示悬臂梁，已知 $F_1=200\ \text{N}$，$F_2=150\ \text{N}$，$M=50\ \text{N}\cdot\text{m}$，不计梁的自重，试求固定端支座 A 的约束反力。

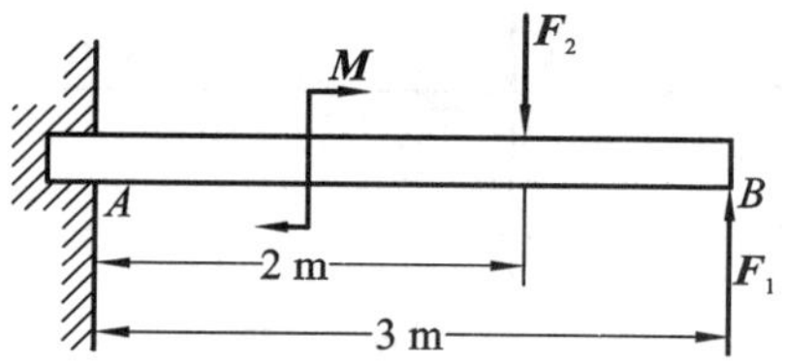

题 2-11 图

2-12 在水平的外伸梁上，作用有力偶($\boldsymbol{P}$，$\boldsymbol{P}'$)，左边外伸臂上作用有均布载荷 $\boldsymbol{q}$，右边外伸臂端作用有铅垂载荷 $\boldsymbol{F}$。已知 $P=10\ \text{kN}$，$F=20\ \text{kN}$，$q=20\ \text{kN/m}$，$a=0.8\ \text{m}$，试求支座 A、B 的反力。

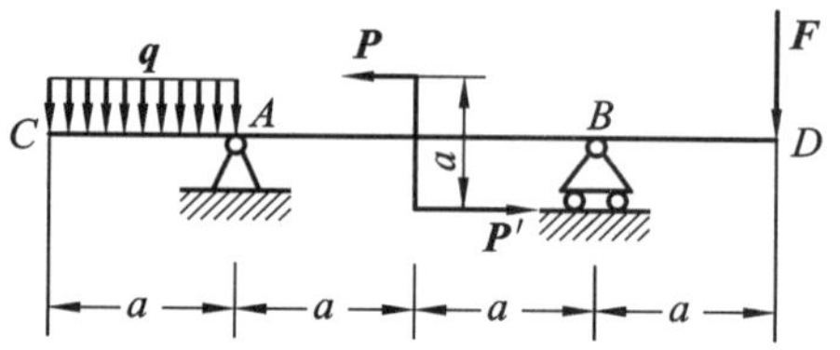

题 2-12 图

2-13 图中两杆的自重不计，AB 杆的 B 点挂有重力 $G=600\ \text{N}$ 的物体。试求杆 CD 所受的力及铰 A 的反力。

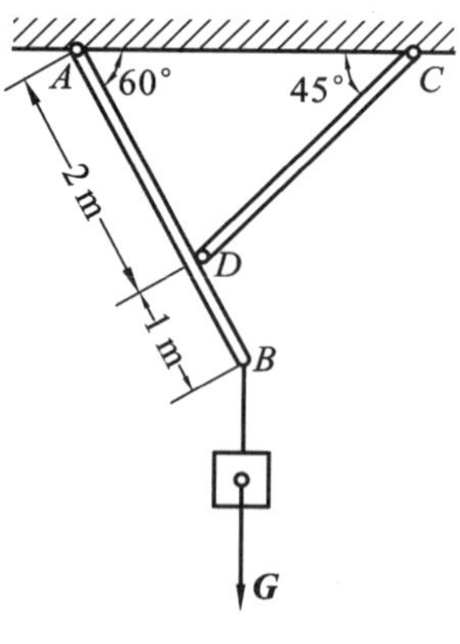

题 2-13 图

3-2　斜齿圆柱齿轮传动时的受力如图所示，已知 $F_n=1000$ N，$\alpha=20°$，$\beta=15°$。试求作用于齿轮上的圆周力、径向力和轴向力。

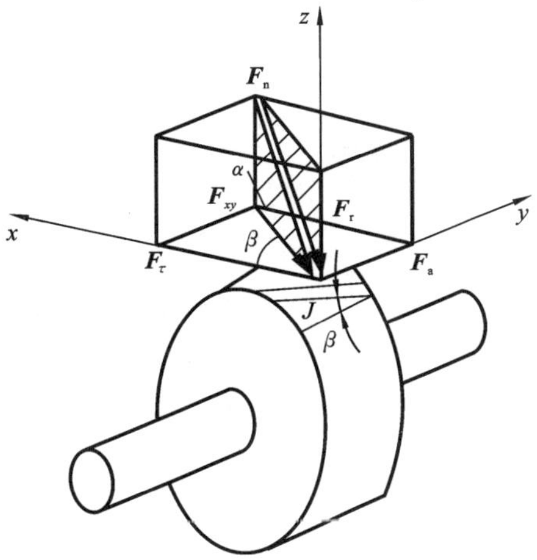

题 3-2 图

3-3　如图所示，$F=1000$ N，求 $\boldsymbol{F}$。

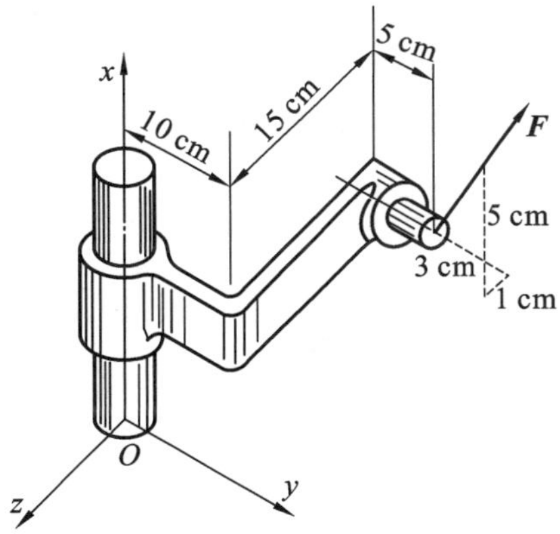

题 3-3 图

3-4 绞车如图所示，$G=500$ N，求 $\boldsymbol{G}$ 在坐标轴上的投影和对三个坐标轴的力矩。

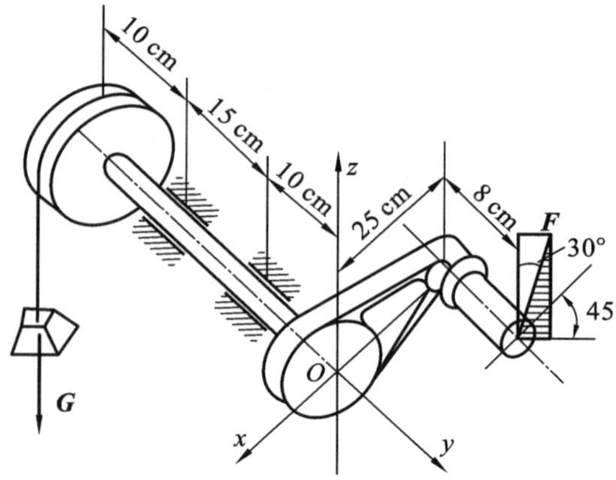

题 3-4 图

3-5 如图所示，某传动轴由 A、B 两轴承支承，直齿圆柱齿轮节圆直径 $d=17.3$ cm，压力角 $\alpha=20°$，在法兰盘上作用一力偶矩 $M=1030$ N·m 的力偶。若轮轴上的自重及摩擦不计，求传动轴匀速转动 A、B 两轴承的约束反力。

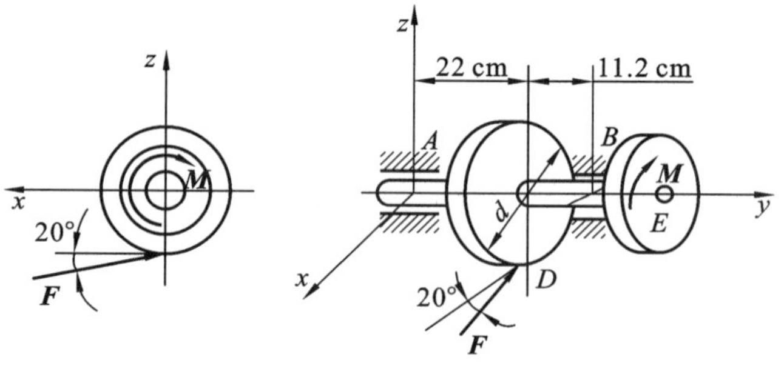

题 3-5 图

3-10 求图示图形阴影部分的形心坐标。

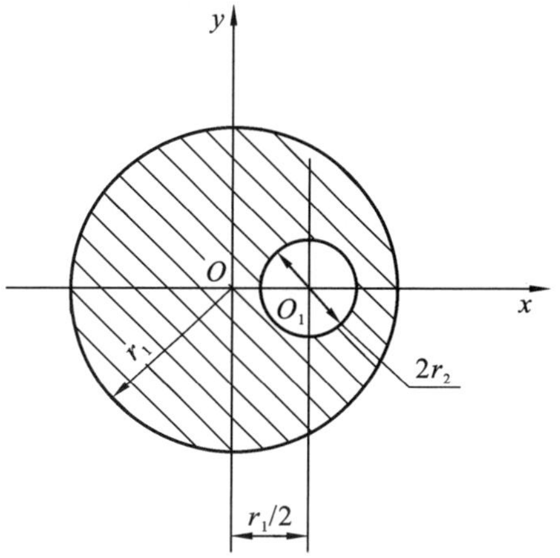

题 3-10 图

3-11 图所示机床的床身的重力 $G=25$ kN，用称重法确定其重心位置。机床的床身水平放置时 $\theta=0°$，拉力计上的读数为 17.5 kN；床身倾斜 $\theta=20°$时，拉力计上的读数为 15 kN，机身长为2.4 m。试确定床身位置。

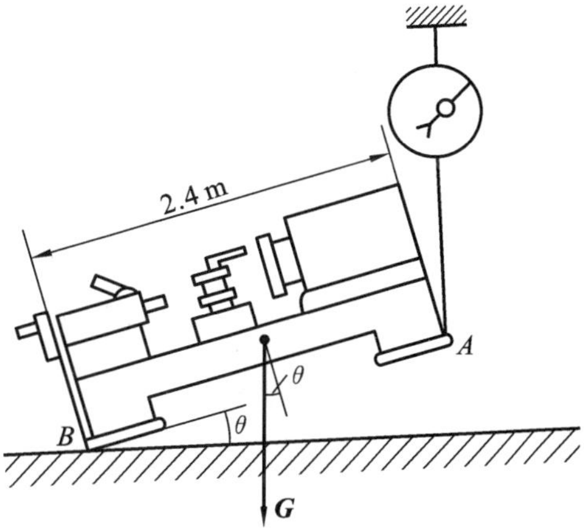

题 3-11 图

3-12 如图所示起重机自重不计，已知：$AB=3$ m，$AE=AF=4$ m，$G=200$ kN，起重臂 AC 位于拉索 BE、BF 的对称平面内。求：拉索 BE、BF 的拉力和杆 AB 的内力。

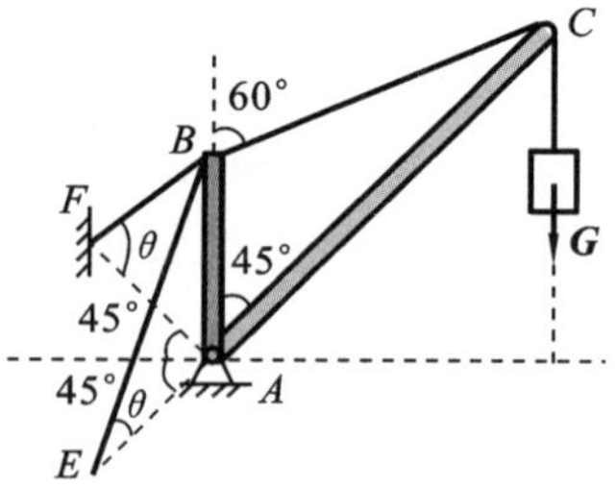

题 3-12 图

3-13 曲杆 $ABCD$ 如图所示，$\angle ABC=\angle BCD=90°$，已知 $\boldsymbol{M}_2$，$\boldsymbol{M}_3$，求：支座反力及 $\boldsymbol{M}_1$。

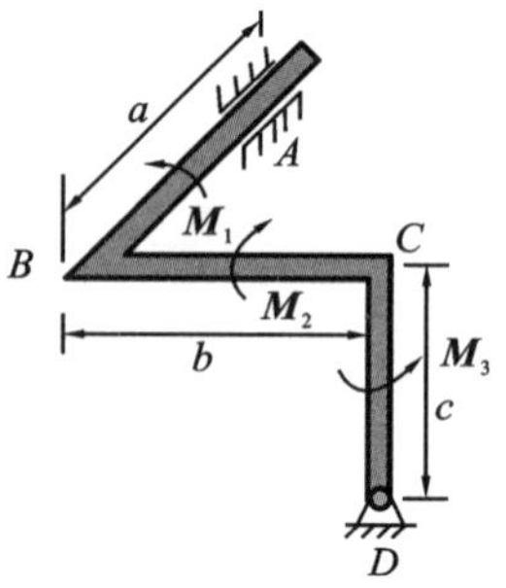

题 3-13 图

思 4-5 两个拉杆轴力相等，横截面面积相等但横截面形状不同，杆件的材料不同，它们的应力是否相等？它们的许用应力是否相等？

思 4-6 现有低碳钢和铸铁两种材料，若杆 2 选用低碳钢，杆 1 选用铸铁，你认为合理吗？为什么？

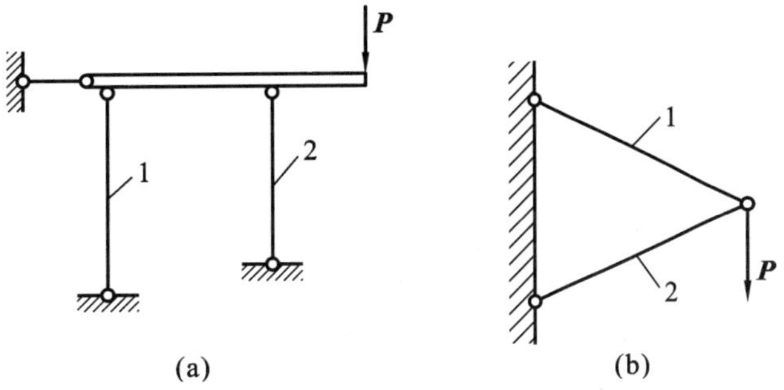

思 4-6 图

思 4-7 若两杆的横截面面积 A、长度 l、载荷 $\boldsymbol{P}$ 都相同，但所用的材料不同，问两杆的应力是否相等、变形是否一样？

二、习题

4-1 用截面法求杆中指定横截面上的内力。

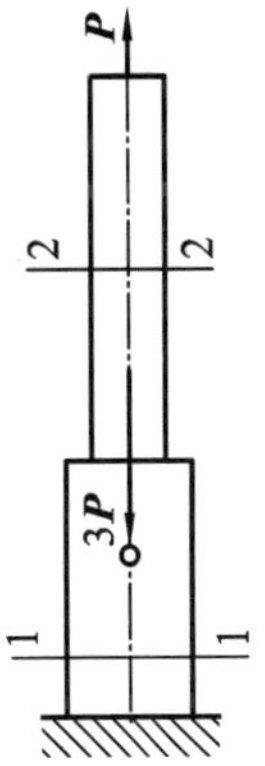

题 4-1 图

4-2 用截面法求杆中指定横截面上的内力。

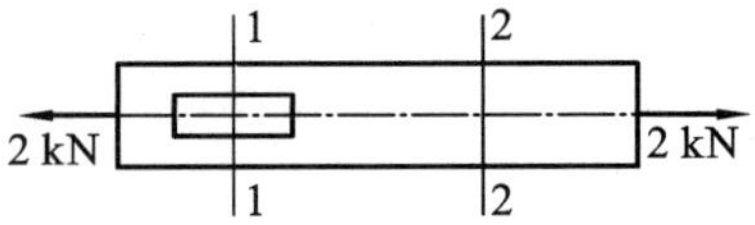

题 4-2 图

4-3 求图示各杆 1—1 和 2—2 横截面上的轴力，并作轴力图。

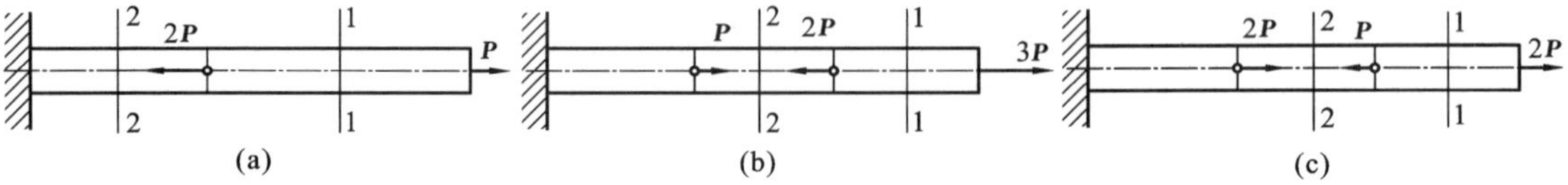

题 4-3 图

4-11 长 l=3.5 m，直径 d=32 mm 的圆截面钢杆在试验机上受到 135 000 N 的拉力。量得直径缩减 0.0062 mm 以及长 50 mm 长度内的伸长为 0.04 mm。试求弹性模量 E 和泊松比 μ。

4-12 若题 4-9 中阶梯形直杆的许用应力[σ]=160 MPa，试求该杆的强度。

4-13 起重机吊钩的上端用螺母固定。若吊钩螺栓部分的内径 d=55 mm，材料的许用应力[σ]=80 MPa，试校核螺栓部分的强度。

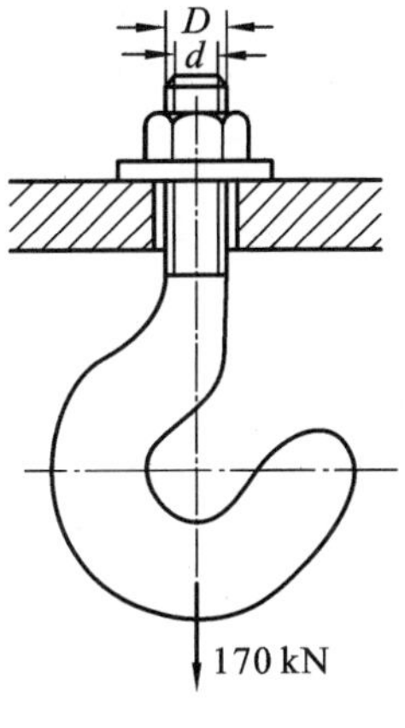

题 4-13 图

4-14 重力 G=50 kN 的物体挂在支架 ABC 的 B 点。若 AB 和 BC 杆都是铸铁的，其许用拉应力[σ_l]=30 MPa，许用压应力[σ_y]=90 MPa，试求 AB 和 BC 杆的横截面面积。

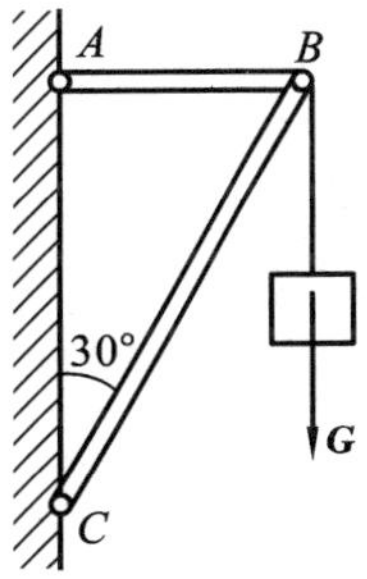

题 4-14 图

4-15 图示构架上悬挂的物体重力 $G=60$ kN。木质支柱 AB 的横截面为正方形，横截面边长为 0.2 m，许用应力$[\sigma]=10$ MPa，问 AB 支柱是否适用。

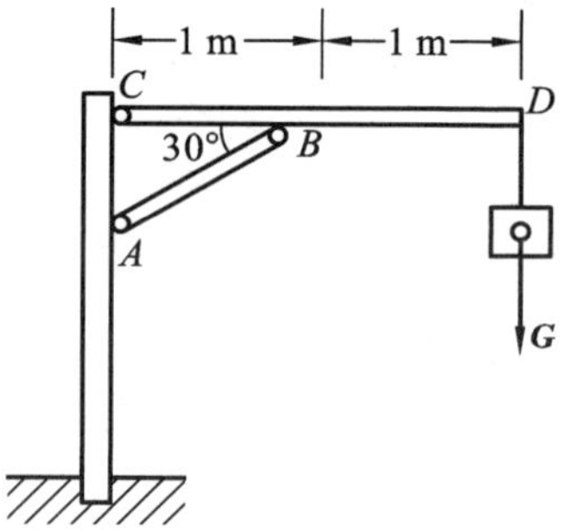

题 4-15 图

4-16 钢制拉杆受力 $P=40$ kN，若拉杆材料的许用应力$[\sigma]=100$ MPa，横截面为矩形，且 $b=2a$，试确定 a、b 的大小。

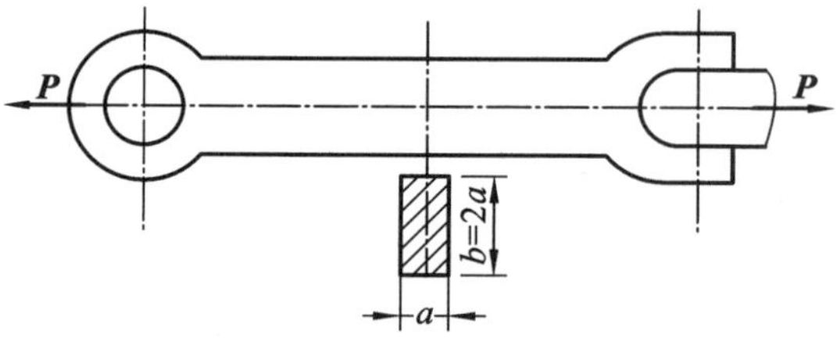

题 4-16 图

4-17 梁 AB 和 CD 用拉杆 BC 和 HL 拉住。若载荷 $P=20$ kN，拉杆 BC 和 HL 的许用应力相等，为$[\sigma]=120$ MPa，试求拉杆 BC 和 HL 应有的横截面面积。

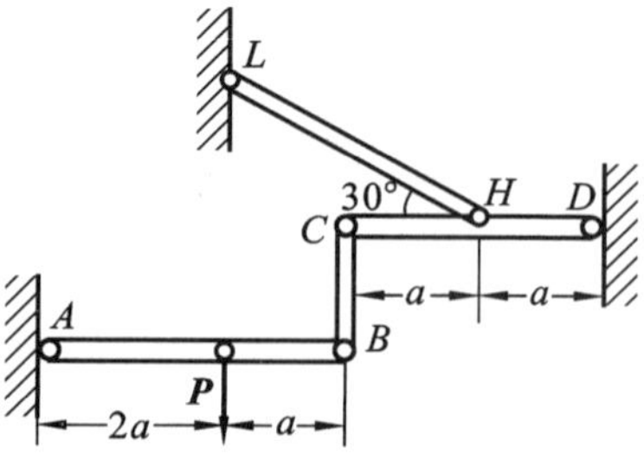

题 4-17 图

二、习题

5-1 一螺栓连接件如图所示，已知 $P=200$ kN，$\delta=20$ mm，螺栓材料的许用剪应力 $[\tau]=80$ MPa，试求螺栓的直径。

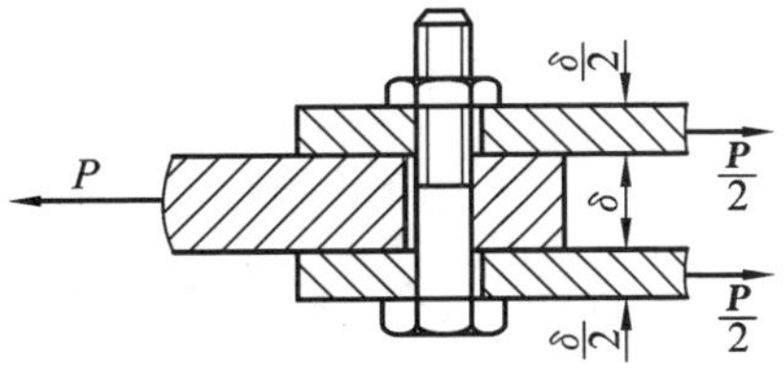

题 5-1 图

5-2 上题中若板材料与螺栓材料相同，其许用挤压应力 $[\sigma_{iy}]=200$ MPa，则螺栓直径应为多少？

5-3 已知图示铆接钢板的厚度 $\delta=10$ mm，铆钉直径 $d=17$ mm，铆钉的许用剪应力 $[\tau]=140$ MPa，许用挤压应力 $[\sigma_{iy}]=320$ MPa，$P=24$ kN，试做强度校核。

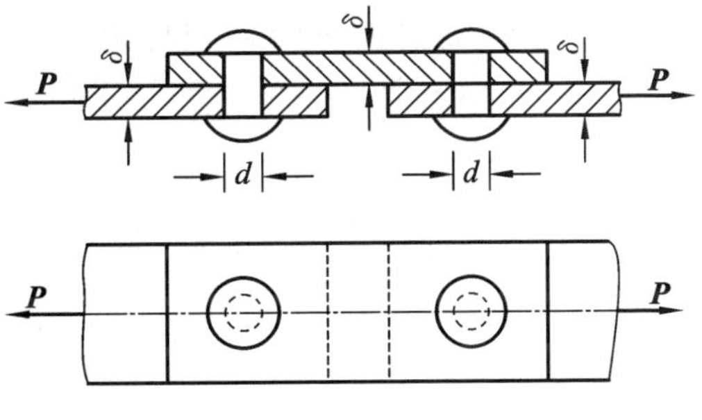

题 5-3 图

5-4 两块厚度 $\delta=6$ mm 的钢板用 3 个铆钉连接，如图所示。若 $P=50$ kN，许用剪应力 $[\tau]=100$ MPa，许用挤压应力 $[\sigma_{iy}]=280$ MPa，求铆钉直径。

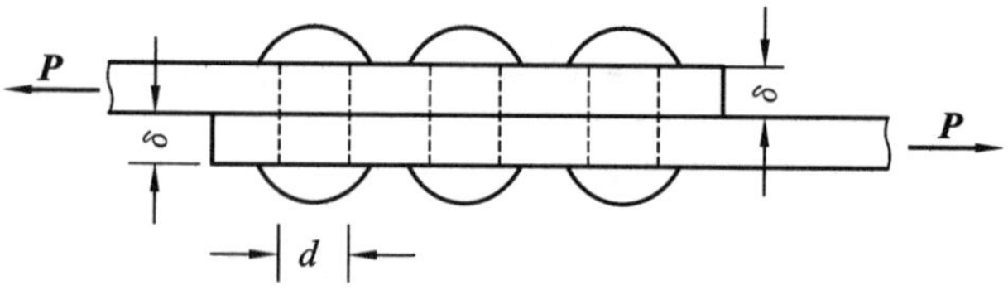

题 5-4 图

5-5 题 5-4 中，若选用直径 $d=12$ mm 的铆钉，试求所需铆钉数。

5-6 宽度 $b=250$ mm 的两矩形木杆互相连接，如图所示。若载荷 $P=50$ kN，木杆的许用剪应力 $[\tau]=1$ MPa，许用挤压应力 $[\sigma_{iy}]=10$ MPa，试求 a 和 t 的大小。

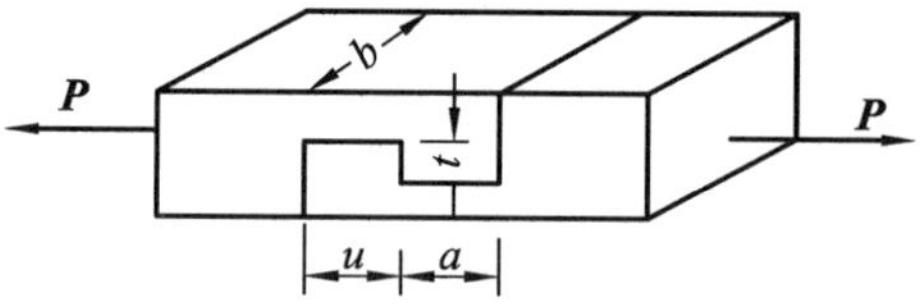

题 5-6 图

5-7 用两块钢板将两根矩形木杆连接，如图所示。若载荷 $P=60$ kN，杆宽 $b=150$ mm，木杆的许用剪应力 $[\tau]=1$ MPa，许用挤压应力 $[\sigma_{iy}]=10$ MPa，试确定尺寸 a 和 t。

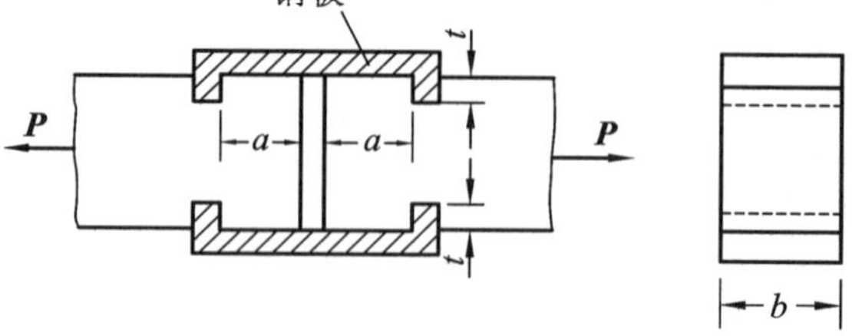

题 5-7 图

二、习题

6-1 圆轴上作用四个外力偶，其力偶矩分别为 $M_1=1000\ \text{N}\cdot\text{m}$，$M_2=600\ \text{N}\cdot\text{m}$，$M_3=200\ \text{N}\cdot\text{m}$，$M_4=200\ \text{N}\cdot\text{m}$。

(1) 试作出轴的扭矩图；

(2) 若 $\boldsymbol{M}_1$ 与 $\boldsymbol{M}_2$ 的作用位置互换，扭矩图有何变化？

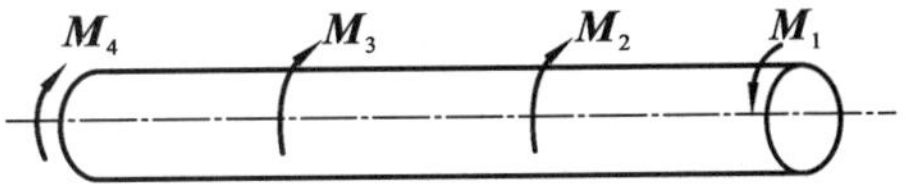

题 6-1 图

6-2 图中传动轴的转速 $n=250\ \text{r/min}$，主动轮 A 输入功率 $P_A=7\ \text{kW}$，从动轮 B、C、D 分别输出功率 $P_B=3\ \text{kW}$、$P_C=2.5\ \text{kW}$、$P_D=1.5\ \text{kW}$。试画该轴扭矩图。

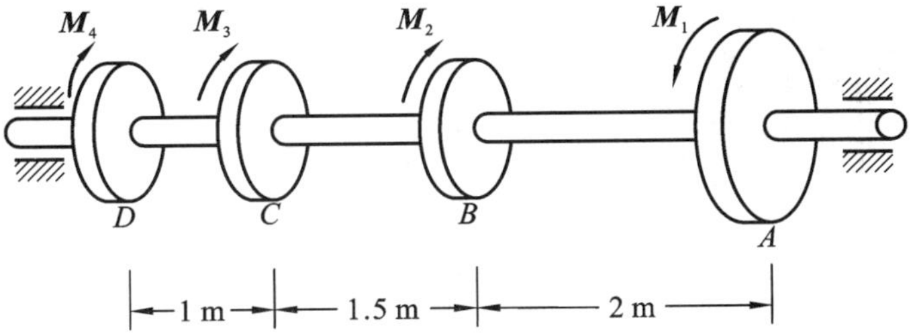

题 6-2 图

6-3 图中轴的转速 $n=300\ \text{r/min}$，试作出该轴的扭矩图。

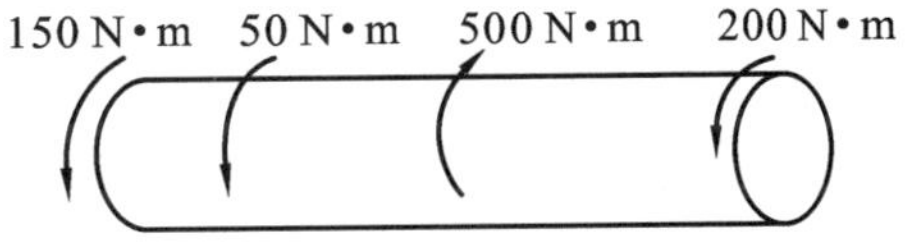

题 6-3 图

6-4 轴上装有五个轮子，主动轮 2 的输入功率为 60 kW，从动轮 1、3、4、5 依次输出功率 18 kW、12 kW、22 kW 和 8 kW，轴的转速 $n=200$ r/min。试作出轴的扭矩图。轮子这样布置是否合理？

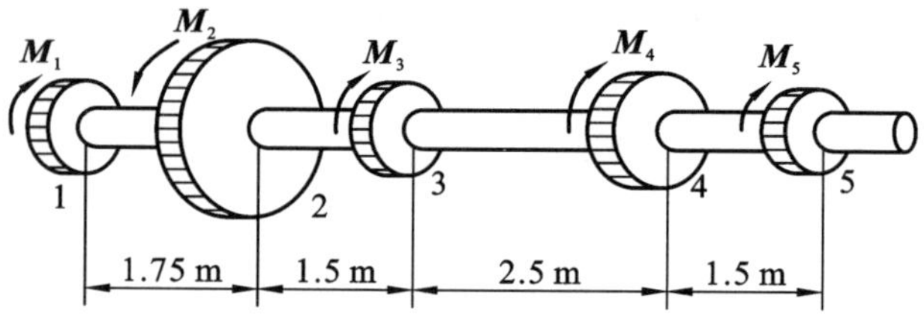

题 6-4 图

6-5 上题中若轴径 $d=60$ mm，最大剪应力等于多少？作用在轴上何处？

6-6 图示圆轴直径 $d=100$ mm，$l=500$ mm，$M_1=7000$ N·m，$M_2=5000$ N·m，材料的切变模量 $G=8\times10^4$ MPa。

(1) 作扭矩图；

(2) 求轴上的最大剪应力，并指出其位置；

(3) 求横截面 C 相对于横截面 A 的扭转角 φ_{AC}。

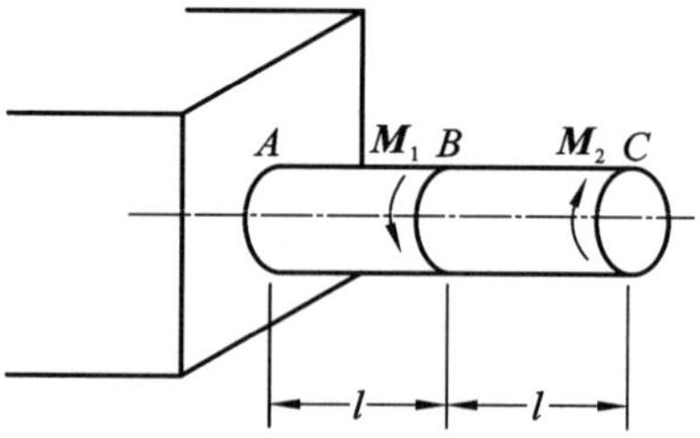

题 6-6 图

6-13 某实心轴的许用应力$[\tau]=35$ MPa，横截面上的扭矩 $M_n=1000$ N·m，试求此轴应有之直径。

6-14 圆轴的直径 $d-50$ mm，转速 $n=120$ r/min。若该轴横截面上的最大剪应力等于 60 MPa，试求传递的功率。

6-15 空心钢轴外径 $D=100$ mm，内径 $d=50$ mm。已知间距 $l=2.7$ m 的两横截面的相对扭转角 $\varphi=1.8°$，材料的切变模量 $G=8\times10^4$ MPa。试求：

(1) 轴的最大剪应力；

(2) 当轴的转速 $n=80$ r/min 时轴传递的功率。

6-16 手摇绞车驱动轴 AB 的直径 $d=30$ mm,由两人摇动,每人加在手柄上的力 $P=250$ N,若轴的许用剪应力$[\tau]=40$ MPa,试校核 AB 轴的扭转强度。图中未注单位为毫米。

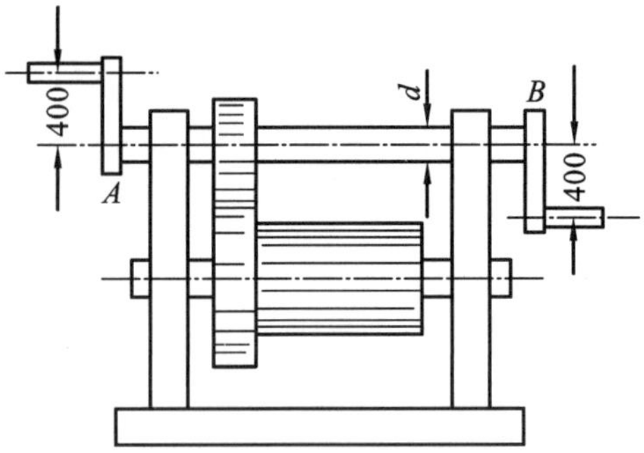

题 6-16 图

6-17 以外径 $D=120$ mm 的空心轴来代替直径 $d=100$ mm 的实心轴,在强度相等的条件下,试问可节省材料百分之几?

6-18 图示空心圆横截面轴外径 $D=40$ mm,内径 $d=20$ mm,扭矩 $T=1$ kN · m,试计算 A 点($\rho_A=15$ mm)处的扭转切应力 τ_A,以及横截面上的最大与最小扭转切应力。

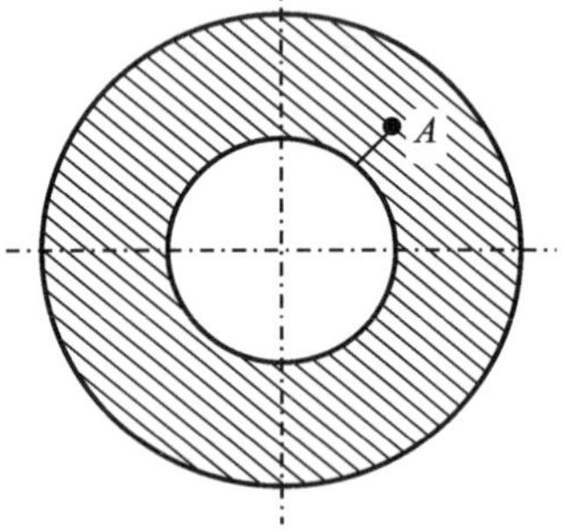

题 6-18 图

二、习题

7-1 已知下列各图 $P=8\ \mathrm{kN}$,$M=4\ \mathrm{kN\cdot m}$,$q=2\ \mathrm{kN/m}$,$a=2\ \mathrm{m}$,$b=4\ \mathrm{m}$,$l=4\ \mathrm{m}$。试画出(不列 $\boldsymbol{Q}$、$\boldsymbol{M}$ 方程)图中各梁的剪力图和弯矩图。

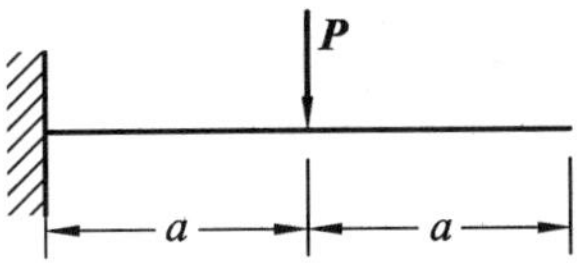

(1)

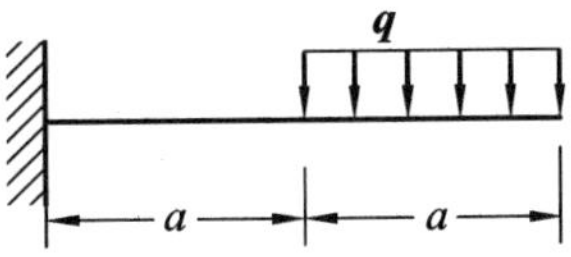

(2)

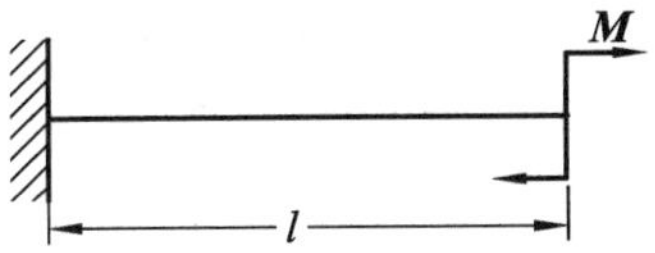

(3)

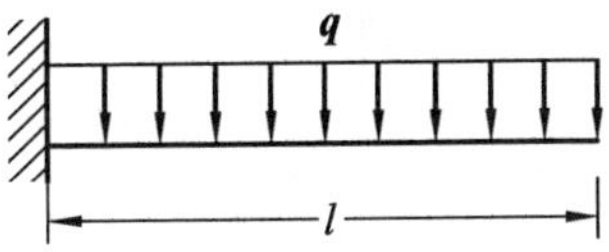

(4)

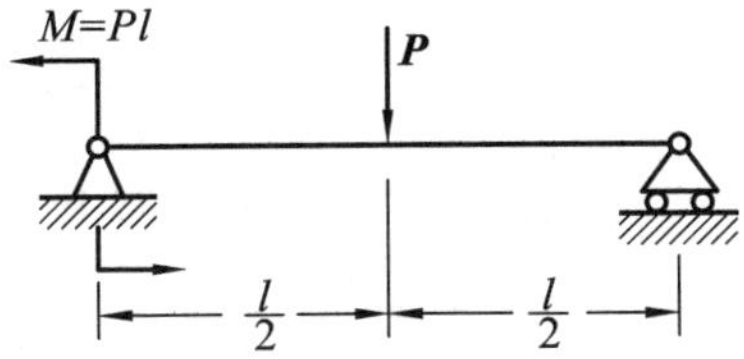

(5)

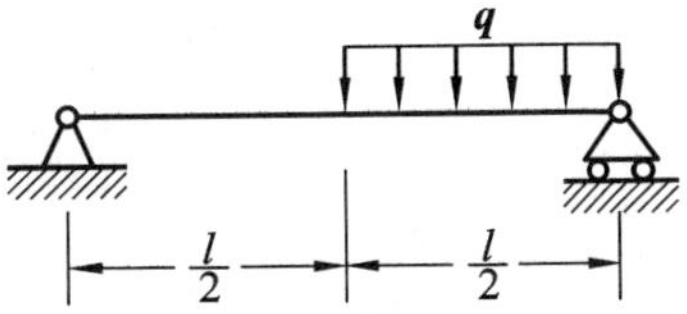

(6)

题 7-1 图

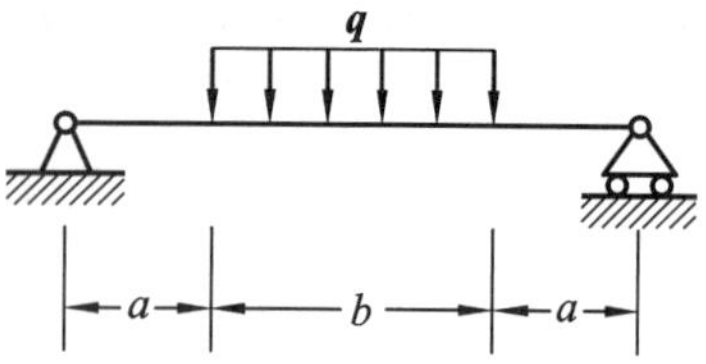

(7)

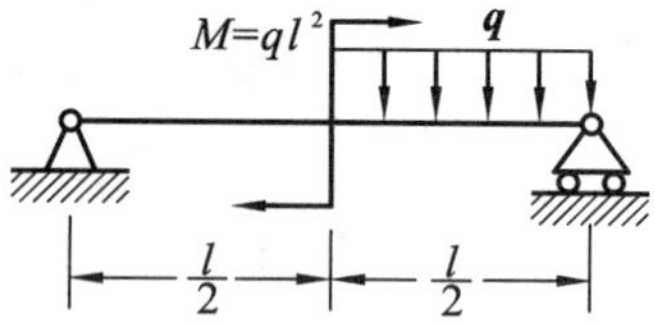

(8)

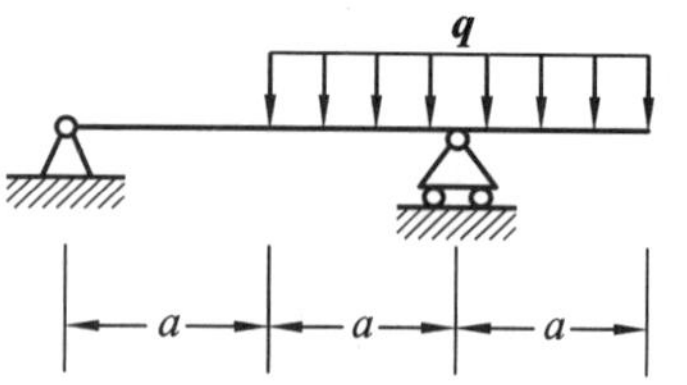

(9)

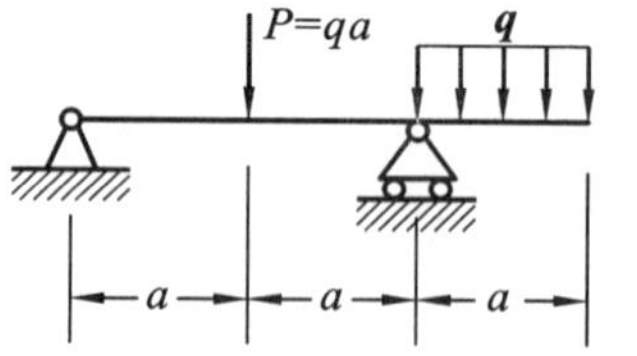

(10)

题 7-1 图(续)

7-2 求图中 A 横截面 a、b 点的正应力。图中未注单位为毫米。

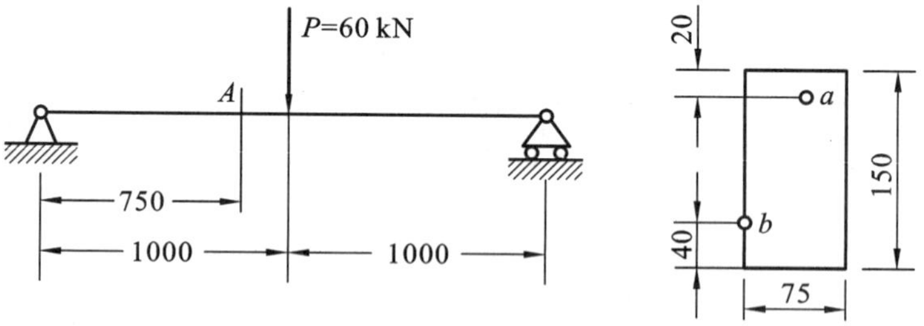

题 7-2 图

7-7 一简支梁的中点受大小为 20 kN 的集中力的作用，梁的跨度为 8 m。梁由 30a 工字钢制成，许用应力$[\sigma]=100$ MPa。试校核梁的强度。

7-8 一矩形横截面梁如图所示。已知 $P=2$ kN，横截面的高宽比 $h/b=3$，材料为松木，其许用应力$[\sigma]=8$ MPa，试选择横截面尺寸。

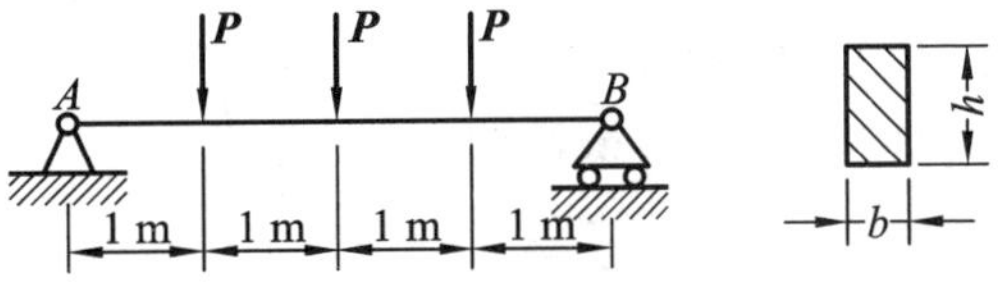

题 7-8 图

7-9 一圆形横截面木梁受力如图所示，$[\sigma]=10$ MPa。试选择横截面直径 d。

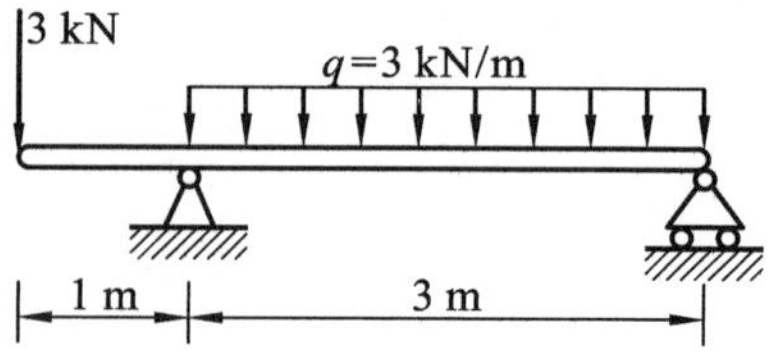

题 7-9 图

7-10 简支梁长 5 m，全长上受 $q=8$ kN/m 均布载荷的作用。若许用应力$[\sigma]=$ 12 MPa，试按下述两种情形求此梁的横截面尺寸：

(1)选用圆形横截面；

(2)选用矩形横截面，其高宽比 $h/b=3/2$。

7-11 受均布载荷作用的外伸钢梁如图所示。已知 $q=12$ kN/m，材料的许用应力$[\sigma]=160$ MPa，试选择此梁的工字钢型号。

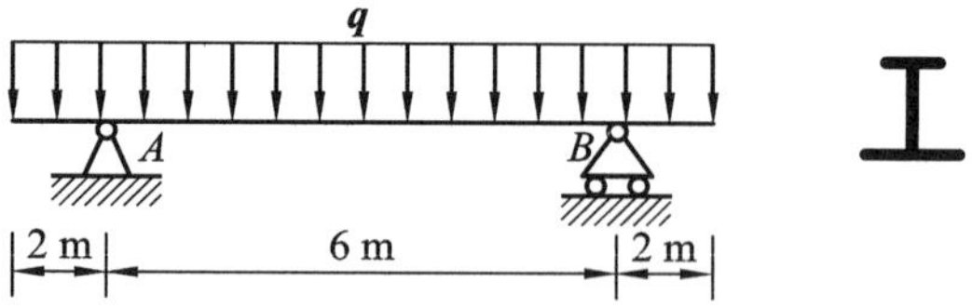

题 7-11 图

二、习题

8-1 矩形横截面(180 mm×240 mm)的木梁，受拉力 $F=18$ kN 的作用，求梁内的最大正应力及最小正应力。图中未注单位为毫米。

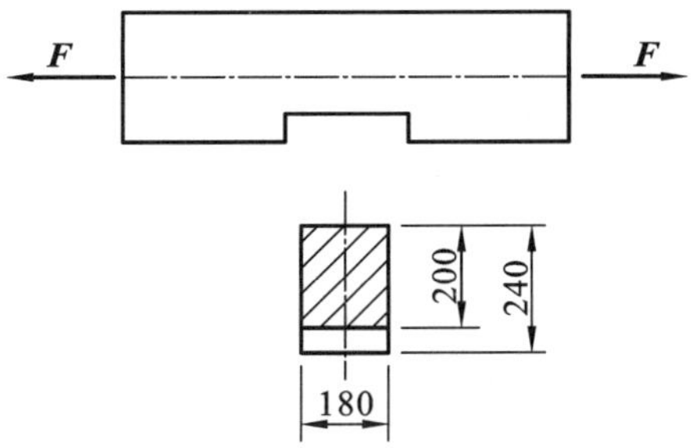

题 8-1 图

8-2 若正方形横截面短柱的中间开一切槽，其面积为原面积的一半，问最大压应力增大多少倍？

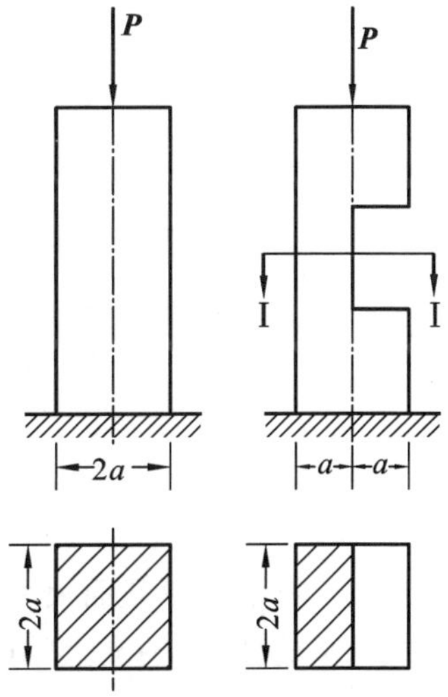

题 8-2 图

8-3 梁 AB 的横截面为尺寸为 100 mm×100 mm 的正方形，若 $P=3$ kN，试作出轴力图及弯矩图，并求最大拉应力及最大压应力。

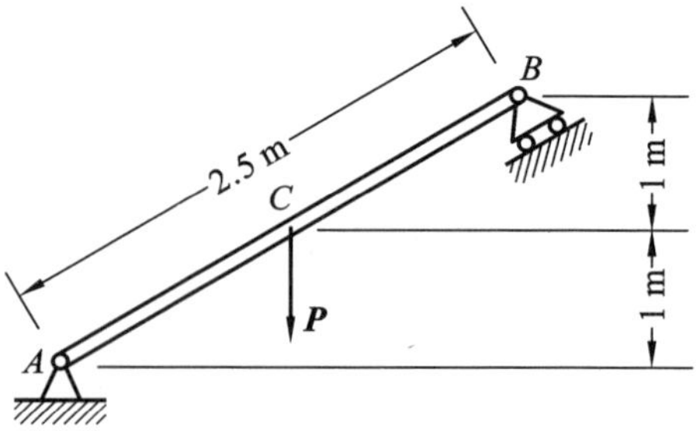

题 8-3 图

8-4 一梁 AB 的跨度为 6 m，梁上铰接一桁架，力 $F=10$ kN 平行于梁轴线且作用于桁架 E 点。若梁的横截面为尺寸为 100 mm×200 mm 的矩形，试求梁内的最大拉应力。

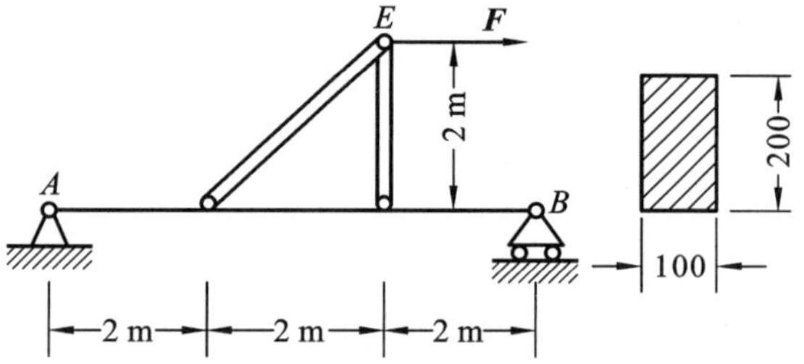

题 8-4 图

8-5 斜梁的横截面尺寸为高 $h=300$ mm，宽 $b=150$ mm。跨度中点受铅垂向下之力 $P=25$ kN 的作用，两支点的间距 $l=3$ m。梁的许用应力 $[\sigma]=12$ MPa。试核算梁的强度。

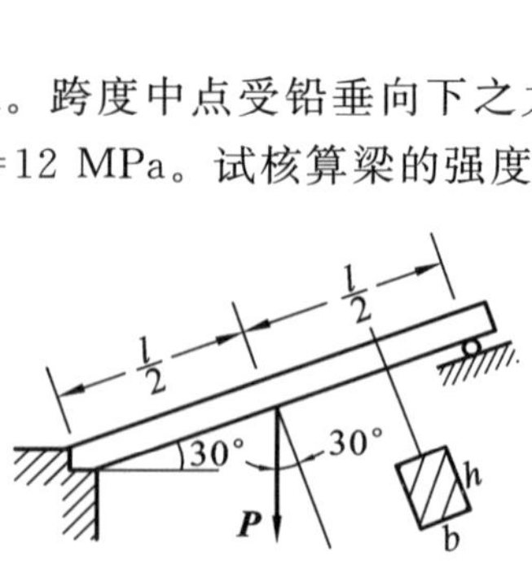

题 8-5 图

思 9-5 图中所示各压杆的材料和横截面尺寸均相同，试问哪种情况承受的压力最大？哪种情况承受的压力最小？

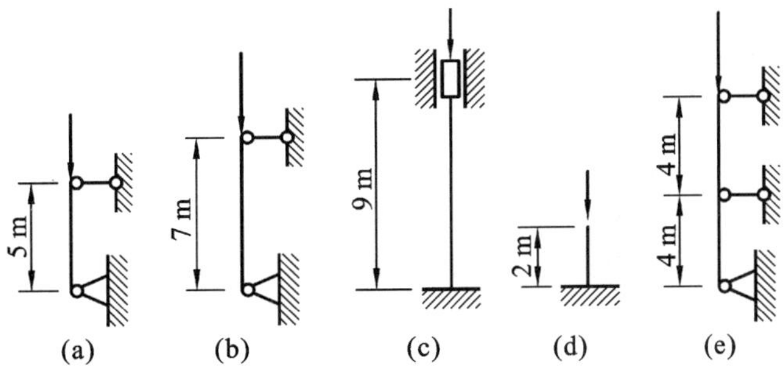

思 9-5 图

二、习题

9-1 三根圆横截面压杆，其直径 $d=160$ mm，材料为 Q235 钢，弹性模量 $E=200$ GPa，$[\sigma_s]=240$ MPa，两端均为铰支，长度分别为 l_1、l_2 和 l_3，且 $l_1=2l_2=4l_3=5$ m。计算各杆的临界力。

9-2 已知铸铁压杆的直径 $d=50$ mm，长度 $l=1$ m，一端固定，一端自由。材料的弹性模量 $E=180$ GPa。试求杆的临界载荷。

9-3 用 Q235 钢制成的圆柱两端铰支，试问圆柱的长度应是直径的多少倍时，才能用欧拉公式计算临界应力？

9-4 图示压杆的材料为 Q235 钢，弹性模量 $E=210\ \text{GPa}$，在正视图(a)的平面内，两端为铰支，在俯视图(b)的平面内，两端认为固定。试求此杆的临界载荷。

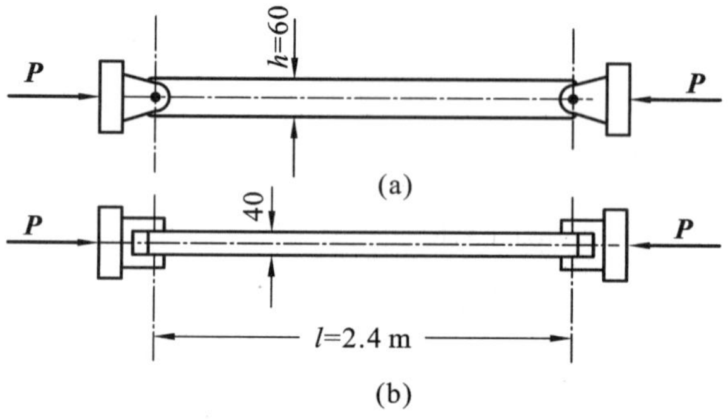

题 9-4 图

9-5 千斤顶的最大承重量 $P=150\ \text{kN}$，丝杠的内径 $d=52\ \text{mm}$，长度 $l=500\ \text{mm}$，材料是 45 钢。试求丝杠的工作稳定安全系数。

二、习题

10-1 梁受自由下落的重力为 $\boldsymbol{G}$ 的物体冲击。已知 $G=50\ \mathrm{N}, E=200\ \mathrm{GPa}$。求最大动应力。图中未注单位为毫米。

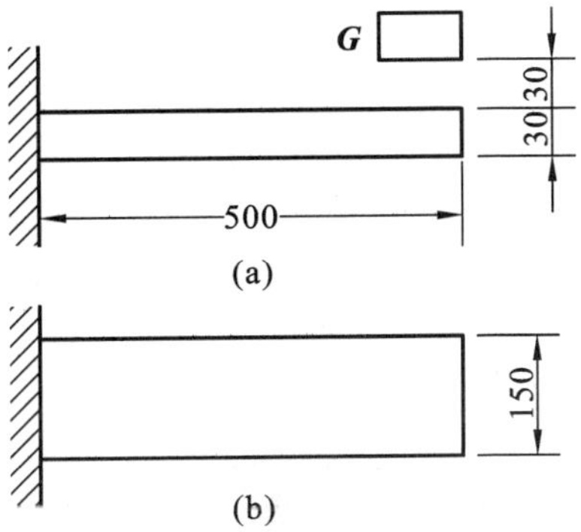

题 10-1 图

10-2 钢杆下端有一圆盘，其上放置一弹簧。弹簧在 1 kN 的静载荷作用下缩短 0.625 mm，钢杆直径 $d=40\ \mathrm{mm}$，许用应力 $[\sigma]=120\ \mathrm{MPa}, E=200\ \mathrm{MPa}, l=400\ \mathrm{mm}$。今有重力为 15 kN 的重物自 H 高处自由落下，试求其许可高度 $[H]$。若无弹簧，则许可高度 $[H]$ 为多大？

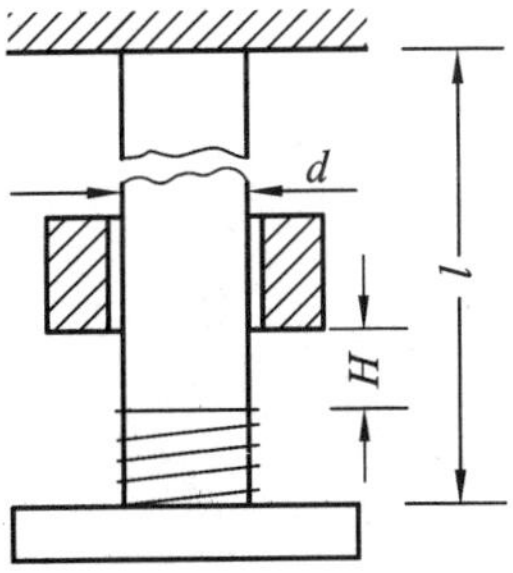

题 10-2 图

10-3 图所示圆杆上有一个沿直径的贯穿圆孔，不对称交变弯矩为：$M_{max}=5M_{min}=512$ N·m。材料为合金钢，$\sigma_b=950$ MN/m^2，$\sigma_s=540$ MN/m^2，$\sigma_{-1}=430$ MN/m^2，$\phi_2=0.2$，圆杆表面经磨削加工，若规定安全系数 $n=2$，$n_s=1.5$，试校核此杆的强度。

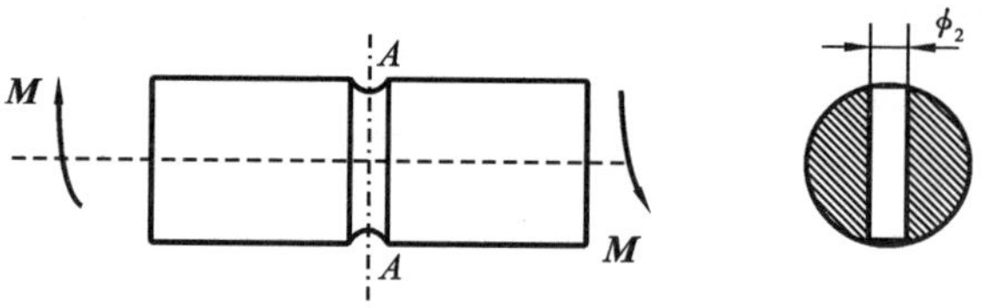

题 10-3 图

10-4 阶梯轴的尺寸如图所示，材料为合金钢，$\sigma_b=950$ MN/m^2，$\sigma_{-1}=410$ MN/m^2，$\tau_{-1}=240$ MN/m^2，作用于轴上的弯矩变化于$-1000\sim1000$ N·m 区间，扭矩变化于 $0\sim1500$ N·m 区间，规定安全系数 $n=2$，试校核轴的疲劳强度。

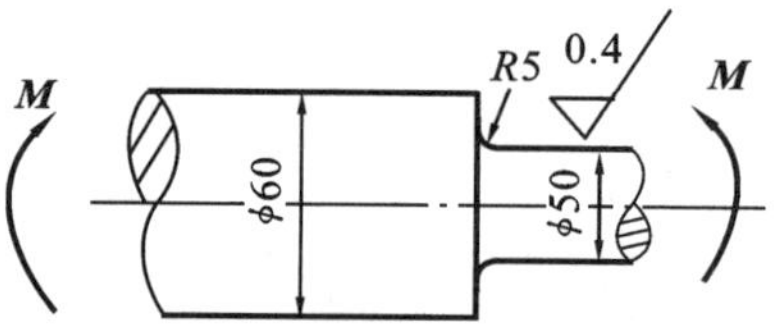

题 10-4 图

前言 QIANYAN

为适应目前高职教育“校企合作、工学结合”的人才培养模式改革，促进学生创新能力的培养，满足教学第一线的需要，编者在借鉴各高职院校近年来在力学课程内容和体系改革成果的基础上，结合高职学生学习心理和特点，编写了本书，希望在有限的学时内，使学生能掌握工程力学的基础知识，了解工程力学中分析问题的基本方法，能用工程力学中的基本原理和结论，分析后续课程中的力学问题，并在生活和生产中加以利用。

本书由静力学和材料力学两大部分组成，共分为 10 个章节。其中，静力学部分讲述静力学基础、平面力系和空间力系，共 3 个章节；材料力学部分讲述轴向拉伸与压缩、剪切与挤压、圆轴扭转、梁的弯曲、组合变形、压杆稳定、动载荷与交变应力，共 7 个章节。

本书针对高职学生的理论基础和学习特点，突出实用性、典型性和教学可操作性。每个章节首先是生活中常见的、能提高学生课程学习兴趣的力学问题，然后是通俗易懂的知识讲解和典型例题示范，接着是展示工程中的典型应用，最后是针对课程内容的讨论。为了方便学生练习和教师批阅，本书还配套有习题册及习题答案。

本书建议学时为 60～80 学时，适合于机械类、土木类有关专业的高职高专学生使用，也可以作为相关工程技术人员的参考书。

本书由湖南电气职业技术学院吕小艳、刘大慧，广州番禺职业技术学院李国斌担任主编，由湖南电气职业技术学院张志伟、何腾飞、周献担任副主编。其中，吕小艳编写第 5、9 章和配套习题册，刘大慧、周献编写第 1、2、3 章，张志伟编写第 4 章，何腾飞编写第 6 章，李国斌编写第 7、8、10 章。

由于编者水平有限，错误与不足之处在所难免，恳请广大读者批评指正。

编者

2017 年 6 月

第二版前言 QIANYAN

本书根据一线教师和其他读者使用第一版后提出的宝贵意见对第一版进行全面修改，以期更能适应高职高专机械类及近机械类专业的教学。在“互联网＋”的时代背景下，高职信息化教学对教材提出了“立体化、活页式、工作手册式”的要求，为了满足这一要求，编者在“工程力学”省级（湖南省）精品课程建设的基础上，对第一版教材进行修订。此次修订主要有以下几个方面：

1. 规范书中关于力、力偶等符号的书写，并纠正书中的文字错误和图片错误；

2. 针对重难点内容，增加了视频讲解，读者可以扫码观看；

3. 根据学生理论基础和后续课程学习需求，对习题册中的题目进行了优化，删除了一部分难度较大的题目，增加了一些跟工程实践结合更紧密的题目；

4. 对习题册的出版形式进行了改革，采用活页式印刷，方便学生选做，也便于教师批阅和存档。

本书共有 10 个章节，由静力学和材料力学两大部分组成。其中，静力学部分包括静力学基础、平面力系和空间力系 3 个章节，材料力学部分包括轴向拉伸与压缩、剪切与挤压、圆轴扭转、梁的弯曲、组合变形、压杆稳定及动载荷与交变应力 7 个章节。

本书针对高职学生的理论基础和学习特点，突出实用性、典型性和教学可操作性。每章以生活中常见的力学问题引入，提高学生对课程的兴趣，然后是通俗易懂的知识讲解和典型例题示范，接着展示工程中的典型应用，最后是针对课程内容的讨论。为了方便学生练习和教师教学，本书配套了课程标准、电子课件、教案等资源。

本书建议学时为 60～80 学时，适合于机械类、土木类有关专业的高职高专学生使用，也可以作为相关工程技术人员的参考书。

本书由湖南电气职业技术学院吕小艳担任第一主编，何腾飞、杨智担任第二、第三主编，刘大慧、周献担任副主编，同时参编的还有广州番禺职业技术学院李国斌、湖南工程学院张志伟等老师。书中配套视频由吕小艳和何腾飞录制。

由于编者水平有限，错误与不足之处在所难免，恳请广大读者批评指正。

编者

2021 年 4 月

内 容 简 介

“工程力学”是机械类各专业的一门专业基础课程，是后续专业课程的基础。本书遵循教育部关于高等职业教育课程教学的基本要求以及高等职业教育发展的规律和特点，按照“必需、够用”原则，精选教学内容。本书共分为10个章节，包括静力学和材料力学两大部分。其中，静力学部分讲述静力学基础、平面力系和空间力系，材料力学部分讲述轴向拉伸与压缩、剪切与挤压、圆轴扭转、梁的弯曲、组合变形、压杆稳定及动载荷与交变应力，每个章节都附有典型工程应用实例。

本书另附活页式习题册，便于学生练习和教师批改。

图书在版编目(CIP)数据

工程力学/吕小艳，何腾飞，杨智主编. —2版. —武汉：华中科技大学出版社，2021.6(2025.1重印)
ISBN 978-7-5680-7290-8

Ⅰ.①工… Ⅱ.①吕… ②何… ③杨… Ⅲ.①工程力学-高等职业教育-教材 Ⅳ.①TB12

中国版本图书馆CIP数据核字(2021)第123120号

工程力学(第二版)
Gongcheng Lixue(Di-er Ban)

吕小艳　何腾飞　杨　智　主编

策划编辑：袁　冲
责任编辑：刘　静
封面设计：孢　子
责任监印：朱　玢
出版发行：华中科技大学出版社(中国·武汉)　　电话：(027)81321913
　　　　　武汉市东湖新技术开发区华工科技园　　邮编：430223
录　　排：武汉市洪山区佳年华文印部
印　　刷：武汉市籍缘印刷厂
开　　本：787mm×1092mm　1/16
印　　张：12.5
字　　数：315千字
版　　次：2025年1月第2版第4次印刷
定　　价：39.00元(含活页式习题册)

高等职业学校“十四五”规划装备制造大类精品教材

工程力学（含活页式习题册）（第二版）

Gongcheng Lixue

▶ 主　编　吕小艳　何腾飞　杨　智

▶ 副主编　刘大慧　周　献

▶ 参　编　李国斌　张志伟

華中科技大學出版社

http://www.hustp.com

中国·武汉

第 1 章　静力学基础

姓名__________　班级__________

一、思考题

思 1-1　图中物块在铅垂平面内受三个力 $\boldsymbol{T}_1$、$\boldsymbol{T}_2$、$\boldsymbol{T}_3$ 作用。若物块质量不计且力 T_1、T_2、T_3 都不等于零，试问物块能否平衡？

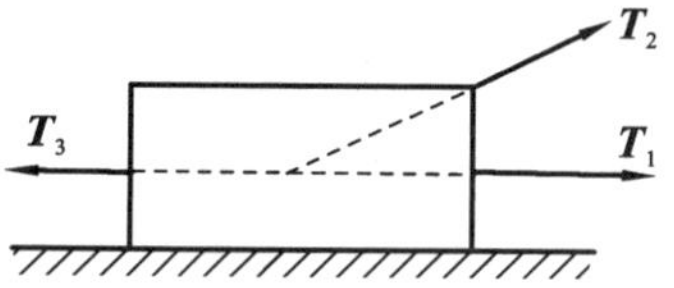

思 1-1 图

思 1-2　上题中，若考虑物块的重力 $\boldsymbol{G}_1$，则物块能否平衡？

思 1-3　一圆盘放在光滑的平面（纸面）上，圆盘受$F_1=F_2=10$ kN 的二力作用，t—t 为圆周上 B 点的切线，试问在圆盘上加上怎样的力（大小、方向、作用点）才能使圆盘保持平衡？

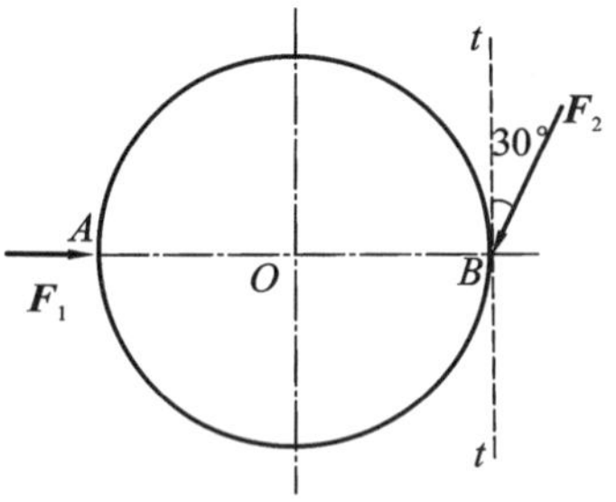

思 1-3 图

思 1-4　刚架 ABC 上由绳子系一重力为 $\boldsymbol{Q}$ 的重物。各物体及销钉 C 的受力图如图所示。试指出哪些力是二力平衡，哪些力是作用力与反作用力的关系。

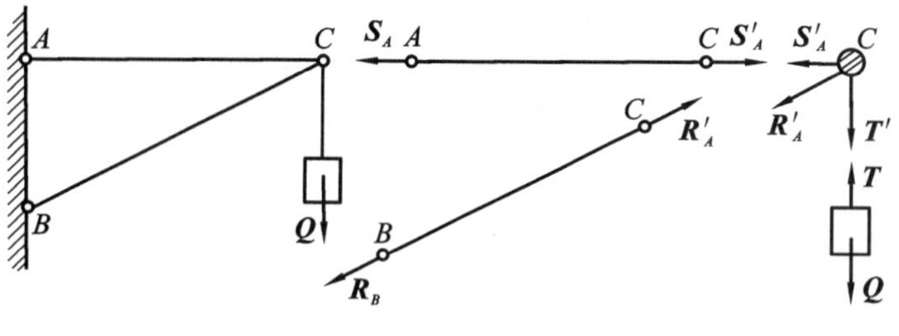

思 1-4 图

思 1-5　图示结构在求铰链 A 和 C 的反力时，能否将作用在 CB 杆上的力 $\boldsymbol{F}$ 沿其作用线移至 AB 杆上？为什么？

二、习题

1-1 画出图示圆球的受力图。

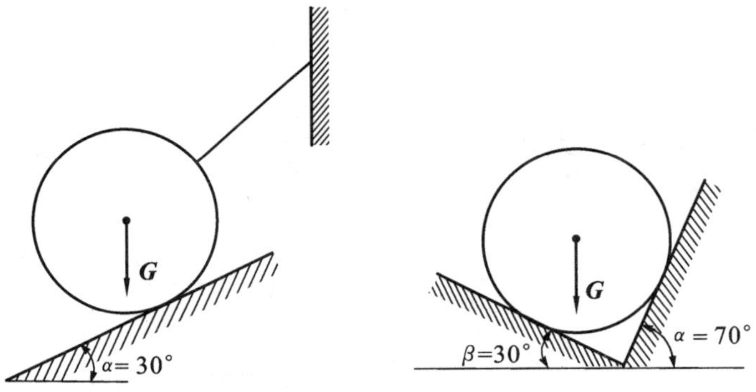

(a) (b) (c)

题 1-1 图

1-2 画出图中 AB 杆的受力图。

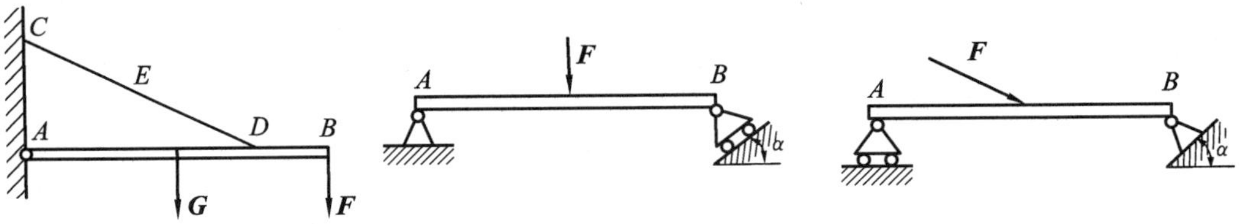

(a) (b) (c)

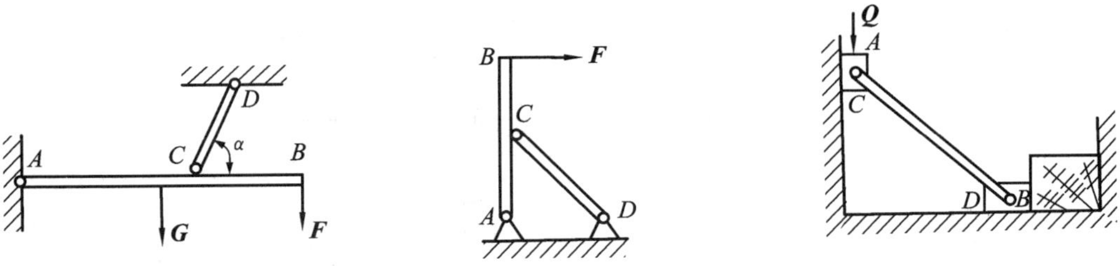

(d) (e) (f)

题 1-2 图

1-3 画杆 AB 的受力图。

1-4 画杆 AD、BC 的受力图。

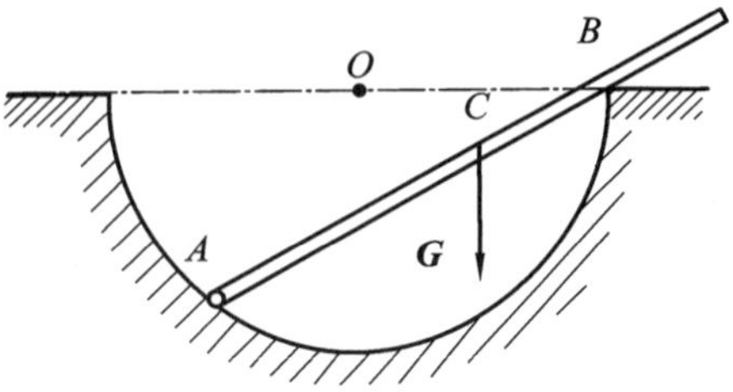

题 1-3 图

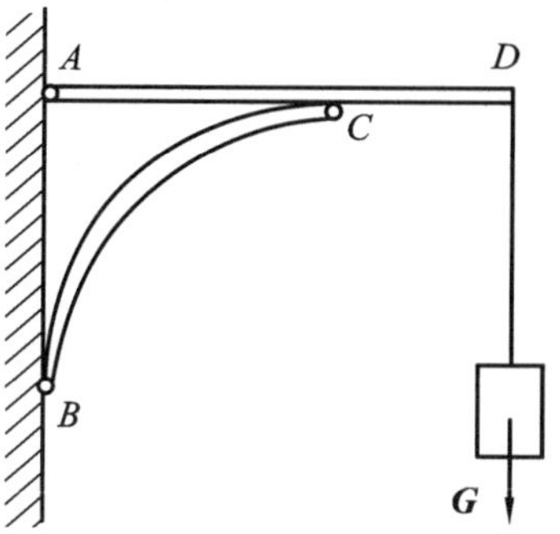

题 1-4 图

1-5 画杆 AB 和球 C 的受力图。

1-6 力 $\boldsymbol{F}$ 作用在销钉上，试画出杆 AB、BC 及销钉 B 的受力图。

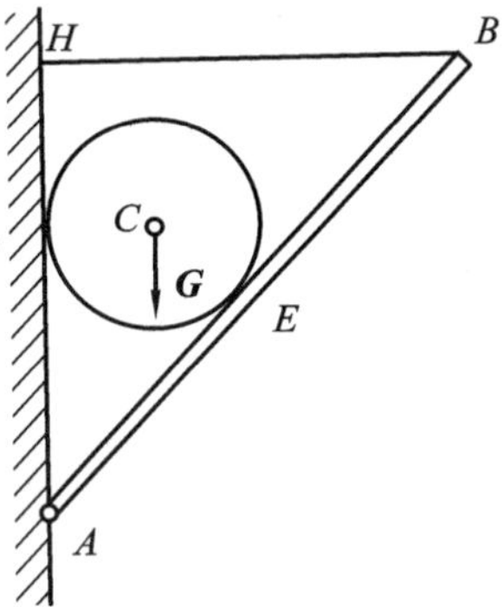

题 1-5 图

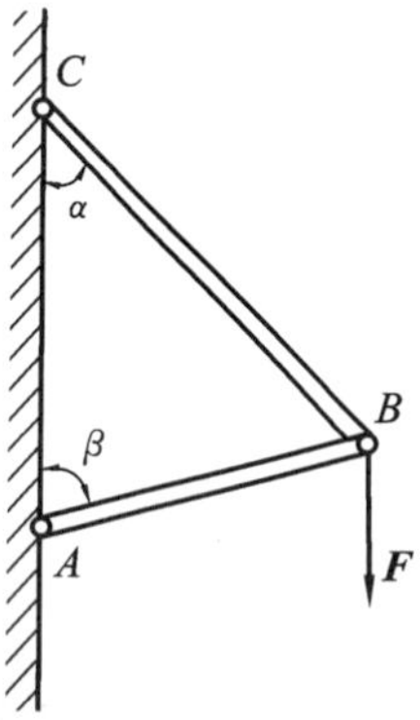

题 1-6 图

1-7 试画出整个物系和物系中每个物体的受力图。

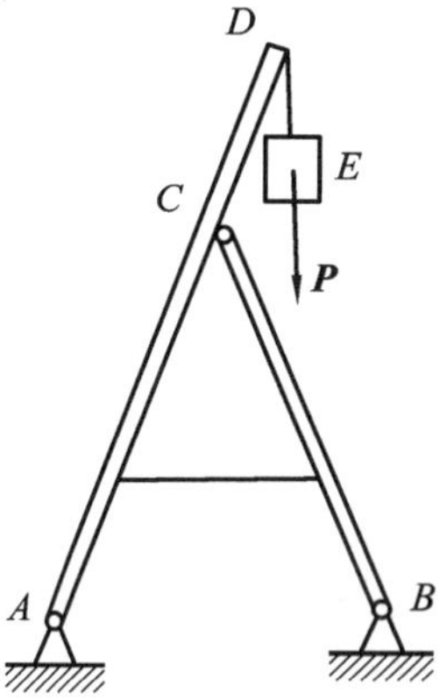

题 1-7 图

1-16 求图中各力的合力(力的单位为 N)。

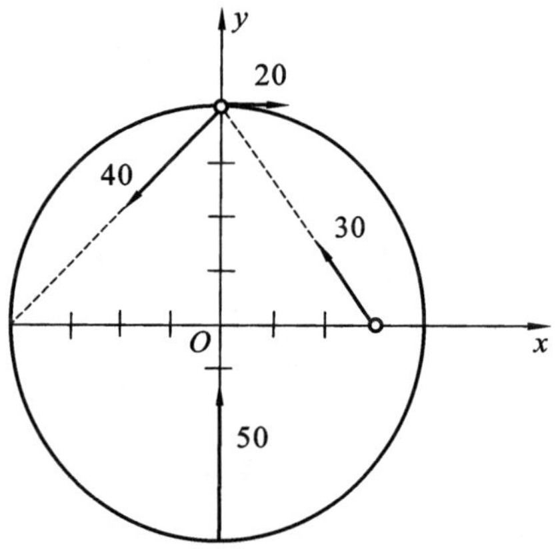

题 1-16 图

第 2 章　平面力系

姓名__________　班级__________

一、思考题

思 2-1　如图所示，若 $F_1=F_2=F_3=F_4$，试问力系分别向 A 点和 B 点简化的结果是什么？是否等效？

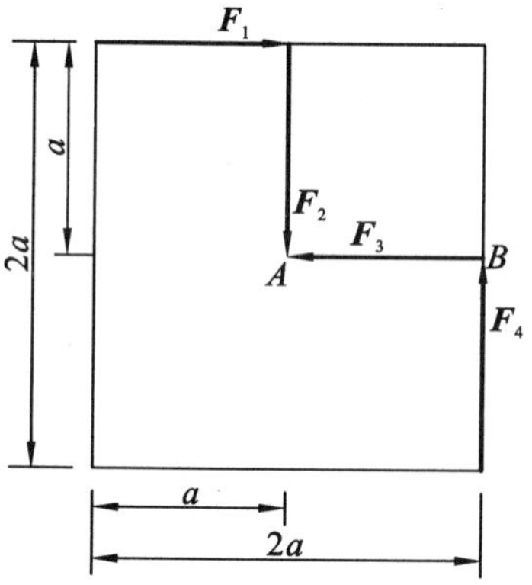

思 2-1 图

思 2-2　设平面任意力系向一点简化得到一个合力，如果适当地选取另一点为简化中心，试问力系能否简化为一个力偶？

思 2-3　力系向 B 点简化后（见图），主矢 $R_B=10$ N，主矩 $M_B=20$ N · mm，若 $AB=20$ mm，试问向 D 点简化时主矢和主矩各等于多少？

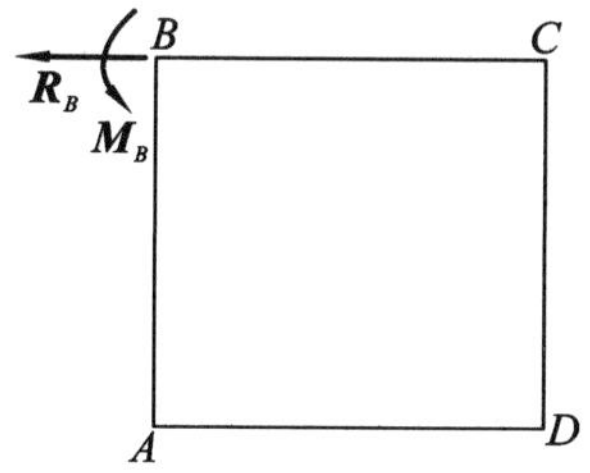

思 2-3 图

思 2-4　试从平面任意力系的平衡方程中推出平面汇交力系、平面平行力系和平面力偶系的平衡方程。

2-5 在三棱柱 ABC 的光滑斜面 AC 和 BC 上，各放一重物 M_1 和 M_2，并以跨过滑轮的细绳（绳与斜面平行）相连，重物系处于平衡状态，已知 M_1 重 $G_1=50$ N，M_2 重 $G_2=75$ N，AC 斜面的倾角为 45°。求另一斜面 BC 的倾角 θ。

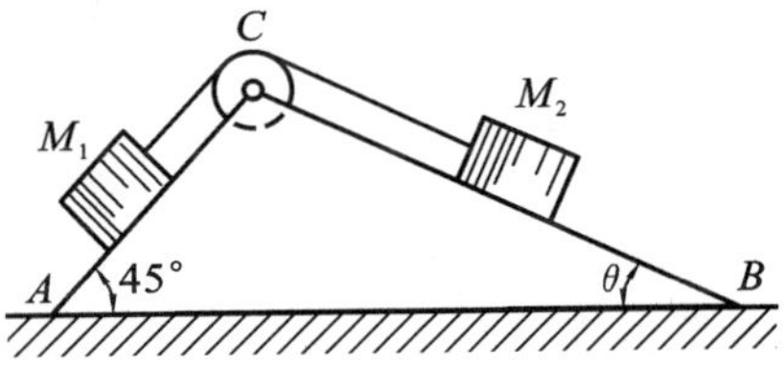

题 2-5 图

2-6 求图示各力对 O 点及 A 点的力矩。$F_1=10$ N，$F_2=5$ N，$F_3=4$ N，$F_4=8$ N，$F_5=6$ N。图中坐标轴上每格的长度为 100 mm。

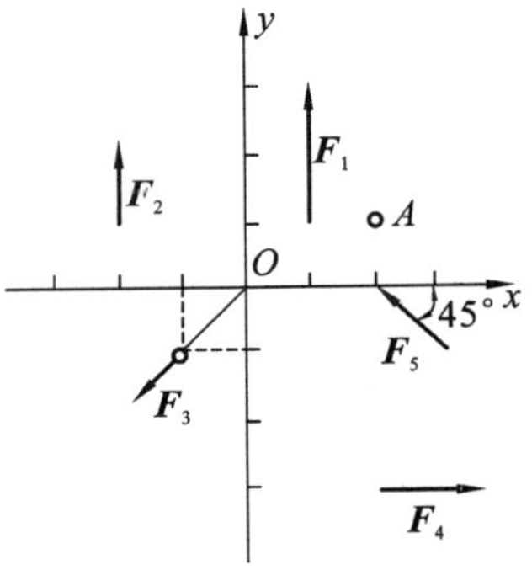

题 2-6 图

2-7　铰接四连杆机构 $OABO_1$ 在图示位置平衡。已知 $OA=400\ \text{mm}$，$O_1B=600\ \text{mm}$，作用在 OA 上的力偶矩 $|M_1|=1\ \text{N}\cdot\text{m}$，试求力偶矩 M_2 的大小及 AB 杆所受的力 $\boldsymbol{S}$。各杆质量不计。

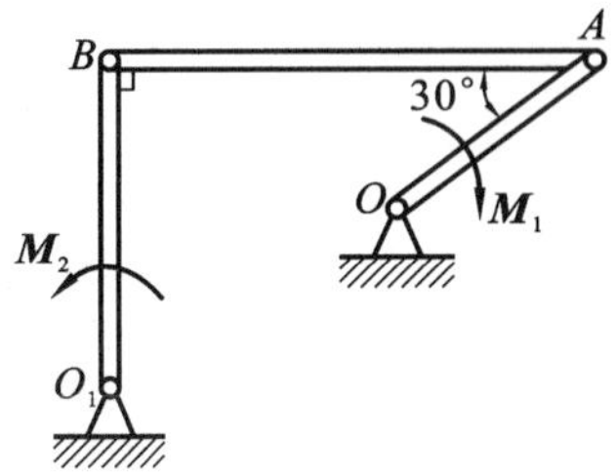

题 2-7 图

2-8　平面任意力系由三个力与两个力偶组成，求此力系的合力 $\boldsymbol{R}$，并计算 $\boldsymbol{R}$ 的作用线与 x 轴的交点的坐标。图中未注单位为毫米。

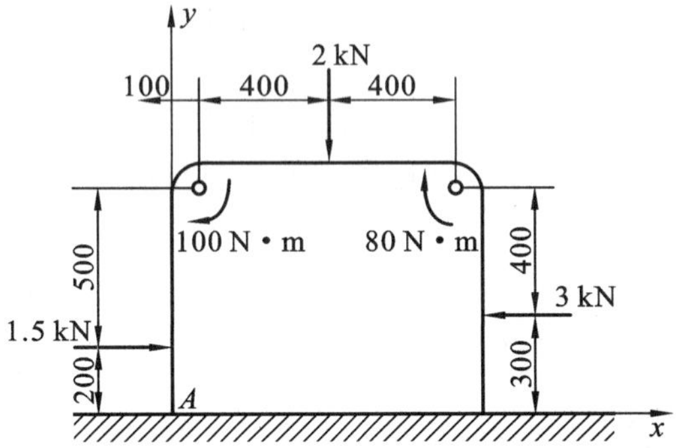

题 2-8 图

2-14 匀质杆 AB 的重力为 $\boldsymbol{G}$，A 点用铰链连在墙上，中点用绳 CD 拉住，B 点受向下的力 $F=G$ 作用，试求绳 CD 的拉力及铰 A 的反力。

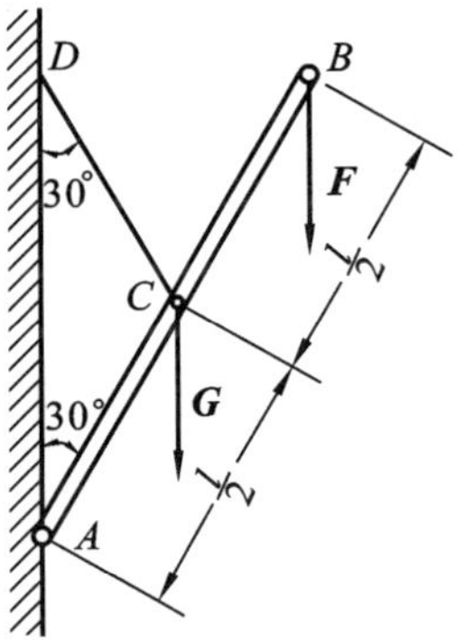

题 2-14 图

2-15 由 AC 和 CD 构成的组合梁通过铰链 C 连接。已知均布载荷集度 $q=10\ \text{kN/m}$，力偶矩 $M=40\ \text{kN}\cdot\text{m}$，不计梁重，试求支座 A、B、D 处的反力。

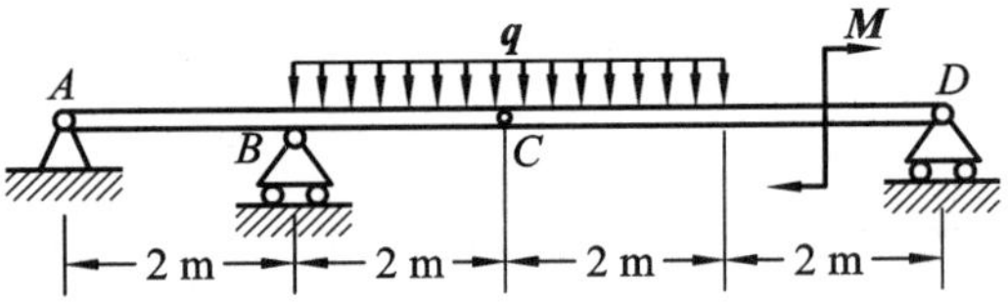

题 2-15 图

2-16 图示为一摆动台的简图，电动机经减速器转动曲柄 OA，通过连杆 AB 使台面 O_1B 绕轴 O_1 上下摆动。已知台面重 $G=400\ \text{N}$，重心在 C 点，其他各杆的自重及各处的摩擦均略去不计；$OA=0.1\ \text{m}$，$AB=0.5\ \text{m}$，$O_1B=0.6\ \text{m}$，$O_1C=0.5\ \text{m}$，$\angle O_1BA=60°$，$OA\perp AB$。试求维持机构在图示位置平衡时，作用于曲柄 OA 上的力偶矩 M 应为多大？并求出支座 O_1 处的反力。

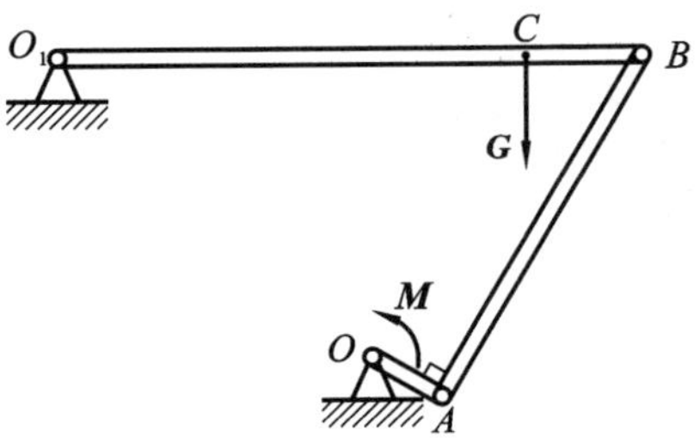

题 2-16 图

第 3 章　空间力系

姓名＿＿＿＿＿＿　班级＿＿＿＿＿＿

一、思考题

思 3-1　试从空间任意力系的平衡方程中导出各种力系的平衡方程。

思 3-2　力 $\boldsymbol{F}$ 在什么情况下能同时满足以下条件？

（1）　$F_x=0, M_x(\boldsymbol{F})=0$；

（2）　$F_y=0, M_y(\boldsymbol{F})=0$；

（3）　$F_x=0, M_x(\boldsymbol{F})\neq 0$；

（4）　$F_x\neq 0, M_x(\boldsymbol{F})=0$；

（5）　$M_x(\boldsymbol{F})=0, M_y(\boldsymbol{F})=0$。

思 3-3　已知力 $\boldsymbol{F}$ 与 x 轴的夹角为 α，与 y 轴的夹角为 β，如果还知道力 $\boldsymbol{F}$ 的大小为 F_0，能否求出力 $\boldsymbol{F}$ 在 z 轴上的投影 F_z？若能求出，则 $F_z=$？

思 3-4　二次投影中，力在平面上的投影是代数量还是矢量？为什么？

思 3-5　物体的重心是否一定在物体上？

思 3-6　计算等截面体的重心时，如果选取的坐标轴不同，重心的坐标是否改变？物体的重心位置是否改变？

二、习题

3-1　在如图所示边长为 $a=12$ cm，$b=16$ cm，$c=10$ cm 的六面体上，作用力 $F_1=2$ kN，$F_2=2$ kN，$F_3=4$ kN，试计算各力在坐标轴上的投影。

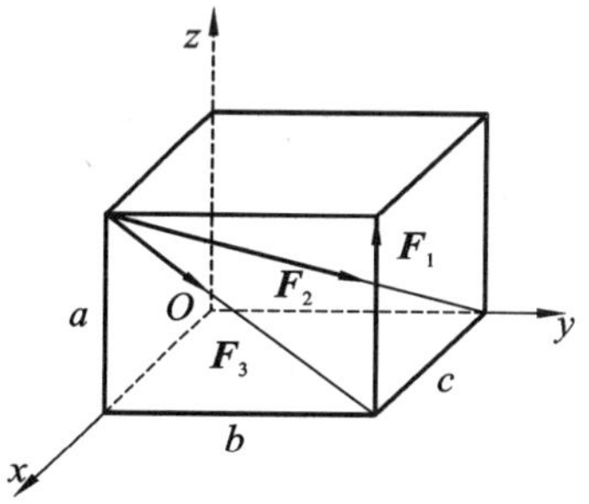

题 3-1 图

3-6　传动轴如图所示，带拉力 $\boldsymbol{F}_T$、$\boldsymbol{F}_t$ 及齿轮径向压力 $\boldsymbol{F}_\tau$ 铅垂向下。已知 $F_T/F_t=2$，$F_\tau=1$ kN，压力角 $\alpha=20°$，带轮 C 的半径 $R=500$ mm，齿轮 D 的半径 $r=300$ mm，$a=500$ mm，试求圆周力 $\boldsymbol{F}_\tau$ 及 A、B 轴承的约束反力。

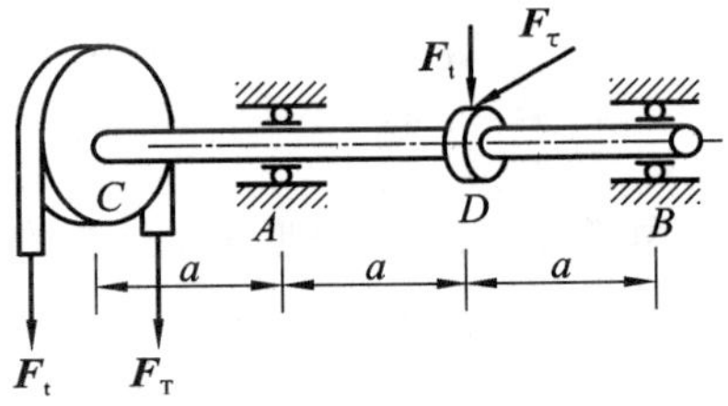

题 3-6 图

3-7　传动轮系如图所示，水平轴 AB 上装有两个齿轮，大齿轮 C 的节圆直径 $d_1=200$ mm，小齿轮 D 的节圆直径 $d_2=100$ mm。已知作用于齿轮 C 上的水平圆周力 $F_{\tau 1}=500$ N，作用于齿轮 D 上的圆周力铅垂向下，齿轮压力角 $\alpha=20°$，求平衡时的圆周力 $\boldsymbol{F}_{\tau 2}$、径向力 $\boldsymbol{F}_{r1}$ 和 $\boldsymbol{F}_{r2}$ 以及轴承反力。图中未注单位为毫米。（提示：$F_r=F_\tau\tan\alpha$）

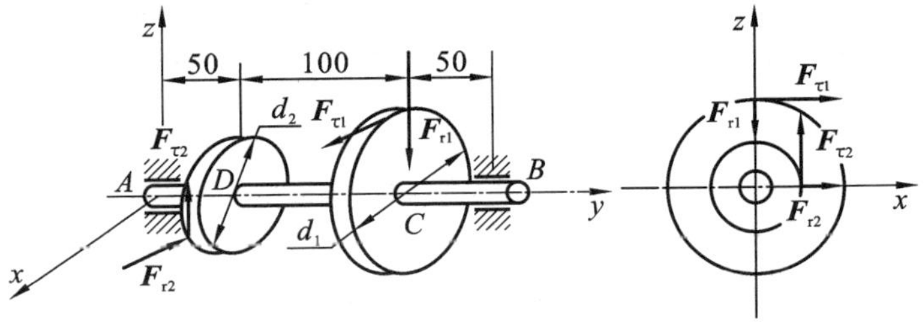

题 3-7 图

3-8 如图所示，传动轴上装有两个带轮，$\boldsymbol{F}_{T1}$ 和 $\boldsymbol{F}_{t1}$ 铅垂向下，$\boldsymbol{F}_{T2}$ 和 $\boldsymbol{F}_{t2}$ 平行并与水平方向的夹角 $\beta=30^\circ$，已知 $F_{T1}=2F_{t1}=5000\ \text{N}$，$F_{T2}=2F_{t2}$，带轮 C 的半径 $r_1=200\ \text{mm}$，带轮 D 的半径 $r_2=300\ \text{mm}$，试求平衡时带拉力 $\boldsymbol{F}_{T2}$ 和 $\boldsymbol{F}_{t2}$ 的大小及两轴的约束反力。图中未注单位为毫米。

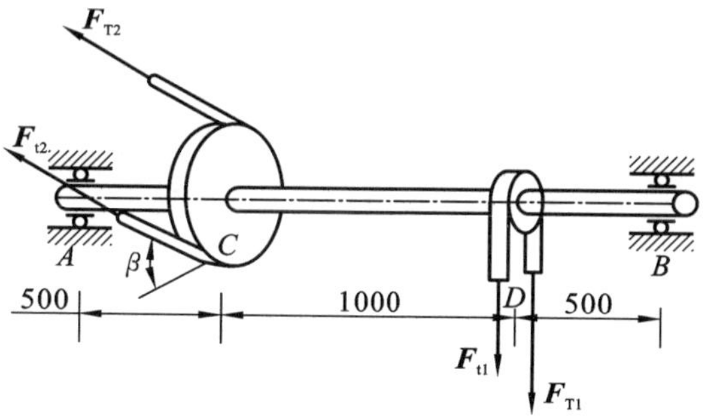

题 3-8 图

3-9 求图所示平面图形的形心。

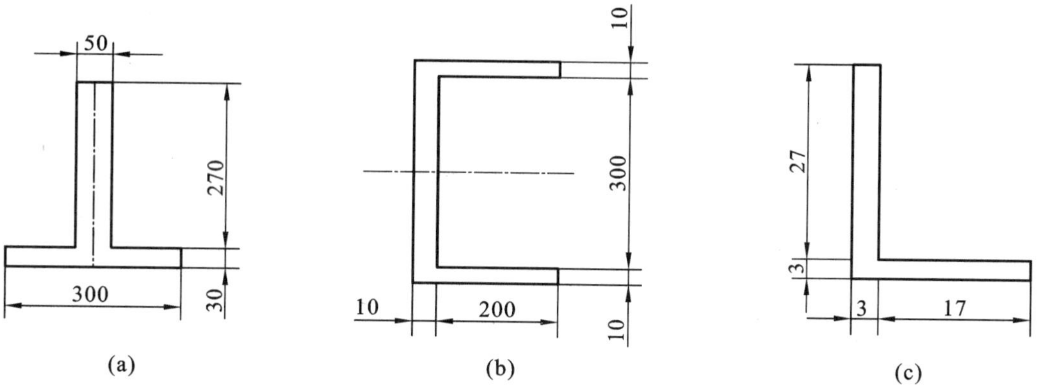

题 3-9 图

3-14　一个力系如图所示，已知：$F_1=F_2=F$，$M=F\cdot a$，$OA=OD=OE=a$，$OB=OC=2a$。试求此力系的简化结果。

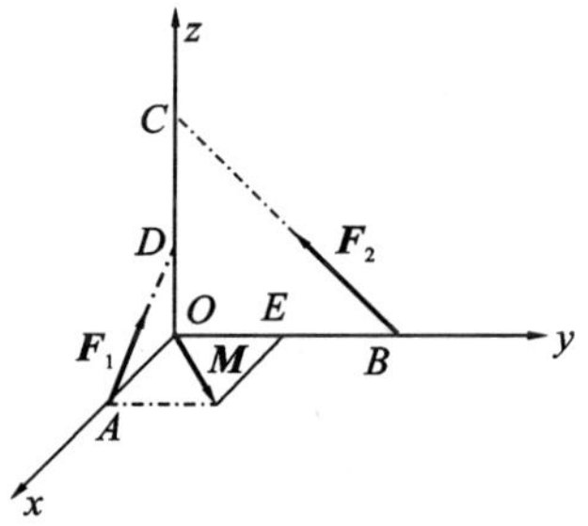

题 3-14 图

第 4 章　轴向拉伸与压缩

姓名__________　班级__________

一、思考题

思 4-1　在什么情况下杆件产生拉伸或压缩变形？图中的构件哪些产生轴向拉伸？哪些产生轴向压缩？

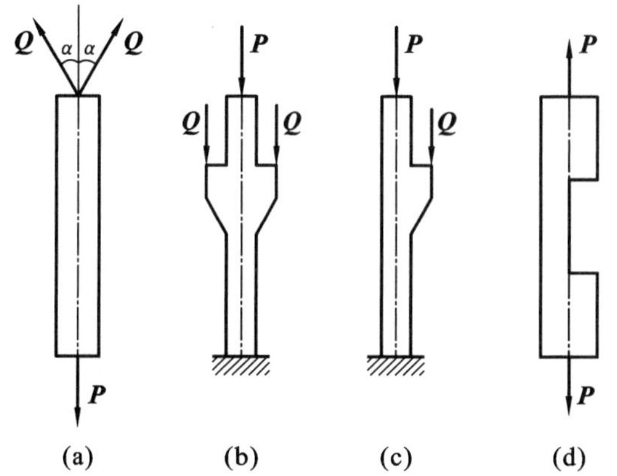

思 4-1 图

思 4-2　静力学中力的可传性原理在材料力学中是否适用？为什么？

思 4-3　图中三根直杆尺寸完全相同，所受载荷大小、方向相同但作用点不同，三根直杆的内力和变形是否相同？

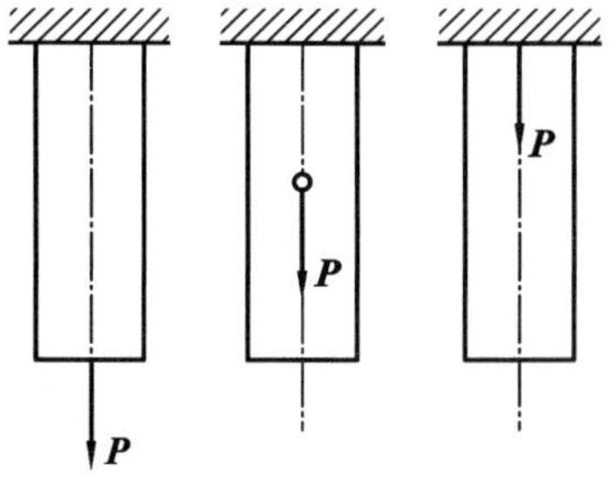

思 4-3 图

思 4-4　弹性模量 E 和杆件的抗拉(压)刚度 EA 的物理意义及单位有何不同？

4-4 求图示等直杆横截面 1—1、2—2 和 3—3 上的轴力，并作轴力图。

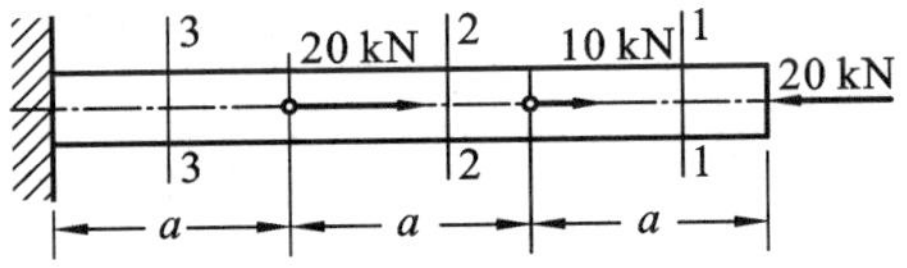

题 4-4 图

4-5 求图示阶梯形直杆横截面 1—1、2—2 和 3—3 上的轴力，并作轴力图。

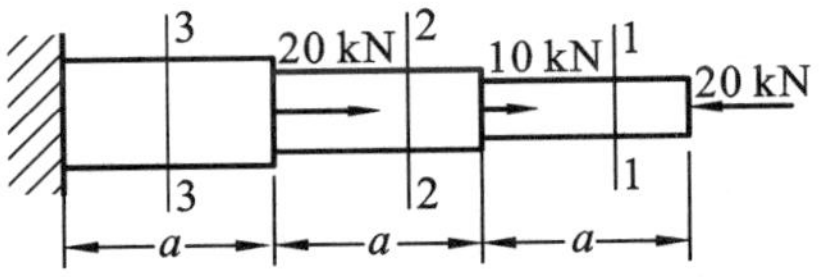

题 4-5 图

4-6 若题 4-4 中杆的横截面面积 $A=400\ \text{mm}^2$，求各横截面上的应力。

4-7 若题 4-5 中杆的横截面面积 $A_1=200\ \text{mm}^2$、$A_2=300\ \text{mm}^2$、$A_3=400\ \text{mm}^2$，求各横截面上的应力。

4-8 圆钢杆上有一槽，如图所示，已知钢杆受拉力 $P=15$ kN 的作用，钢杆直径 $d=20$ mm。试求 1—1 和 2—2 横截面上的应力(槽的面积以矩形计算，不考虑应力集中)。

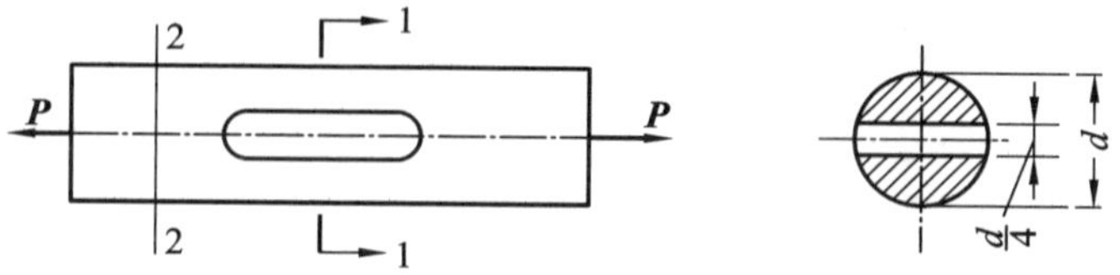

题 4-8 图

4-9 图示钢制阶梯形直杆各段横截面面积分别为 $A_1=A_3=300\ mm^2$、$A_2=200\ mm^2$，材料的弹性模量 $E=200$ GPa。

(1) 试求出各段的轴力。最大轴力发生在哪一段内？

(2) 计算杆的总变形。

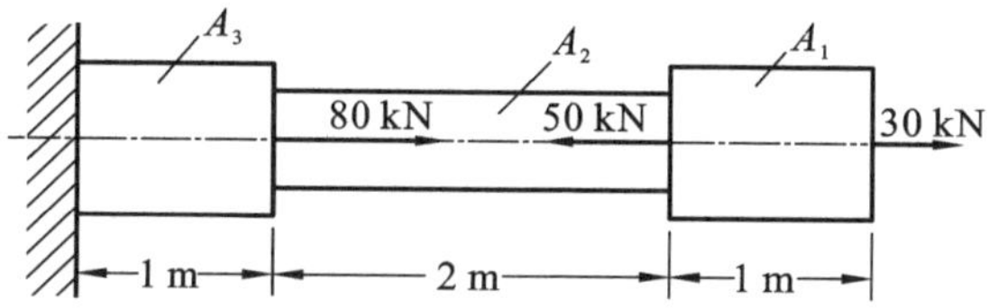

题 4-9 图

4-10 长 0.3 m 的钢杆受力情况如图所示。已知杆的横截面面积 $A=1000\ mm^2$，材料的弹性模量 $E=200$ GPa，试求：

(1) AC、CD、DB 各段的应力及变形；

(2) AB 杆的总变形。

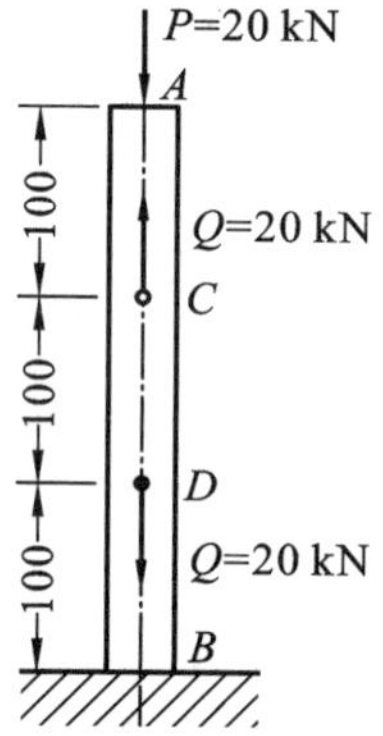

题 4-10 图

4-18 图中 AB 为钢杆，横截面面积 $A_1=600\ mm^2$，许用应力 $[\sigma]_{AB}=140$ MPa；BC 为木杆，横截面面积 $A_2=3\times10^4\ mm^2$，许用应力 $[\sigma]_{BC}=3.5$ MPa。试求最大许可载荷 $[P]$。

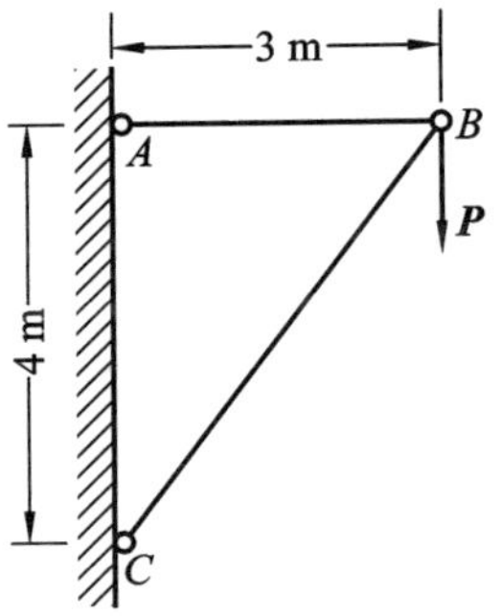

题 4-18 图

4-19 一气缸如图所示，其内径 $D=560$ mm，气缸内的气体压强 $p=2.5$ MPa，活塞杆的直径 $d=100$ mm，所用材料的屈服极限 $\sigma_s=300$ MPa。

(1) 试求活塞杆横截面上的正应力和工作安全系数；

(2) 若连接气缸与缸盖的螺栓直径 $d_1=30$ mm，螺栓所用材料的许用应力 $[\sigma]=60$ MPa，试求所需的螺栓数。

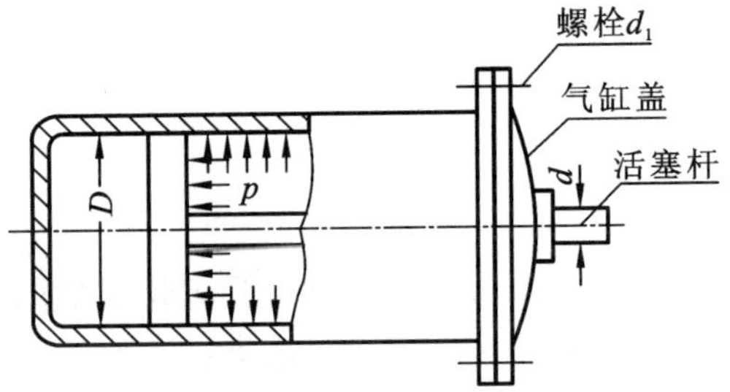

题 4-19 图

第 5 章　剪切与挤压

姓名__________　班级__________

一、思考题

思 5-1　挤压面与计算挤压面是否相同？试举例说明。

思 5-2　指出图中构件的剪切面和挤压面。

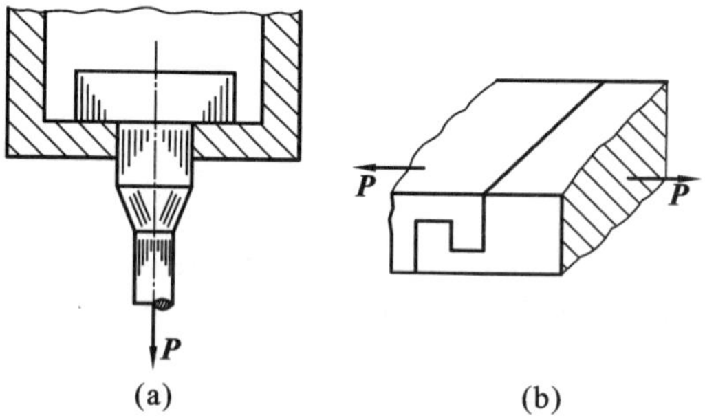

思 5-2 图

思 5-3　挤压应力与压应力有何区别？

思 5-4　图中$[\sigma_{iy}]_{钢} > [\sigma_{iy}]_{铜} > [\sigma_{iy}]_{铝}$，问应对哪一部分进行挤压强度计算？

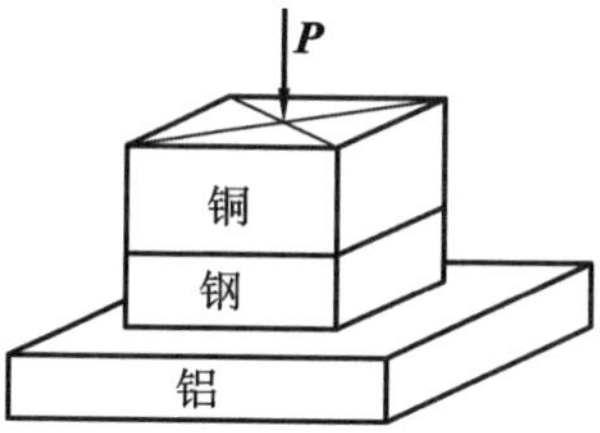

思 5-4 图

思 5-5　图示为胶合在一起的一对木块，垂直于图纸平面的尺寸为 40 mm。该胶合连接件受铅垂力的作用，$P=40$ kN，试计算胶合面上的平均剪应力。

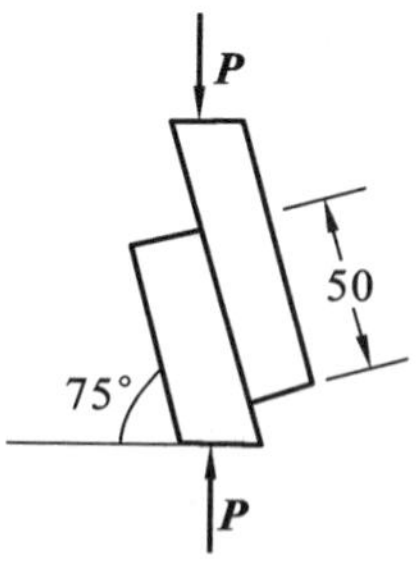

思 5-5 图

5-8 冲床的最大冲力为 400 kN，冲头材料的许用应力$[\sigma]=440$ MPa，被冲剪钢板的剪切强度极限 $\tau_b=360$ MPa。求在最大冲力作用下所能冲剪的圆孔最小直径 d_{min} 和钢板的最大厚度 δ_{max}。

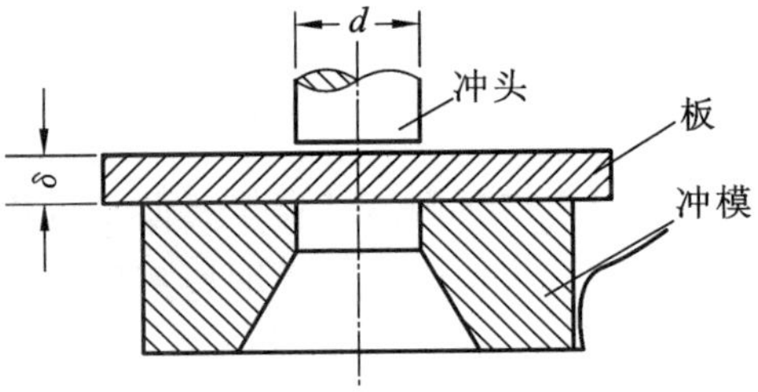

题 5-8 图

5-9 图示曲臂杠杆在铅直力 $\boldsymbol{P}$ 和水平力 $\boldsymbol{Q}$ 的作用下保持平衡。拉杆 CD 的直径 $d=30$ mm，其许用拉应力$[\sigma]=160$ MPa，销钉 B 的许用剪应力$[\tau]=80$ MPa。如欲使销钉的强度不低于拉杆的强度，则销钉的直径应为多少？图中未注单位为毫米。

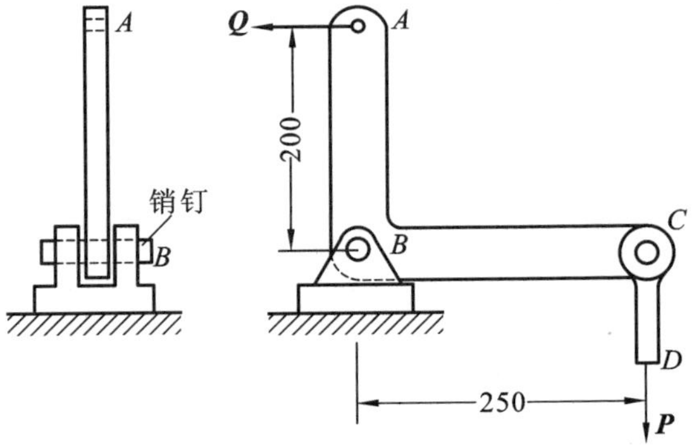

题 5-9 图

5-10 直径为 30 mm 的轴上安装着一个手柄。杆与轴之间有一个键 K，键长 36 mm，横截面为正方形，边长 8 mm。如键的平均剪应力不得超过 56 MPa，求距轴心 750 mm 处所加的力 P 可以有多大？图中未注单位为毫米。

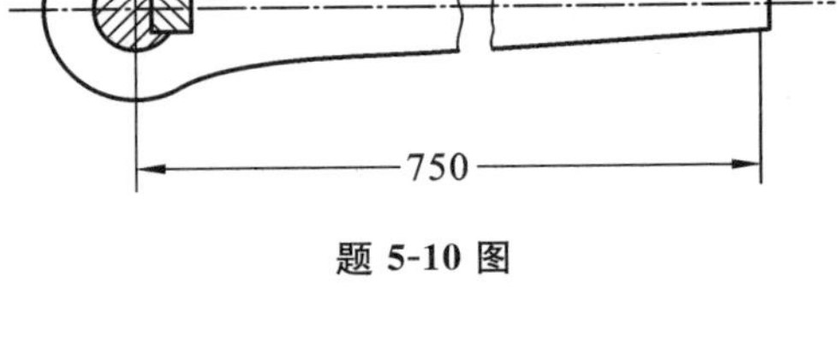

题 5-10 图

第 6 章　圆轴扭转

姓名__________　班级__________

一、思考题

思 6-1　在圆轴的扭转变形实验中，根据横截面半径的长度不变而推断出横截面上任一点剪应力的方向一定与半径方向垂直，试说明其理由。

思 6-2　试比较切变模量 G 和抗扭刚度的物理意义。

思 6-3　图示的两根传动轴，哪一根轮的布置对提高轴的承载能力有利？

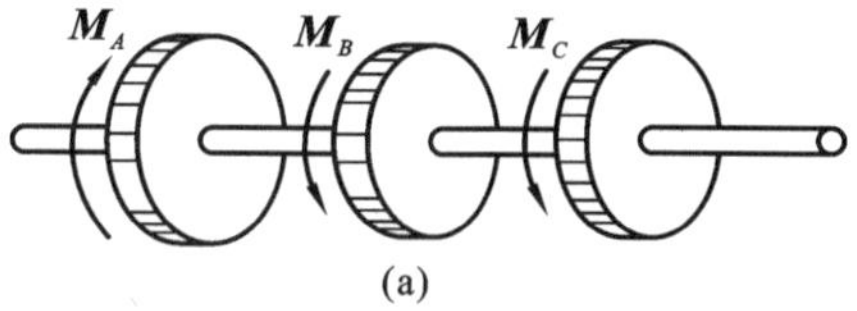

思 6-3 图

思 6-4　空心轴的横截面如图所示，它的极惯性矩 I_p 和抗扭截面系数 W_p 是否可按下式计算？

$$I_p = I_{p外} - I_{p内} = \frac{\pi D^4}{32} - \frac{\pi d^4}{32},\quad W_p = W_{p外} - W_{p内} = \frac{\pi D^3}{16} - \frac{\pi d^3}{16}$$

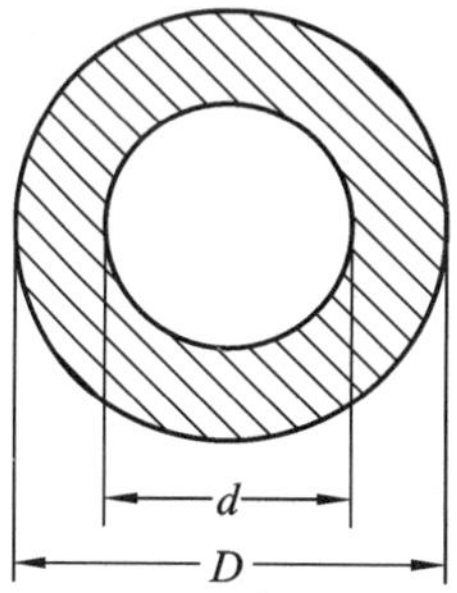

思 6-4 图

思 6-5　试画出空心轴横截面上沿任一直径剪应力的分布规律。

思 6-6　直径相同、材料不同的两根等长的实心圆轴，在相同扭矩的作用下，二者的 τ_{max}、φ、I_p 是否相同？

6-7 一传动轴，直径 $d=75$ mm，承受着力偶矩 $M_1=1000$ N·m，$M_2=600$ N·m，$M_3=M_4=200$ N·m，材料的切变模量 $G=8\times10^4$ MPa。

(1) 试作出轴的扭矩图；

(2) 求各段内的最大剪应力；

(3) 求横截面 A 相对于横截面 C 的扭转角 φ_{AC}。

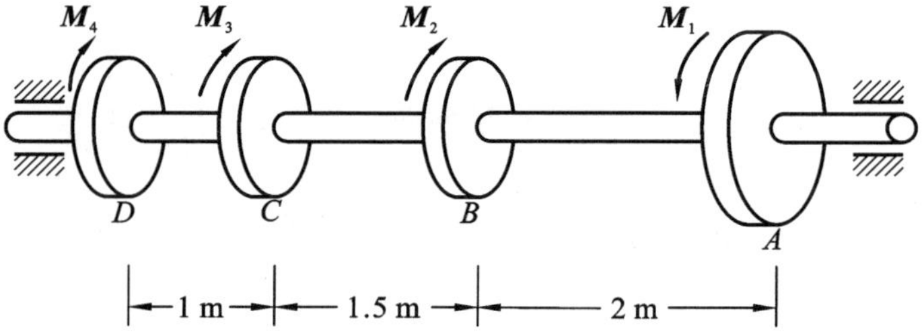

题 6-7 图

6-8 直径 $D=50$ mm 的圆轴，受到扭矩 $M_n=2150$ N·m 的作用，试求离轴心 10 mm 处的剪应力及横截面上的最大剪应力。

6-9 直径为 50 mm，材料的切变模量 $G=8\times10^4$ MPa 的钢轴，承受力偶矩 $M=200$ N·m 而扭转，轴两端面的扭转角为 0.6°，试求此轴的长度。

6-10 将直径 $d=1$ mm，长 $l=5$ m 的钢丝一端嵌紧，另一端扭转一整圈（2π 弧度）。材料的切变模量 $G=8\times10^4$ MPa。试求此时钢丝内的最大应力。

6-11 一直径 $d=50$ mm 的圆轴，两端受 $M=1000$ N·m 的外力偶作用而发生扭转，轴材料的切变模量 $G=8\times10^4$ MPa。试求：

（1）横截面上半径 $\rho_A=\dfrac{d}{4}$ 处的剪应力和剪应变；

（2）单位长度扭转角。

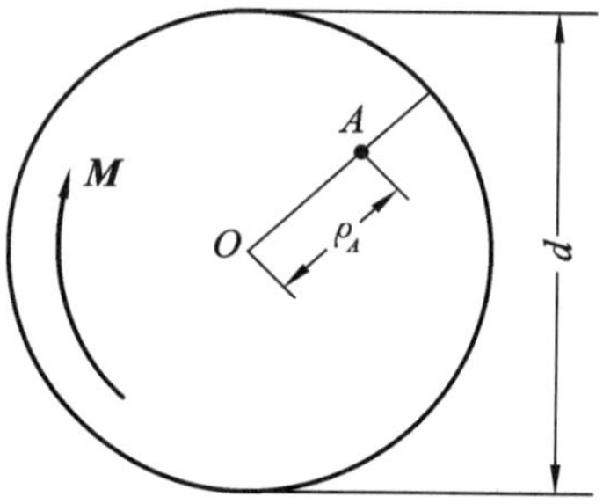

题 6-11 图

6-12 阶梯形圆轴直径分别为 $d_1=40$ mm，$d_2=70$ mm，轴上装有三个皮带轮。已知由轮 3 输入的功率 $P_3=30$ kW，轮 1 的输出功率 $P_1=13$ kW，轴的转速 $n=200$ r/min，材料的许用剪应力$[\tau]=60$ MPa，切变模量 $G=80$ GPa，许用单位长度扭转角$[\theta]=2$ °/m。试校核轴的强度和刚度。

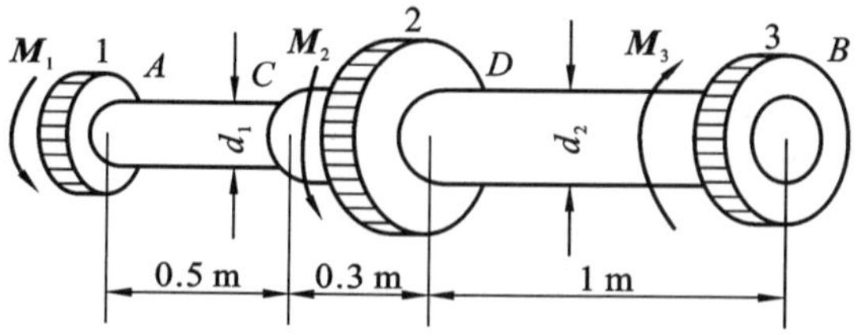

题 6-12 图

6-19　某传动轴转速 $n=300$ r/min(转/分)，轮 1 为主动轮，输入的功率 $P_1=50$ kW，轮 2、轮 3 与轮 4 为从动轮，输出功率分别为 $P_2=10$ kW，$P_3=P_4=20$ kW。图中未注单位为毫米。

(1)试画轴的扭矩图，并求轴的最大扭矩。

(2)若将轮 1 与轮 3 的位置对调，轴的最大扭矩变为何值？对轴的受力是否有利？

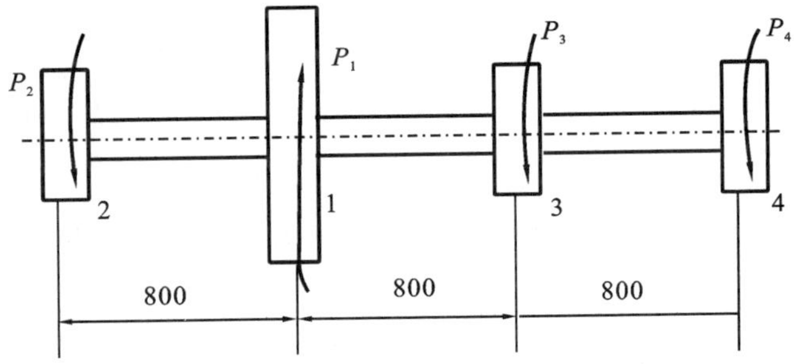

题 6-19 图

6-20　实心圆轴和空心轴通过牙嵌离合器连接，如图所示。已知轴的转速 $n=100$ r/min，传递的功率 $P=7.5$ kW，材料的许用应力$[\tau]=40$ MPa，试通过计算确定：

(1)采用实心轴时，直径 d_1 的大小；

(2)采用内外径比值为 1/2 的空心轴时，外径 D_2 的大小。

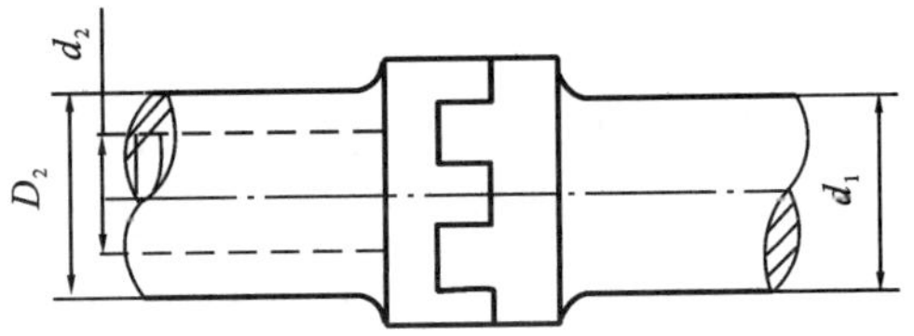

题 6-20 图

第 7 章　梁的弯曲

姓名__________　班级__________

一、思考题

思 7-1　试说明截面上剪力和弯矩的物理意义。

思 7-2　设 $Q_A^- = 10\ \text{kN}$，$Q_A^+ = 0$，问梁上 A 点必定作用有什么样的外力？

思 7-3　若 $M_B^- = 20\ \text{kN}\cdot\text{m}$，$M_B^+ = 16\ \text{kN}\cdot\text{m}$，问梁上 B 点一定作用有什么样的外力？

思 7-4　试用截面法求 $\boldsymbol{Q}_D^-$、$\boldsymbol{Q}_D^+$、$\boldsymbol{M}_D^-$、$\boldsymbol{M}_D^+$，并根据你所列出的算式验证计算 $\boldsymbol{Q}$ 和 $\boldsymbol{M}$ 的规律及符号规则。

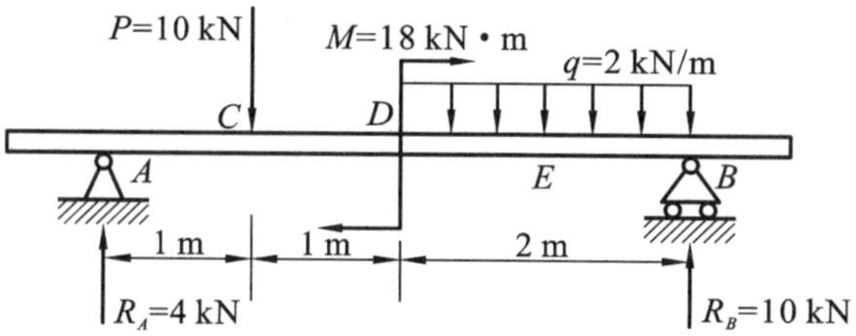

思 7-4 图

思 7-5　按计算剪力和弯矩的规则，分别从左、右两侧计算思 7-4 图中 $\boldsymbol{Q}_C^-$、$\boldsymbol{Q}_C^+$、$\boldsymbol{M}_C^-$、$\boldsymbol{M}_C^+$、$\boldsymbol{Q}_D^-$、$\boldsymbol{Q}_D^+$、$\boldsymbol{M}_D^-$、$\boldsymbol{M}_D^+$ 的值。

思 7-6　在思 7-4 图中，AC、CD、DB 段的剪力图和弯矩图分别是什么形状？

7-3　求图中横截面 A 上 a、b 点的压应力。图中未注单位为毫米。

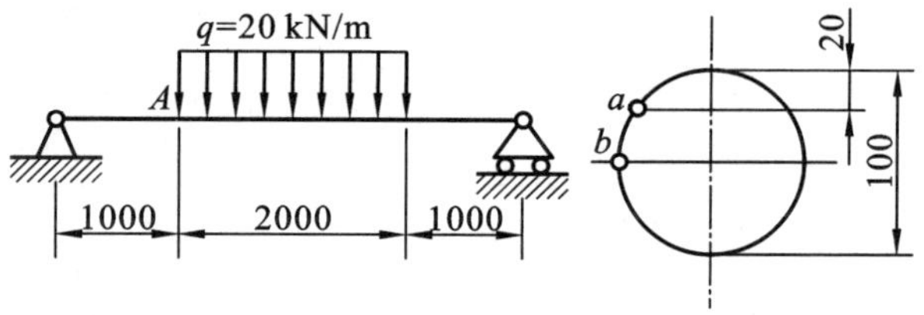

题 7-3 图

7-4　求图示梁中点横截面上的最大正应力。图中未注单位为毫米。

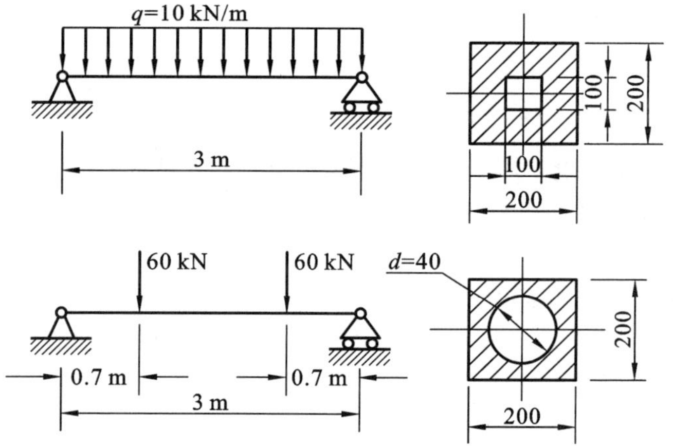

题 7-4 图

7-5 倒 T 形横截面的铸铁梁如图所示(图中未注单位为毫米)。试求梁内最大拉应力和最大压应力,并画出危险横截面上的正应力分布图。

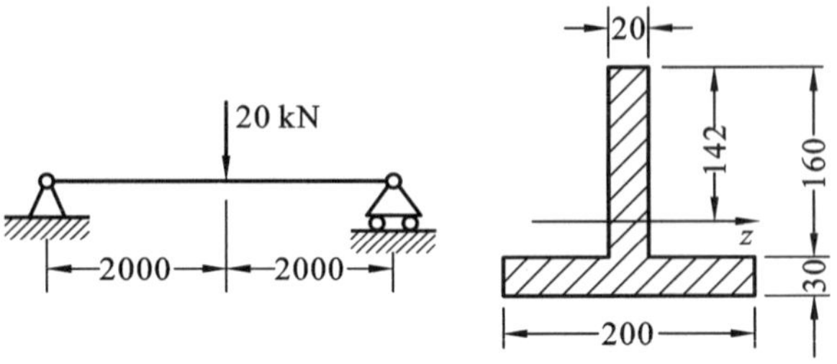

题 7-5 图

7-6 图中所示悬臂梁,受力 $P=200$ N,长 $l=300$ mm。横截面为圆形,直径 $d=25$ mm 悬臂梁的许用拉应力$[\sigma_l]=28$ MPa,许用压应力$[\sigma_y]=120$ MPa,试校核悬臂梁的强度。

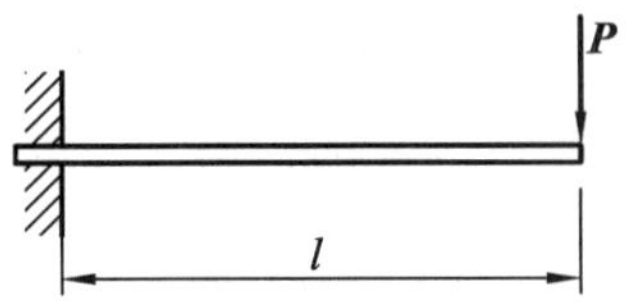

题 7-6 图

7-12 气泵的操纵杆右端受大小为 8.5 kN 的力的作用，横截面Ⅰ—Ⅰ和Ⅱ—Ⅱ为矩形，其高宽比均为$h/b=3$，材料的许用应力$[\sigma]=50$ MPa。试求这两横截面的尺寸。图中未注单位为毫米。

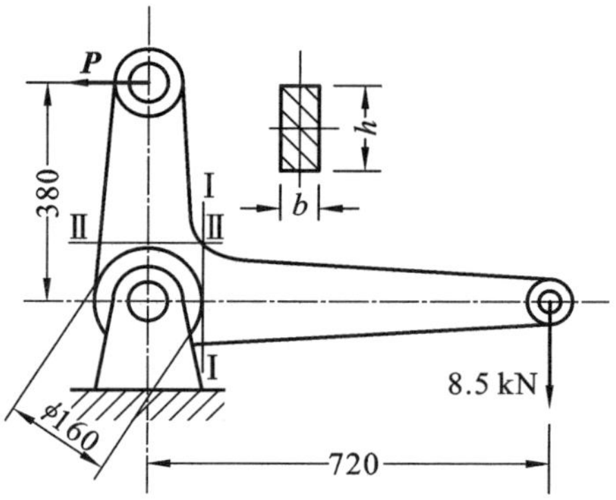

题 7-12 图

7-13 铸铁简支梁的横截面尺寸和形状如图所示，跨长 $l=2$ m，在其中点受一集中载荷$Q=80$ kN 的作用。已知许用拉应力$[\sigma_l]=30$ MPa，许用压应力$[\sigma_y]=90$ MPa。试确定横截面尺寸中的 δ 值。

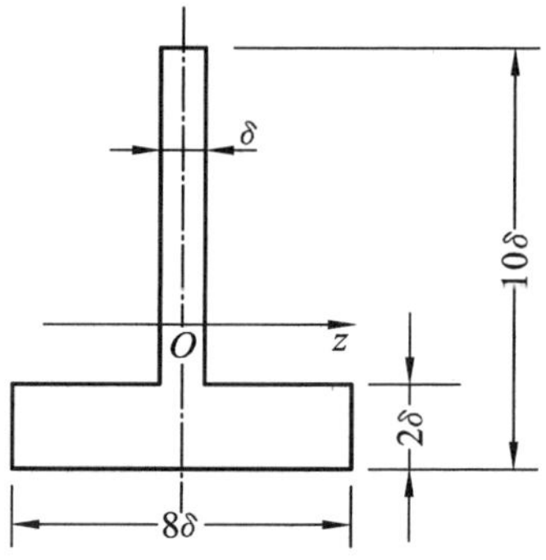

题 7-13 图

第 8 章　组合变形

姓名__________　班级__________

一、思考题

思 8-1　试用外力简化的方法判断图中各构件产生何种变形。

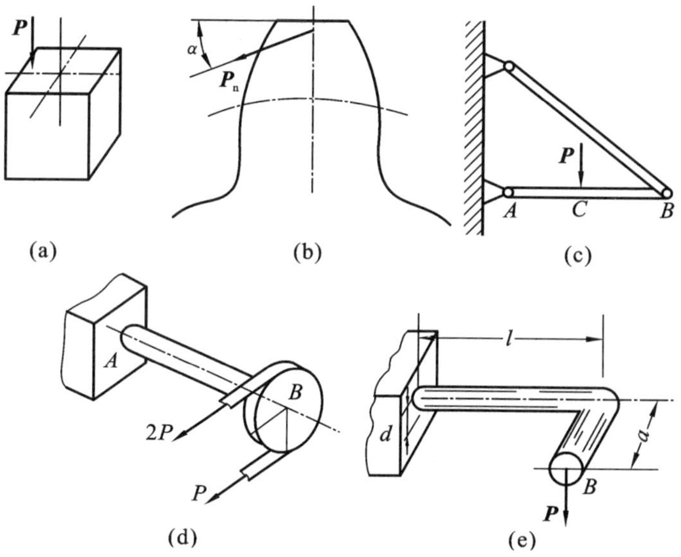

思 8-1 图

思 8-2　指出上题中各构件的危险横截面及最大应力的位置。

思 8-3　对于拉伸(压缩)和扭转的组合变形,为什么式(8-1)、式(8-3)能够应用,而式(8-2)、式(8-4)不能应用?

8-6 曲拐圆形部分的直径 $d=30$ mm，受力如图所示。若杆的许用应力$[\sigma]=100$ MPa，试按第四强度理论校核此杆的强度。

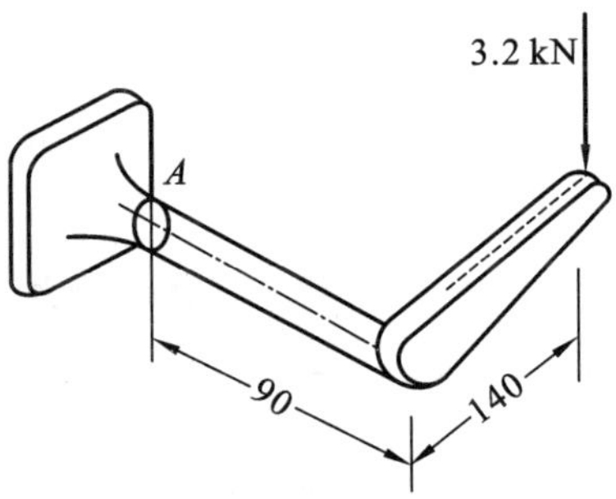

题 8-6 图

8-7 开口链环由直径 $d=200$ mm 的钢杆制成，钢杆的许用应力$[\sigma]=100$ MPa，若$a=50$ mm，求链环的最大许可载荷。

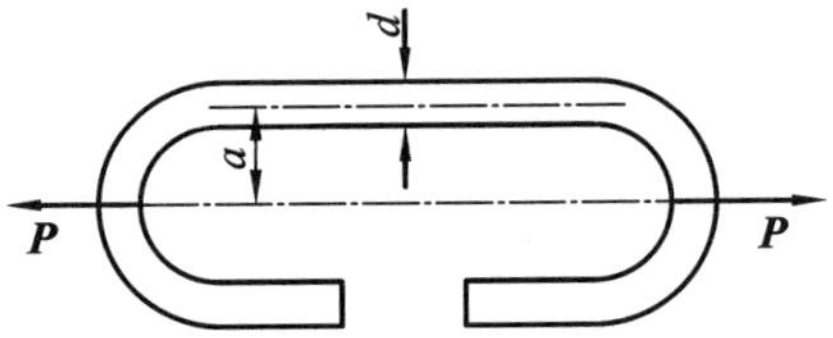

题 8-7 图

8-8 某轴承受弯曲和扭转联合作用。已知弯矩 $M=18\times10^4$ N·mm，扭矩 $M=9\times10^4$ N·mm，轴的许用应力$[\sigma]=80$ MPa，试按第三强度理论计算轴的直径。

第 9 章　压杆稳定

姓名＿＿＿＿＿＿　班级＿＿＿＿＿＿

一、思考题

思 9-1　为什么说大柔度杆的临界应力与材料的强度指标无关，而中、小柔度杆的临界应力与材料的强度指标有关？

思 9-2　为什么计算临界载荷时必须首先计算柔度？

思 9-3　两端为球铰的压杆，当其横截面为图示的不同形状时，试问压杆会在哪个平面内失稳（即失稳时横截面绕哪根轴转动）？

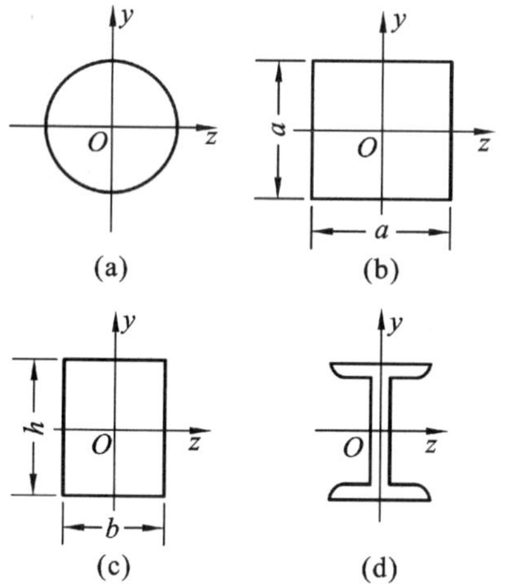

思 9-3 图

思 9-4　一压杆如图所示。在计算其临界载荷 F_{cr} 时，如考虑在 Oyz 平面内失稳，应该用对哪一轴的惯性矩 I 和惯性半径 i 来计算？

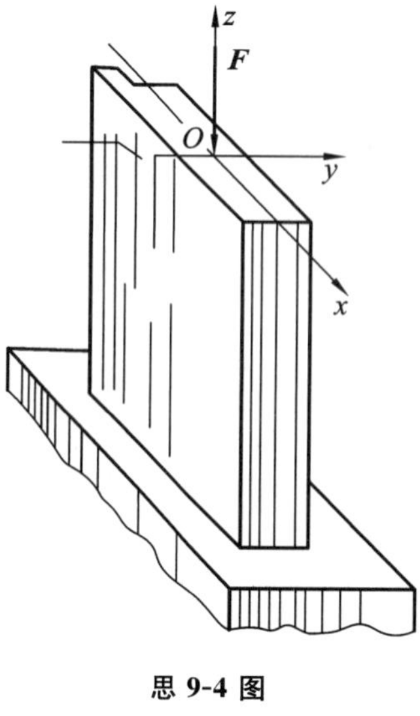

思 9-4 图

9-6　某油机的挺杆两端铰接，长度 $l=257$ mm，圆横截面的直径 $d=8$ mm，钢材的 $E=210$ GPa，$\sigma_p=240$ GPa。挺杆所受的最大压力 $P=1.76$ kN。规定的稳定安全系数 $[n_\omega]=2.5$。试校核挺杆的稳定性。

9-7　一25a工字钢支柱两端固定，长 7 m，稳定安全系数 $[n_\omega]=2$，材料是 Q235 钢，$E=210$ GPa，试求支柱的安全许可载荷。

第 10 章　动载荷与交变应力

姓名__________　班级__________

一、思考题

思 10-1　举例说明动载荷的概念。

思 10-2　在载荷的作用下，构件强度计算的基本方法是什么？

思 10-3　对于承受冲击载荷的构件，为了减小动应力，应使构件的刚度较大还是较小？

思 10-4　加速运动构件的动应力是否一定比静应力大？

思 10-5　冲击物高度的冲击点位置均不变，冲击物重量增加一倍时，冲击应力是否也增大一倍？为什么？

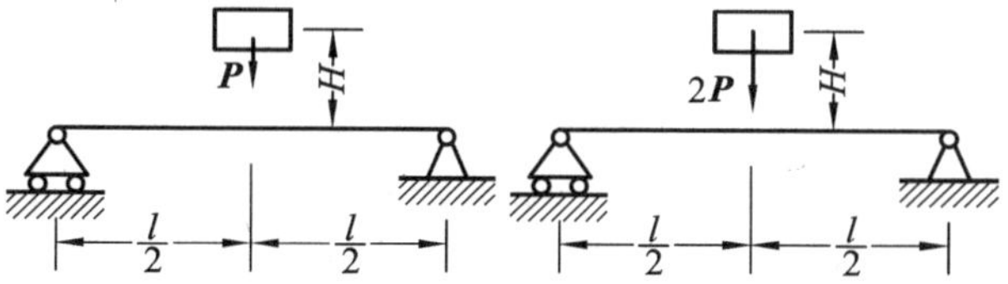

思 10-5 图

思 10-6　重力为 $\boldsymbol{P}$ 的一物体在距 B 支座 $l/3$ 处的 D 点上方下落，试问在求 C 横截面上的动应力时，动荷系数中的 Δl_j 应取哪一点的挠度？为什么？

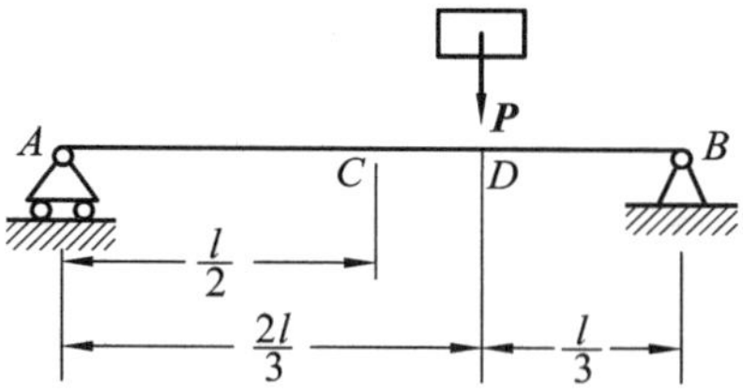

思 10-6 图

思 10-7　为什么冲击载荷属于动载荷？

思 10-8　材料疲劳破坏有什么特点？

思 10-9　材料发生疲劳破坏的原因何在？

思 10-10　什么是材料的持久极限？

10-5 桥式起重机以等加速度 $\boldsymbol{a}$ 提升一重物，物体重力 $G=10$ kN，加速度 $a=4\ \mathrm{m/s^2}$，起重机横梁为 28 号工字钢，跨度 $l=6$ m。不计横梁和钢丝绳的重量，求此时钢丝绳所受的拉力及梁的最大正应力。

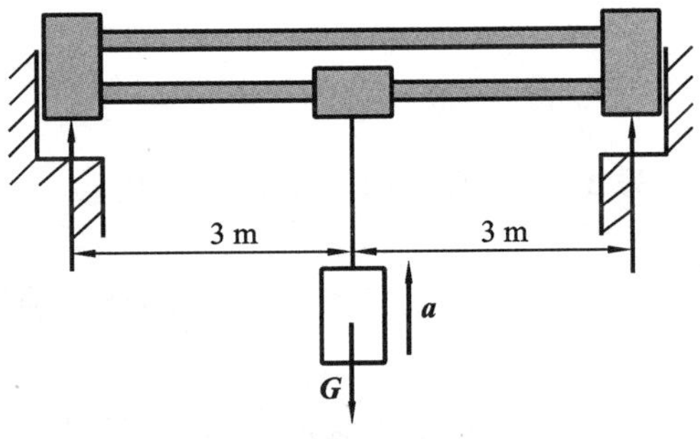

题 10-5 图

10-6 如图所示，一起重机绳索以等加速度 $\boldsymbol{a}$ 提升一等横截面直杆，直杆单位体积的重量（比重、重度）为 γ，横截面面积为 A，杆长为 L，不计绳索的重量。求杆内任意横截面的动应力、最大动应力。

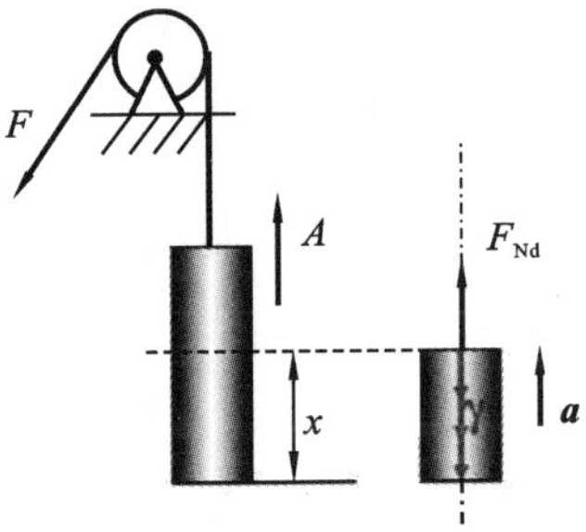

题 10-6 图

目录 MULU

第 1 章　静力学基础 …… 1

1.1　静力学基本概念与基本公理 …… 2

1.2　力矩与力偶 …… 5

1.3　约束与约束反力 …… 12

1.4　受力分析与受力图 …… 15

第 2 章　平面力系 …… 19

2.1　力的投影及合力投影定理 …… 20

2.2　平面汇交力系的合成 …… 22

2.3　力的平移定理 …… 26

2.4　平面力系向一点简化 …… 28

2.5　平面力系的平衡条件 …… 31

第 3 章　空间力系 …… 35

3.1　力的空间投影与力对轴的矩 …… 36

3.2　空间力系的平衡 …… 38

3.3　物体的重心与形心的求法 …… 40

第 4 章　轴向拉伸与压缩 …… 45

4.1　材料力学的基本概念 …… 46

4.2　截面法、轴力与轴力图 …… 47

4.3　轴向拉伸和压缩时横截面上的应力 …… 49

4.4　轴向拉伸和压缩时的变形 …… 50

4.5　材料在拉伸和压缩时的力学性质 …… 51

4.6　轴向拉伸和压缩的强度计算 …… 55

第 5 章　剪切与挤压 …… 58

5.1　剪切与挤压的概念 …… 59

5.2　剪切和挤压的实用计算 …… 60

5.3　剪切胡克定律 …… 64

第 6 章　圆轴扭转 …… 66

6.1　圆轴扭转的概念 …… 67

6.2　扭矩与扭矩图 …… 68

6.3　圆轴扭转时的应力与强度计算 …… 70

6.4　圆轴扭转时的变形与刚度计算 …… 74

第 7 章　梁的弯曲 …… 76

7.1　平面弯曲的概念和梁的计算简图 …… 77

7.2　梁的内力——剪力与弯矩 …… 79

7.3　剪力方程与弯矩方程、剪力图与弯矩图 …… 80

7.4　纯弯曲正应力 …… 84

7.5　强度条件及其应用 …… 90

7.6　提高梁弯曲强度的主要措施 …… 92

7.7　梁的变形和刚度条件 …… 94

第 8 章　组合变形 …… 97

8.1　组合变形的概念 …… 98

8.2　拉伸(压缩)与弯曲组合变形 …… 99

8.3　弯曲与扭转组合变形 …… 102

8.4　应力状态与强度理论简介 …… 105

第 9 章　压杆稳定 …… 109

9.1　压杆稳定的基本概念 …… 110

9.2　临界载荷的计算 …… 113

9.3　压杆的稳定性计算 …… 116

第 10 章　动载荷与交变应力 …… 122

10.1　动载荷的概念 …… 123

10.2　交变应力的概念 …… 123

10.3　疲劳破坏与持久极限 …… 124

参考文献 …… 127

第1章
静力学基础

知识及技能

- 理解静力学的基本公理、力矩和力偶的概念；
- 能够根据约束的类型，绘制出约束反力；
- 能够对工程结构中的单个物体及物体系统进行受力分析，并画出受力示意图。

【知识引入】

图 1-1 所示为一液压式工件的夹紧机构，工件能否被夹紧直接关系到工件的加工精度。该夹紧机构的工作过程为活塞杆 D 在压力油作用下，推动摆杆 AOB 绕 O 点转动，AOB 杆的 A 端推动钳子夹紧工件。根据图示机构的动力传动路线，你能否正确分析机构中各构件的受力情况，并绘制出受力图？学习本章相关内容，将帮助你获得此方面的能力。

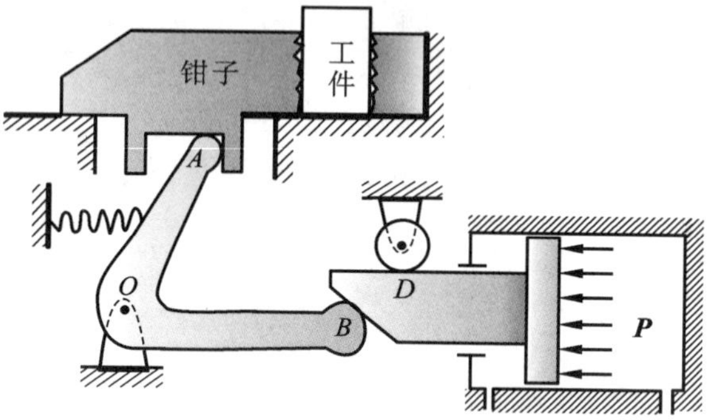

图 1-1　液压式工件的夹紧机构示意图

1.1　静力学基本概念与基本公理

1.1.1　力的概念

力是物体间相互的机械作用。这种作用使物体的形状(内效应或变形效应)和运动状态(外效应或运动效应)发生改变。

1. 力的三要素

(1) 力的大小。力的大小表示物体间相互作用的强弱程度，在国际单位制中力的单位是牛顿(N)或千牛顿(kN)。

(2) 力的方向。力的方向表示力的作用效果具有方向性，如“垂直向上”“水平向右”等都表示力的作用方向。

(3) 力的作用点。力的作用点是指力作用在物体上的范围，是两物体产生相互作用的位置。

2. 力系与等效力系

作用在物体上的若干个力总称为力系。

作用于物体上的一个力系可用另一个力系代替，而不改变原力系对物体作用的外效应，则称这两个力系等效。

3. 平衡与平衡条件

物体平衡是指物体相对于地面保持静止或做匀速直线运动的状态。要使物体处于平衡状态，作用于物体上的力系必须满足一定的条件，这些条件称为力系的平衡条件。

作用于物体上的正好使物体保持平衡的力系称为平衡力系。

4. 集中载荷和分布载荷

集中载荷：力的作用集中于一点，如图1-2所示。

分布载荷：物体间的作用力分布在一定的面积或体积上，如图1-3所示。

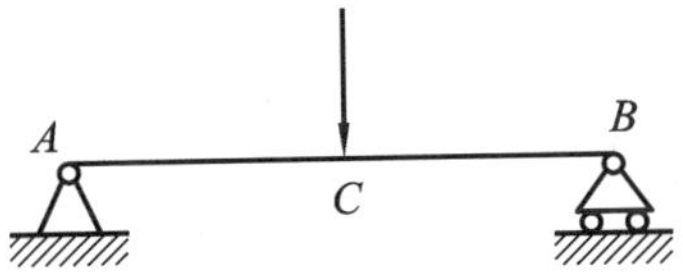

图1-2 集中载荷

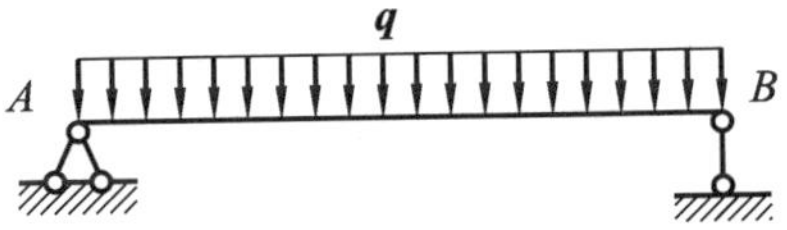

图1-3 分布载荷

1.1.2 刚体的概念

所谓刚体，就是在任何外力作用下，大小和形状始终保持不变的物体。事实上，刚体是不存在的。任何物体受力后，都将或多或少地改变形状，即发生变形。但微小变形对研究物体的平衡问题不起主要作用，可以忽略不计，这样可以使问题的研究大幅度简化。静力学中研究的物体均视为刚体。

1.1.3 静力学基本公理

静力学基本公理是解决静力学问题的基础，是对力的性质的具体概括和总结，也是人类通过长期劳动和社会实践积累而得到的结论。因此，学习和掌握静力学基本公理，对于学习和掌握力学的内涵，掌握工程问题的解决方法，培养科学的创新意识和创新精神具有重要作用。

公理1 二力平衡公理

作用在刚体上的两个力，使刚体保持平衡的充分和必要条件是：这两个力的大小相等、方向相反，且作用于同一直线上（即两力等值、反向、共线）。

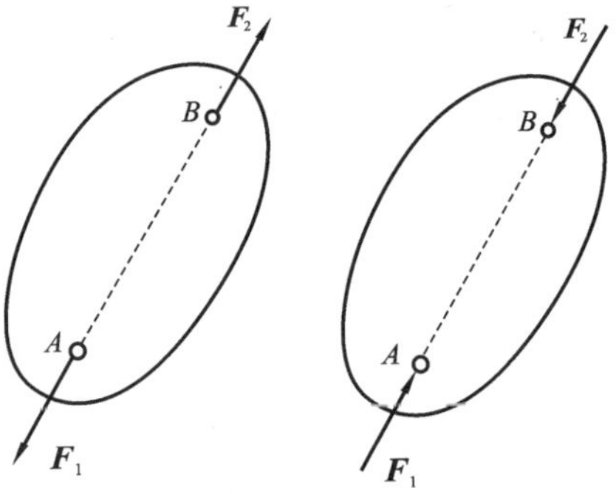

图1-4 二力平衡

公理1揭示了作用于物体上最简单的力系平衡时所必须满足的条件。对于给定的刚体来说，这个条件是充分和必要的，如图1-4所示。

在工程中遇到二力平衡问题时，一般是指二力构件（或二力杆）。在两个力的作用下处于平衡状态的构件，称为**二力构件**。

在图1-5(a)所示的托架中，AB 杆处于平衡状态，且只有两个端点受力，故 AB 杆属于二力杆；图1-5(b)所示的三铰拱结构中的 BC 拱同样属于二力构件，在分析时注意力的作用线方向通过两个力的作用点的连线。

注意：公理1只适用于刚体。对于刚体来说，等值、反向、共线作为二力平衡条件是必要的，也是充分的；但对于变形体来说，这个条件是不充分的。这样的例子在生活和生产实践中很多。例如，一个具有弹性的物体，如绳索的两端受到大小相等、方向相反、沿同一直线的两个压力的作用时，其不会平衡（见图1-6(a)）。又例如：变形杆在平衡力系 $\boldsymbol{F}_1$、$\boldsymbol{F}_2$ 的作用下产生拉伸变形（见图1-6(b)），若除去这一对平衡力，则杆就不会发生变形；若将力 $\boldsymbol{F}_1$、$\boldsymbol{F}_2$ 分别沿作用线移到杆的另一端，则杆产生压缩变形（见图1-6(c)）。

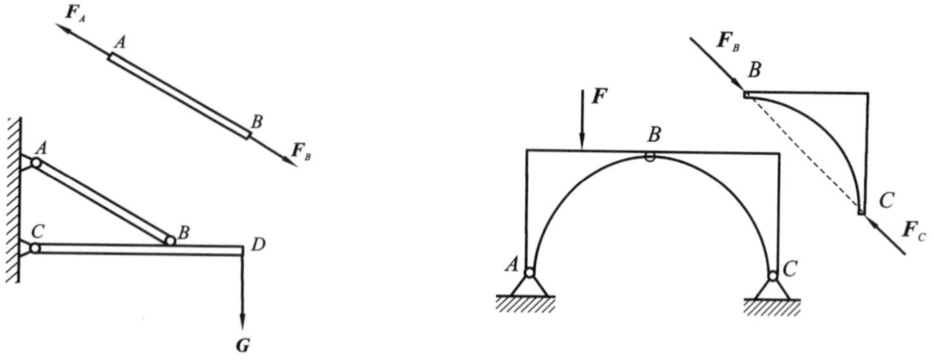

(a) 托加及二力杆AB　　(b) 三铰拱及二力拱BC

图 1-5　托架与三铰拱

(a)　(b)　(c)

图 1-6　二力平衡条件不适用于变形体举例

公理 2　加减平衡力系公理

在作用于刚体上的力系中加上或减去任意的一个平衡力系，并不改变原力系对刚体的作用效果。也就是说，如果两个力系只相差一个或几个平衡力系，则它们对刚体的作用是相同的，因此可以等效替换。

公理 2 是研究力系等效变换的重要依据。依据这一公理，可以得出一个重要推论——力的可传性原理。

推论 1　力的可传性原理

作用于刚体上的力可沿其作用线移动到该刚体上任一点，而不改变此力对刚体的作用效应。

图 1-7 所示的小车，在作用力相同的情况下，在 A 点拉车和在 B 点推车，对小车的作用效果是一样的。

由此可知，作用于刚体上的力的三要素是力的大小、方向和作用线。

注意：(1) 加减平衡力系公理和力的可传性原理只适用于刚体，对于非刚体来说，加减平衡力系或将力做任何移动都将改变力对物体的变形效应。如图 1-8(a)所示，一根直杆受到一对等值、共线、反向的拉力作用，杆被拉长，若将这两个力沿作用线分别移到杆的另一端，如图 1-8(b)所示，则杆将受压力作用而缩短。

(2) 力沿作用线移动，只能移至该刚体上各点，而不能移到其他刚体上。

公理 3　力的平行四边形法则

作用在物体上同一点的两个力，可以合成为一个合力。合力的作用点也在该点，合力的大小和方向，由以这两个力为边构成的平行四边形的对角线确定，如图 1-9 所示。合力矢量等于这两个力矢的矢量和，即

$$\boldsymbol{F}_{R}=\boldsymbol{F}_{1}+\boldsymbol{F}_{2} \tag{1-1}$$

应用此公理求两个力的汇交合力的大小和方向(即合力矢)时，可由任意一点起作一力的三角形，这样就可以很容易地解决问题。

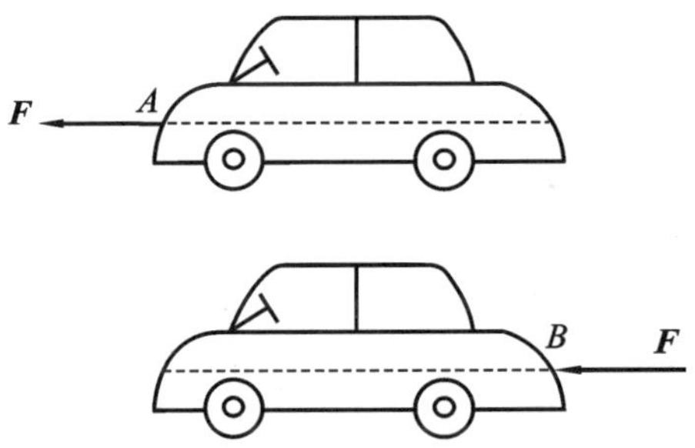

图 1-7 受力的小车

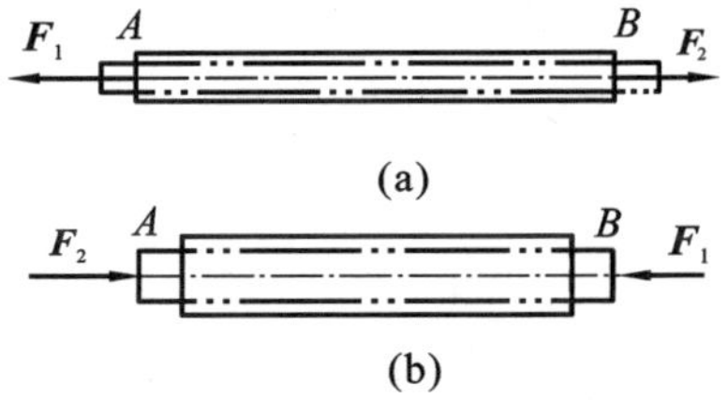

图 1-8 拉伸和压缩

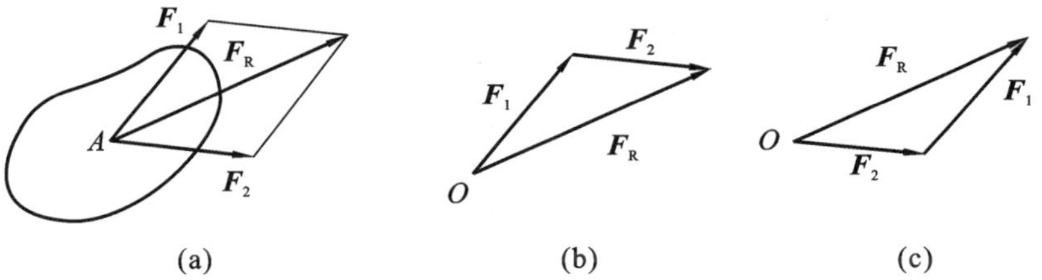

图 1-9 力的平行四边形法则

利用力的平行四边形法则求合力，对于变形体来说，二力要有共同的作用点；对于给定的刚体来说，二力的作用线只要相交就可以合成了。因此，力的平行四边形法则不仅适用于刚体，也适用于变形体。

利用力的平行四边形法则也可以将一个力分解成作用于同一点的两个分力。显然，一个力可以沿任意方向分解，其解决方法更加灵活。在工程上，常将力沿两个垂直方向进行分解，这种分解的方法称为正交分解法，也叫直角三角形分解法。

推论 2 不平行三力平衡汇交定理

刚体受同一平面内不平行的三个力作用而平衡时，此三力作用线必汇交于一点，如图 1-10 所示。

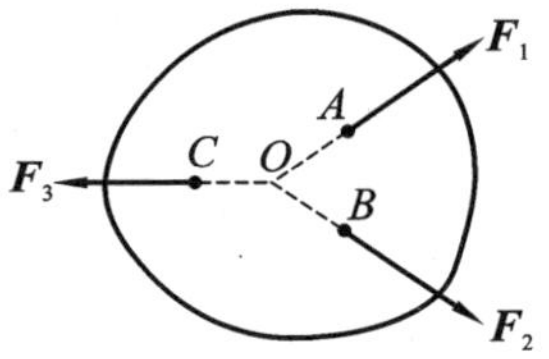

图 1-10 三力汇交

注意：此定理的逆定理不成立。

当刚体受三个互不平行的共面力作用而处于平衡时，若已知两个力的方向，用此定理可以确定未知的第三个力的作用线方位。

公理 4 作用力与反作用力公理

两个刚体间的作用力与反作用力，总是大小相等、方向相反、作用线相同，分别作用在两个刚体上。

注意：作用力与反作用力没有平衡的概念，因为它们分别作用在两个物体上，它们同时产生、同时消失；而平衡力作用在同一物体上。

1.2 力矩与力偶

力对刚体的作用效果是使刚体的运动状态发生改变(包括移动和转动)。其中，力对刚体的移动效果可用力矢来度量，而力对刚体的转动效果可用力对点的矩(也称之为力矩)来度量,即力矩是度量力对刚体转动效果的物理量。

1.2.1 力对点之矩

1. 力矩的概念

大量的实践说明,作用在物体上的力除了有移动效应之外,有时还具有转动效应。

例如,用扳手拧螺母(见图 1-11)时,螺母的转动效应除了与力的大小和方向有关外,还与点 O 到力作用线的距离有关。距离越大,转动的效果就越好,且越省力,反之则越差。显然,当力的作用线通过螺母的转动中心时,则无法使螺母转动。

可以用力对点的矩这样一个物理量来描述力使物体转动的效果,其定义为:力 $\boldsymbol{F}$ 对某点 O 的矩等于力的大小与点 O 到力的作用线距离 d 的乘积冠以适当的正负号,记作

$$M_O(\boldsymbol{F})=\pm Fd \tag{1-2}$$

式中,点 O 称为矩心,d 称为力臂,Fd 表示力使物体绕点 O 转动效果的大小,而正负号则表明 $M_O(\boldsymbol{F})$是一个代数量,可以用它来描述物体的转动方向。通常规定:使物体逆时针方向转动的力矩为正,反之为负。力矩的单位为牛·米(N·m)。

根据定义,图 1-11 中所示的力 $\boldsymbol{F}_1$ 对点 O 的矩为

$$M_O(\boldsymbol{F}_1)=-F_1d=-F_1h\sin\alpha$$

由定义知:力对点的矩与矩心的位置有关,同一个力对不同点的矩是不同的。因此,讨论力矩时,要指明矩心。

从几何上看,力 $\boldsymbol{F}$ 对点 O 的矩在数值上等于三角形 OAB 面积的两倍,如图 1-12 所示。

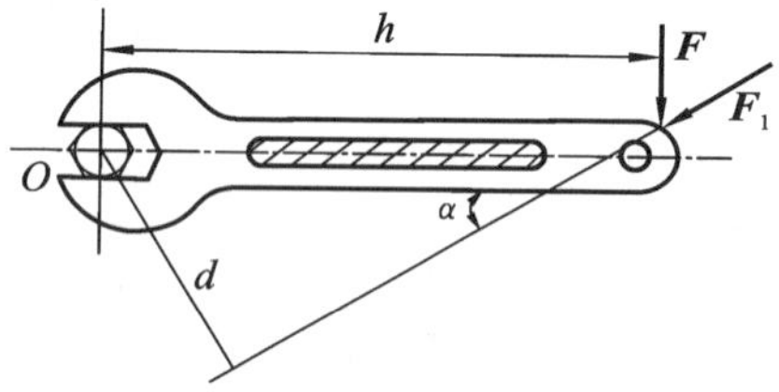

图 1-11 用扳手拧螺栓

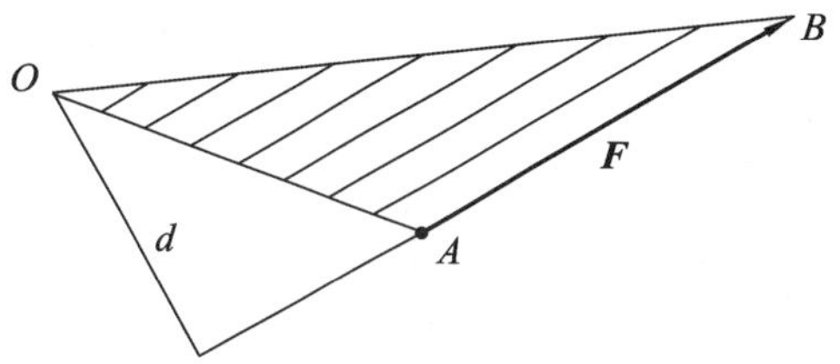

图 1-12 三角形

力对点的矩在两种情况下等于零:①力为零;②力臂为零,即力的作用线过矩心。

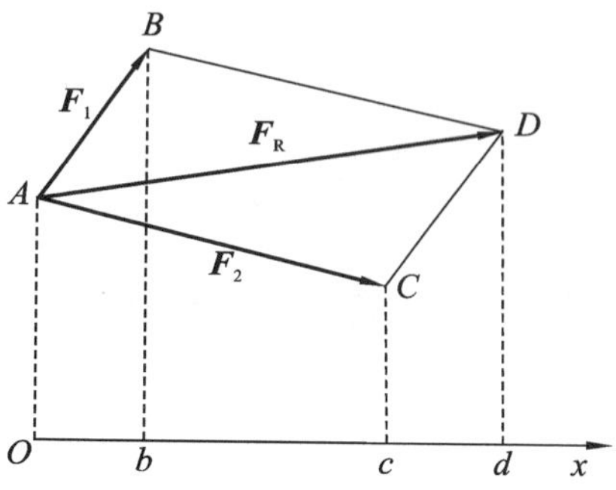

图 1-13 合力矩

2. 合力矩定理

在计算力系的合力对某点的矩时,除了根据力矩的定义计算外,还常用到合力矩定理,即:**平面汇交力系的合力对平面上任一点之矩,等于所有分力对同一点力矩的代数和。**

例 1-1 证明合力矩定理。

证明 如图 1-13 所示,设力 $\boldsymbol{F}_1$、$\boldsymbol{F}_2$ 作用于刚体上的 A 点,其合力为 $\boldsymbol{F}_R$,任取一点 O 为矩心,过点 O 作 OA 的垂线,作为 x 轴,并过各力矢端 B、C、D 向 x 轴引垂线,得垂足 b、c、d,按投影法则有

$$Ob=cd=F_{1x},\quad Oc=F_{2x},\quad Od=F_{Rx}$$

按合力投影定理，有

$$Od=Ob+Oc$$

各力对点 O 的矩可用力与矩心所形成的三角形面积的两倍来表示，故有

$$M_O(\boldsymbol{F}_1)=2S_{\triangle OAB}=OA\times Ob$$
$$M_O(\boldsymbol{F}_2)=2S_{\triangle OAC}=OA\times Oc$$
$$M_O(\boldsymbol{F}_R)=2S_{\triangle OAD}=OA\times Od$$

显然

$$M_O(\boldsymbol{F}_R)=M_O(\boldsymbol{F}_1)+M_O(\boldsymbol{F}_2)$$

若 A 点受到一平面汇交力系 $\boldsymbol{F}_1,\boldsymbol{F}_2,\cdots,\boldsymbol{F}_n$ 的作用，则多次重复使用上述方法，可得

$$M_O(\boldsymbol{F}_R)=\sum_{i=1}^{n}M_O(\boldsymbol{F}_i) \tag{1-3}$$

上述合力矩定理不仅适用于平面汇交力系，对于其他力系，如平面任意力系、空间力系等，也同样适用。

在计算力矩时，当力臂较难确定时，用合力矩定理计算更加方便。

例 1-2 图 1-14(a)所示的圆柱直齿轮的齿面受一啮合角 $\alpha=20°$ 的法向压力 $F_n=1$ kN 的作用，齿面分度圆直径 $d=60$ mm，试计算力对轴心 O 的力矩。

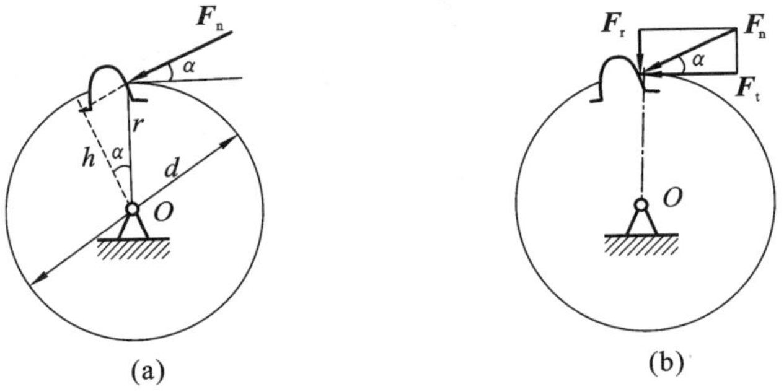

图 1-14 圆柱直齿轮

解 按力对点的矩的定义，有

$$M_O(\boldsymbol{F}_n)=F_nh=F_n\frac{d}{2}\cos\alpha=28.2\ \text{N}\cdot\text{m}$$

按合力矩定理，将 $\boldsymbol{F}_n$ 沿半径方向分解成一组正交的圆周力 $F_t=F_n\cos\alpha$ 与径向力 $F_r=F_n\sin\alpha$，如图 1-14(b)所示。

由平衡条件可知

$$\begin{aligned}M_O(\boldsymbol{F}_n)&=M_O(\boldsymbol{F}_t)+M_O(\boldsymbol{F}_r)\\&=F_tr+0=(F_n\cos\alpha)r\\&=28.2\ \text{N}\cdot\text{m}\end{aligned}$$

1.2.2 力偶的概念

1. 力偶的定义

在日常生活和工程中，经常会遇到物体受大小相等、方向相反、作用线互相平行的两个力作用的情形，例如图 1-15 所示的司机转动驾驶盘及钳工对丝锥的操作。

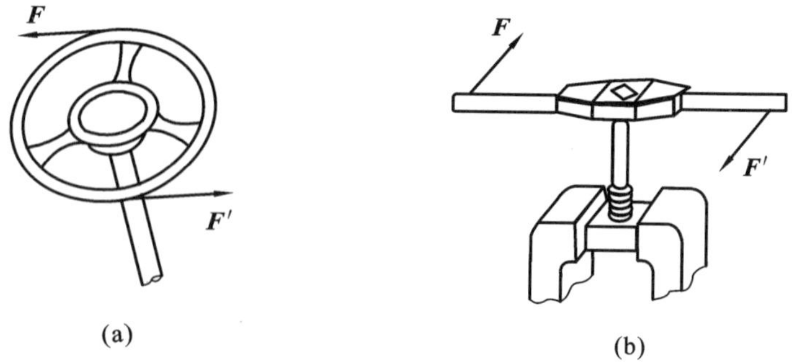

图 1-15　力偶实例

一对等值、反向、不共线的平行力组成的力系称为力偶，二力之间的距离称为力偶臂。由以上实例可知，力偶对物体作用的外效应是使物体单纯地产生转动运动的变化。

2. 力偶的三要素

在力偶的作用面内，力偶对物体的转动效应取决于组成力偶的反向平行力的大小、力偶臂的大小及力偶的转向。在力学上，以力 F 与力偶臂 d 的乘积作为度量力偶在其作用面内对物体转动效应的物理量，称为力偶矩，并记作 $M(\boldsymbol{F},\boldsymbol{F}')$ 或 M，即

$$M(\boldsymbol{F},\boldsymbol{F}')=M=\pm Fd \tag{1-4}$$

力偶矩的大小也可以用力与力偶臂构成的三角形面积的两倍来表示，如图 1-16 所示，即

$$M=\pm 2S_{\triangle OAB}$$

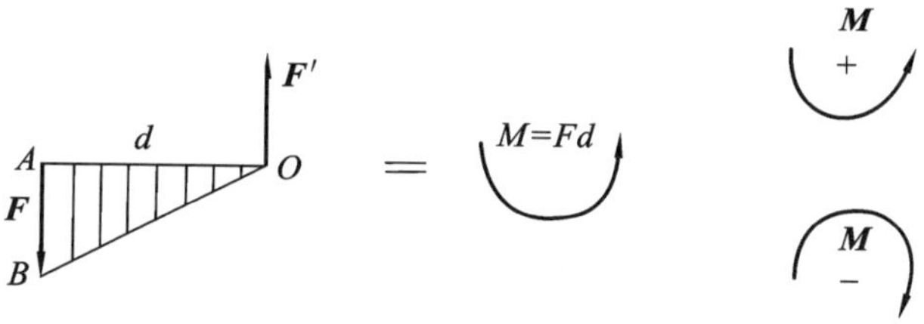

图 1-16　力偶矩

一般规定，逆时针转动的力偶取正值，顺时针转动的力偶取负值。

力偶矩的单位为 N・m 或 N・mm。

力偶对物体的转动效应取决于下列三要素：

(1) 力偶矩的大小；

(2) 力偶的转向；

(3) 力偶作用面的方位。

3. 力偶的等效条件

平面力偶的等效是指三要素相同的力偶可以相互置换，而不改变对刚体的作用效果。在保持力偶三要素不变的条件下，力偶可以：①在作用平面内任意移动；②改变力偶中力的大小、方向及力偶臂的大小。

图 1-17(a)、(b)、(c)中力偶的作用效应相同。力偶的力偶臂、力及其方向既然都可以改变，那么就可以简明地以一个带箭头的弧线并标出值来表示力偶，如图 1-17(d)所示。

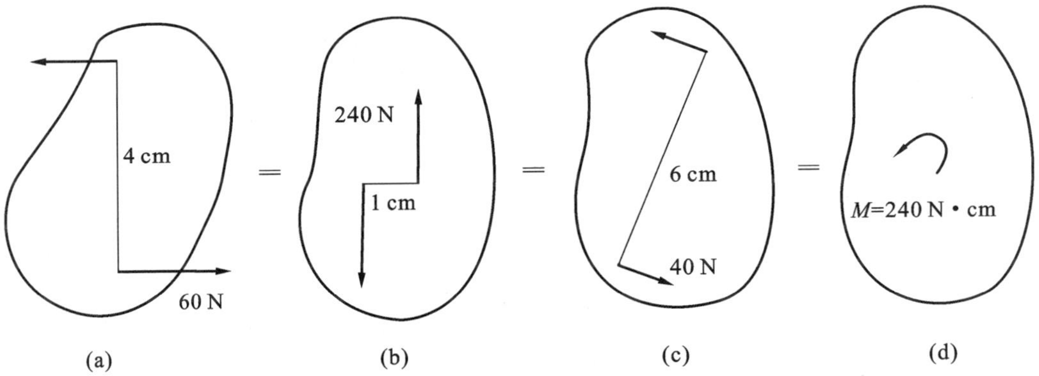

图 1-17 平面力偶的等效

1.2.3 力偶的性质

性质 1 力偶对其作用面内任意点的力矩，恒等于此力偶的力偶矩，而与矩心的位置无关，如图 1-18 所示。

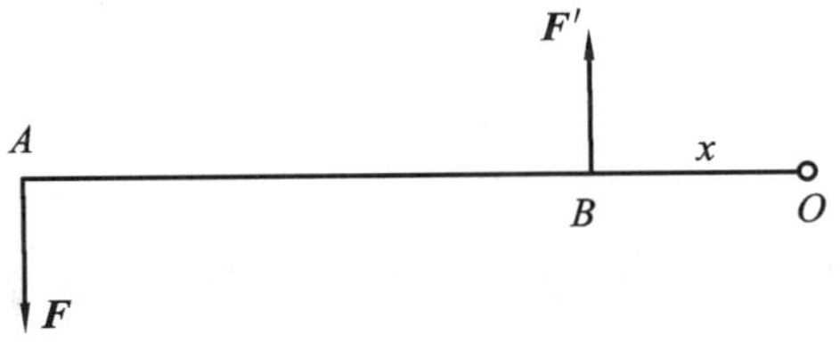

图 1-18 力偶对点的矩

证明：设在刚体某平面上 A、B 两点作用一力偶 $M=Fd$，现求此力偶对任意点 O 的力矩。设 x 表示矩心 O 到 $\boldsymbol{F}'$ 的垂直距离，按力矩定义，$\boldsymbol{F}$ 与 $\boldsymbol{F}'$ 对 O 点的力矩和为

$$M_O(\boldsymbol{F})+M_O(\boldsymbol{F}')=F(d+x)-Fx=Fd$$

即

$$M_O(\boldsymbol{F})+M_O(\boldsymbol{F}')=M(\boldsymbol{F},\boldsymbol{F}')$$

不论 O 点选在何处，力偶对该点的矩永远等于它的力偶矩，而与力偶对矩心的相对位置无关。

性质 2 力偶在任意坐标轴上的投影之和为零，故力偶无合力，力偶不能与一个力等效，也不能用一个力来平衡，如图 1-19 所示。

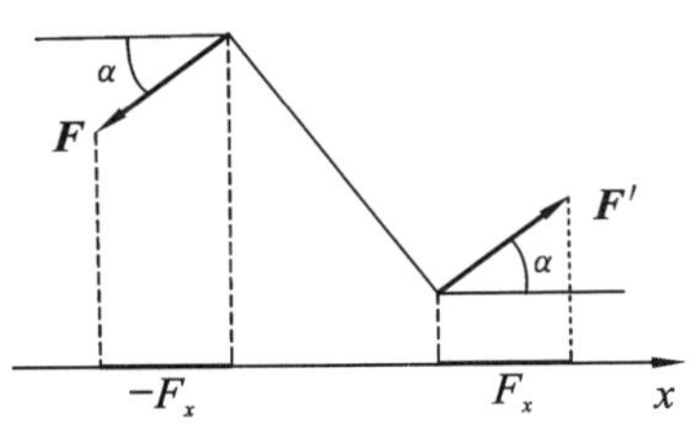

图 1-19 力偶投影图

力偶无合力，故力偶对物体的平移运动不会产生任何影响，力与力偶不能相互代替，不能构成平衡，因此**力与力偶是力系的两个基本元素**。

1.2.4 平面力偶系的合成与平衡

由两个或两个以上的力偶组成的系统，称为平面力偶系。

1. 平面力偶系的合成

设在刚体某平面上作用有力偶 $\boldsymbol{M}_1$、$\boldsymbol{M}_2$，如图 1-20(a)所示，现求其合成的结果。

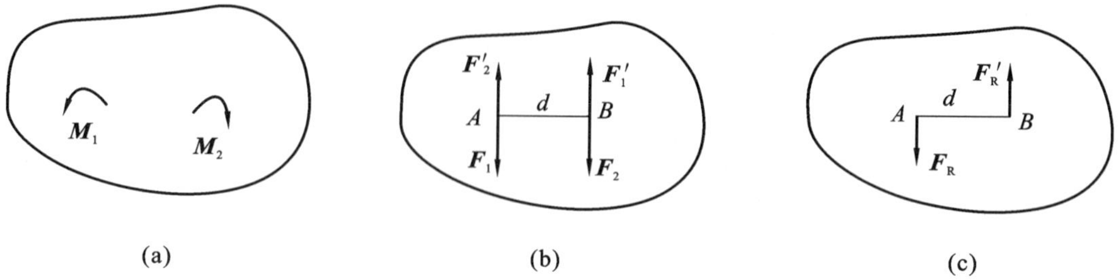

图 1-20　力偶系

在平面上任取一线段 $AB=d$ 作为公共力偶臂，并把每个力偶化为一组作用在 A、B 两点的反向平行力，如图 1-20(b)所示。

根据力系等效条件，有

$$F_1=\frac{M_1}{d},\quad F_2=-\frac{M_2}{d}$$

于是，在 A、B 两点各得一组共线力系，其合力为 $\boldsymbol{F}_R$ 与 $\boldsymbol{F}_R'$，如图 1-20(c)所示，且有

$$F_R=F_R'=F_1-F_2$$

$\boldsymbol{F}_R$ 与 $\boldsymbol{F}_R'$ 为一对等值、反向、不共线的平行力，它们组成的力偶即为合力偶，所以有

$$M=F_R d=(F_1-F_2)d=M_1+M_2$$

若在刚体上作用有若干个力偶，采用上述方法叠加，可得合力偶矩为

$$M=M_1+M_2+\cdots+M_n=\sum_{i=1}^{n}M_i \tag{1-5}$$

上式表明：**平面力偶系合成的结果为一合力偶，合力偶矩为各分力偶矩的代数和。**

例 1-3　机械加工中，工件水平放置在多头钻床上，由多头钻床同时加工工件上 4 个直径相同的孔，如图 1-21 所示。已知每个钻头的切削力偶矩均为 15 N·m，方向如图 1-21 所示，求加工工件时工件受到的总切削力偶矩。

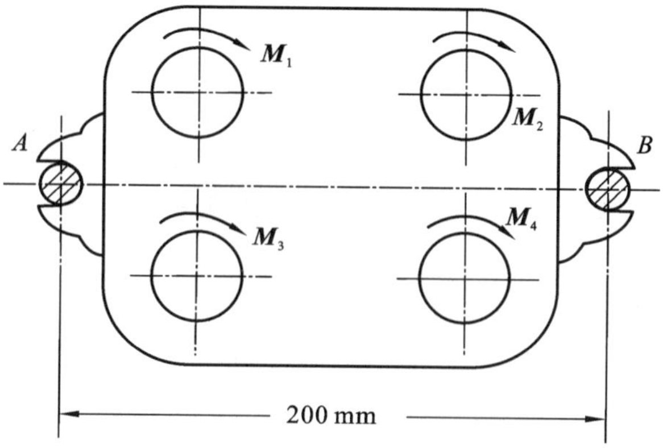

图 1-21　水平放置的工件

解　分别取工件上直径相同的 4 个孔为研究对象。

由于各力相等，且转向相同，又在同一个平面内，根据力偶的性质，即力偶系的合成法

则，上述 4 个力偶的合力偶矩为

$$M=4M_1=4\times(-15)\ \text{N}\cdot\text{m}=-60\ \text{N}\cdot\text{m}$$

式中负号表示合力偶的转向为顺时针。这是一个生产实际中的例子，在以后的专业实习和实训中会经常接触到。由上例可知，一旦知道了切削力偶矩，就可以考虑夹紧措施，设计合理的夹具，同时提高操作安全系数。

2. 平面力偶系的平衡条件

由力偶的合成结果可知，力偶系平衡时，其合力偶矩等于 0。因此，平面力偶系平衡的充分和必要条件是各力偶矩的代数和等于 0，即

$$\sum M=0 \tag{1-6}$$

平面力偶系的独立平衡方程只有一个，故只能求解一个未知数。

例 1-4 如图 1-22 所示，联轴器上有 4 个均匀分布在同一圆周上的螺栓 A、B、C、D，该圆的直径 $AC=BD=150$ mm，电动机传给联轴器的力偶矩 $M=2.5$ kN·m，试求每个螺栓的受力。

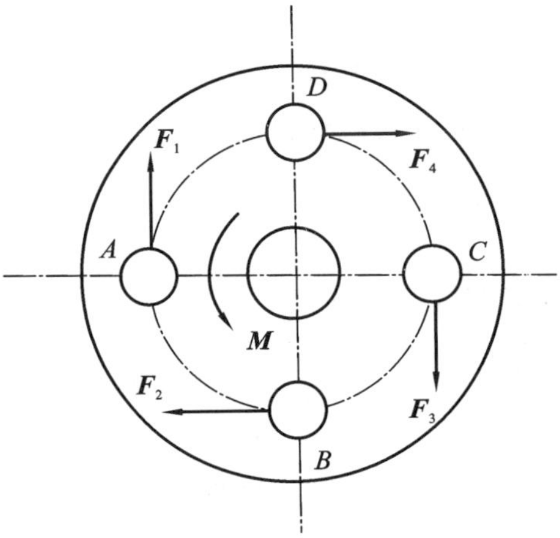

图 1-22 联轴器

解 (1)作用在联轴器上的主动力为电动机施加的力偶，每个螺栓对联轴器的作用力的方向如图 1-22 所示。假设 4 个螺栓受力均匀，即 $F_1=F_2=F_3=F_4=F$，此 4 力组成 2 个力偶(平面力偶系)。联轴器等速转动时，平面力偶系平衡。

(2)列平衡方程。

由平衡条件知

$$\sum M=0,\quad M-F\times AC-F\times BD=0$$

因

$$AC=BD$$

故

$$F=\frac{M}{2AC}=\frac{2.5}{2\times 0.15}\ \text{kN}=8.33\ \text{kN}$$

即每个螺栓受力均为 8.33 kN，其方向分别与图 1-22 中 $\boldsymbol{F}_1$、$\boldsymbol{F}_2$、$\boldsymbol{F}_3$、$\boldsymbol{F}_4$ 的方向相反。

1.3 约束与约束反力

1.3.1 约束与约束反力的概念

在各类工程问题中，构件总是以一定形式与周围其他构件相互联系，例如房屋受立柱的限制而在空间稳定，转轴受到轴承的限制而只能产生绕轴心的转动，小车受地面的限制而只能沿路面运动，等等。

一物体的空间位置受到周围物体的限制时，这种限制就称为约束。图 1-23 所示的支座 A、B 是桥梁的约束。

图 1-23 桥梁结构

约束限制物体运动的力称为约束力或约束反力。约束力的作用点在约束与被约束物体的接触处，约束力的方向总是与约束所限制的运动或运动趋势的方向相反。在静力学平衡问题中，约束力的大小是未知的，可由主动力求出。

1.3.2 工程中常见的约束类型

下面介绍工程中常见的几种约束类型，并分析其约束力的特点。

1. 柔体约束

由绳索、链条、传动带等柔性物体构成的约束简称为**柔体约束**。

实例：图 1-24 所示的起重机吊起重物，图 1-25 所示的自行车的链传动，图 1-26 所示的升降台绳索的连接，都属于柔性约束。

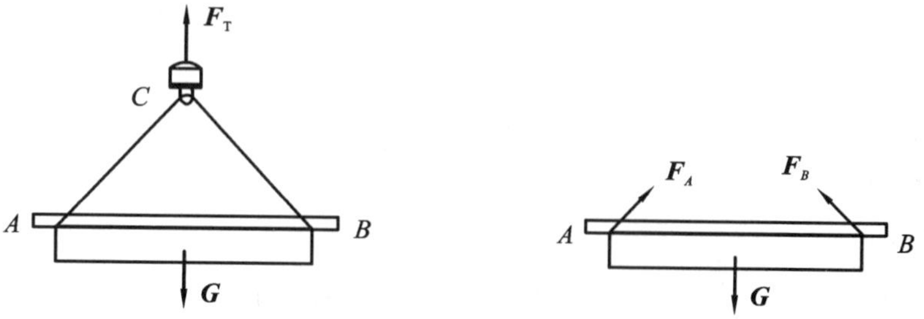

图 1-24 起重机吊起重物

约束的特点：只能承受拉力，不能承受压力，因而只能限制物体沿柔索伸长方向的运动。

约束力的方向：总是沿柔索伸长方向背离被约束物体。约束力常用 $\boldsymbol{F}_T$ 表示。

如图 1-24 所示，起重机吊起重物时，钢绳 AC、BC 对重物的约束力沿着钢绳中线，背离物体，用 $\boldsymbol{F}_A$ 和 $\boldsymbol{F}_B$ 表示。

图 1-25 自行车

图 1-26 升降台

2. 光滑面约束

光滑平面或曲面对物体所构成的约束称为**光滑面约束**。

实例：支承物体的固定面（见图 1-27）、啮合齿轮的齿面（见图 1-28）、自行车车轮与地面接触（见图 1-25）等，当摩擦忽略不计时，都属于光滑面约束。

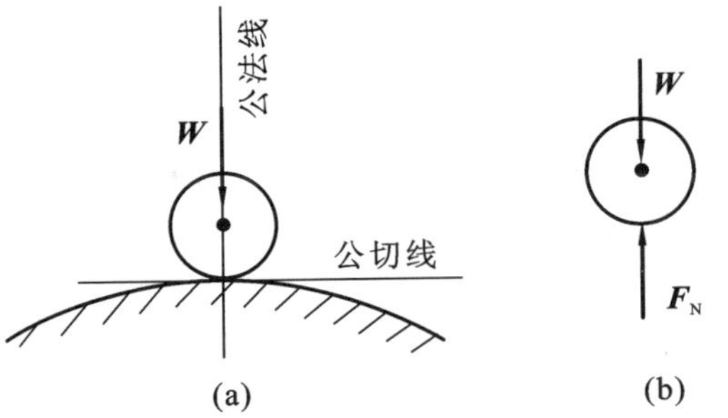

图 1-27 支承物体的固定面

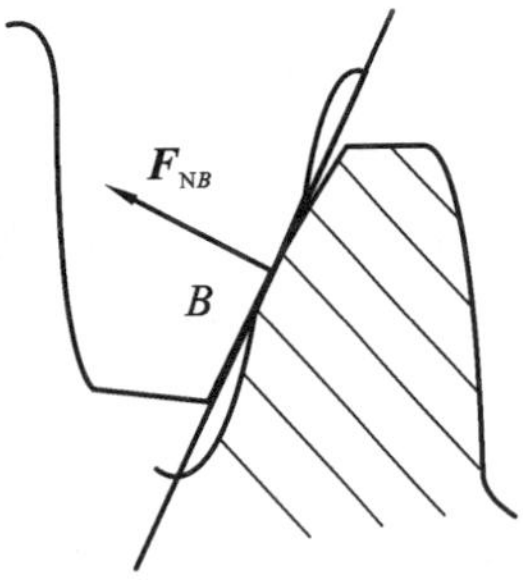

图 1-28 齿轮的啮合

约束特点：当两物体直接接触，并可忽略接触处的摩擦时，约束只能限制物体在接触点沿接触面的公法线方向指向被约束物体的运动，而不能限制物体沿接触面切线方向的运动。

约束力的方向：通过接触点沿接触面公法线方向并指向被约束物体。约束力通常用 $\boldsymbol{F}_N$ 表示。

图 1-27 中，光滑固定曲面给圆柱的法向约束力为 $\boldsymbol{F}_N$；图 1-29(a)中，杆 AD 倚靠在固定的刚性物体上，刚性物体对杆的约束力为 $\boldsymbol{F}_{NB}$；图 1-29(b)中，板搁置在刚性凹槽内，板与槽在 A、B、C 三点接触，如果接触处光滑无摩擦，则三点处的约束力分别为 $\boldsymbol{F}_{NA}$、$\boldsymbol{F}_{NB}$、$\boldsymbol{F}_{NC}$。

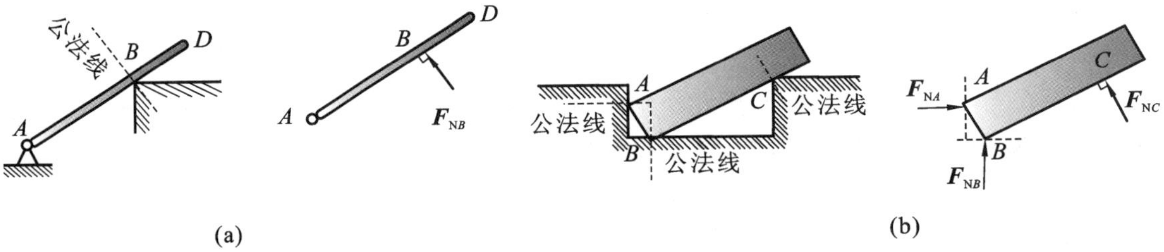

图 1-29 光滑面约束实例

3. 光滑铰链约束

用圆柱销将两个带圆孔的构件连接起来，这种连接方式称为**光滑铰链约束**。根据铰链连接的两构件的不同作用，分别形成了固定铰链支座、中间铰链和活动铰链支座三种约束形式。

(1) 固定铰链支座。

若相连接的两个构件有一个固定,则这种连接方式称为**固定铰链支座**。

实例:桥梁的一端与桥墩连接时,常用这种约束,如图 1-30(a)所示。

固定铰链支座的简图如图 1-30(b)～图 1-30(e)所示。

约束的特点:限制被约束物体间的相对移动,但不限制物体绕销轴的相对转动。

约束力的方向:它的约束力通常用两个通过铰心的大小未知的正交力 $\boldsymbol{F}_x$、$\boldsymbol{F}_y$ 来表示(见图 1-30(f))。

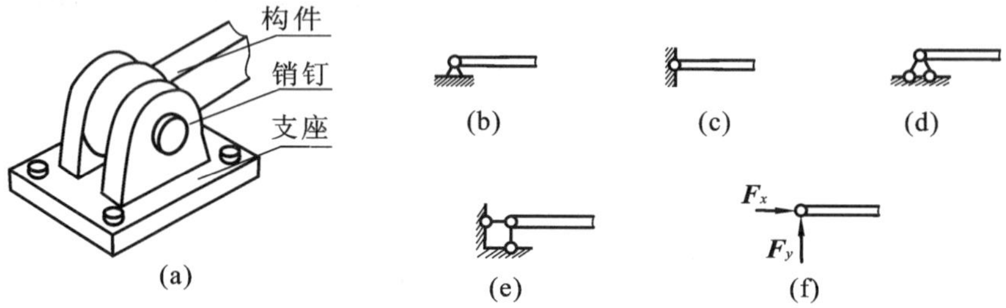

图 1-30 固定铰链支座

(2) 中间铰链。

若相连接的两个构件均未固定,则这种连接方式称为**中间铰链**,简称**铰**。

实例:曲柄连杆机构中,曲柄与连杆(见图 1-31(a))、连杆与滑块的连接即为中间铰链连接。

通常在两个构件连接处用一个小圆圈表示铰链,这种约束的简图如图 1-31(b)所示。

约束的特点:与固定铰链支座约束特点相同。连杆在与销轴的接触点 K 处所受的约束如图 1-31(c)所示。

约束力的方向:它的约束力与固定铰链支座的约束力相同,可以用两个通过铰心的大小未知的正交力 $\boldsymbol{F}_x$、$\boldsymbol{F}_y$ 来表示,如图 1-31(d)所示。

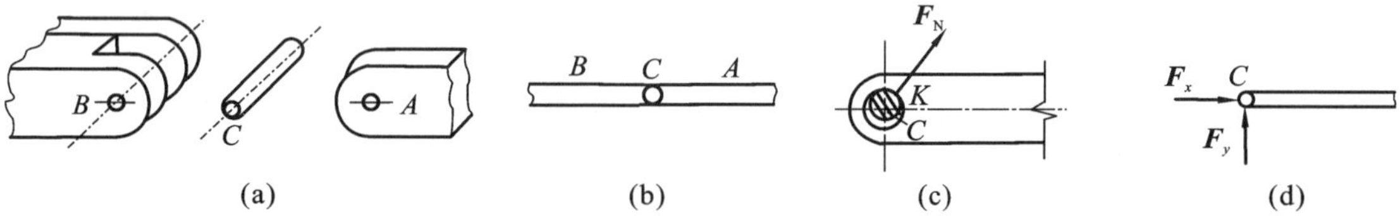

图 1-31 中间铰链

(3) 活动铰链支座。

如果在支座与支承面之间装上几个滚子,使支座可沿支承面移动,就构成了**活动铰链支座**,也称为**辊轴支座**。它的结构如图 1-32(a)所示,约束的简图如图 1-32(b)～图 1-32(d)所示。

实例:这类支座常见于桥梁、屋架等结构中。

约束的特点:只能限制构件沿支承面法向的运动,而不能限制切线方向的运动。

约束力的方向:通过铰链中心并与支承面相垂直。约束力通常用 $\boldsymbol{F}_N$ 表示,如图 1-32(e)所示。

4. 固定端约束

物体的一部分固嵌于另一物体中所构成的约束,称为**固定端约束**。

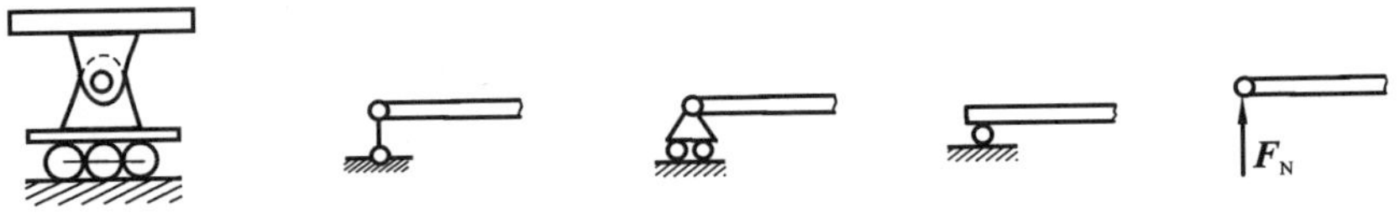

(a) (b) (c) (d) (e)

图 1-32 活动铰链支座

实例：房屋建筑中墙壁对雨罩或阳台的约束，如图 1-33(a)所示，约束的简图如图 1-33(b)所示。

约束的特点：限制物体在约束处沿任何方向的移动和转动。

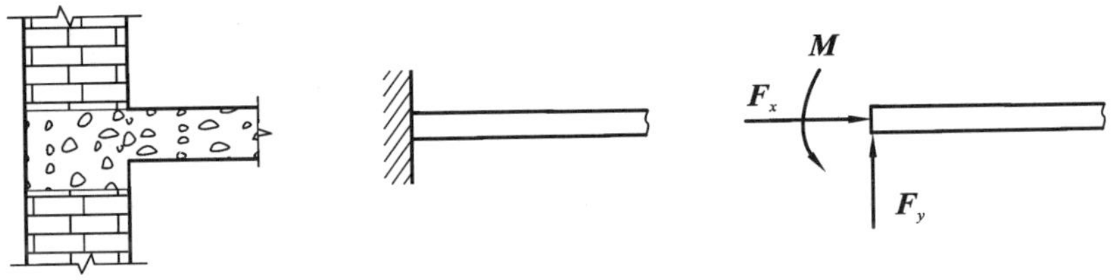

(a) (b) (c)

图 1-33 固定端约束

约束力的方向：一般可用两个大小未知的正交约束分力 $\boldsymbol{F}_x$、$\boldsymbol{F}_y$ 和一个约束力偶 $\boldsymbol{M}$ 来表示，如图 1-33(c)所示。

1.4 受力分析与受力图

在工程实际中，作用在物体上的力有主动力和约束力。主动力一般是已知的，而约束力是未知的，需要通过物体的平衡条件求解。在静力学中，为了应用物体的平衡条件求解未知力，必须分析所要研究的构件（称为研究对象）受哪些作用力，并确定每个力的作用位置和方向，这个分析过程称为**物体的受力分析**。

为了清晰地表示物体的受力情况，需要先把研究对象从与它联系的周围物体中分离出来，用简单线条组成的简图来表示，这一过程称为**解除约束取分离体**。解除约束后的自由物体称为**分离体**。在分离体上画出它所受的全部主动力和约束力，就可得到该**物体的受力图**。

1. 绘制受力图

绘制受力图的一般步骤为：

(1) 确定研究对象，解除约束，画出研究对象的分离体简图；

(2) 根据已知条件，在分离体简图上画出全部的主动力；

(3) 在分离体的每一约束处，根据约束的类型画出约束反力。

例 1-5 用力 $\boldsymbol{F}$ 拉动一物体，让其越过一阻碍物，如图 1-34(a)所示。试画出物体的受力图。

解 取物体为研究对象，即将物体从物体系中分离出来。先画出物体受到的主动力 $\boldsymbol{F}$

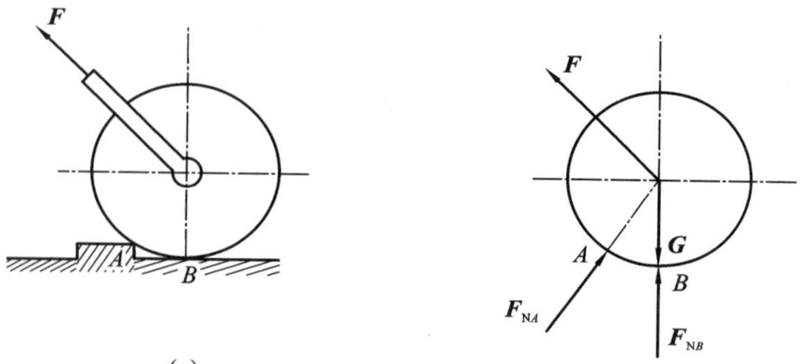

(a)　　(b)

图 1-34　例 1-5 图

和物体的重力 $\boldsymbol{G}$，然后根据约束点的情况，作出物体受到的约束反力 $\boldsymbol{F}_{NA}$、$\boldsymbol{F}_{NB}$，如图 1-34(b)所示。

例 1-6　图 1-35(a)所示为一简易起重机，A、C、D 三处都是光滑铰链，被吊起的重物重力为 $\boldsymbol{G}$，绳子拉力为 $\boldsymbol{F}_T$，不计自重，试画出各部分的受力图和整体受力图。

解　作出的各部分的受力图如图 1-35(b)～图 1-35(d)所示，整体受力图如图 1-35(e)所示。

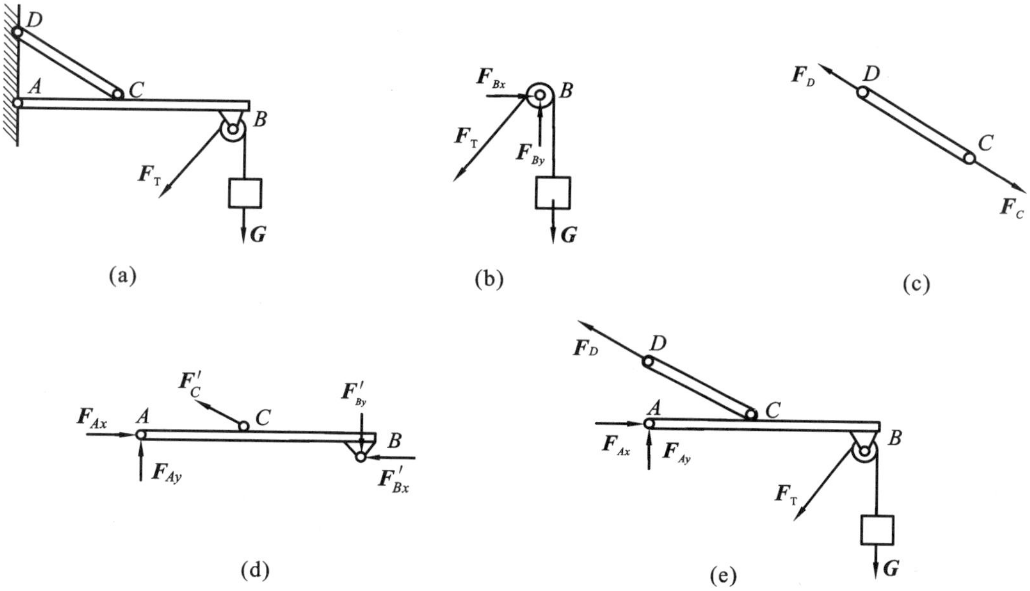

(a)　　(b)　　(c)

(d)　　(e)

图 1-35　例 1-6 图

2. 画受力图时的注意事项

(1) 必须明确研究对象。

根据求解需要，可以取单个物体为研究对象，也可以取由几个物体组成的系统为研究对象。不同研究对象的受力图是不一样的。

(2) 不要多画力，也不要漏画力。

一般先画已知的主动力，再画约束力。凡是研究对象与外界接触处，一般都存在约束力。在画某个物体系统的受力图时，只需画出全部外力，不必画出内力。

(3) 受力图上不能再带约束。

受力图一定要画在分离体上。

(4) 不要错画力的方向。

约束力的方向必须严格地按照约束的类型来画，不能单凭直观或根据主动力的方向来推想。

在分析两物体之间的相互作用时，要注意作用力与反作用力的关系，作用力的方向一旦确定，反作用力的方向就应与之相反，不要把箭头方向画错。

(5) 正确判断二力构件。

若机构中有二力构件，应先分析二力构件的受力，然后再分析其他物体上的作用力。

【工程应用】

1. 实际生产中，钳工用丝锥攻螺纹时，为什么要用双手而不能用单手攻丝？其原因是：丝锥攻螺纹只需要纯力偶(丝锥牙纹四周对称承受切削力)，用双手攻丝，加在丝锥上的为纯力偶；而用一只手攻丝时，没有相反的集中力，根据力的平衡方程式，这个力需要丝锥去承担，所以丝锥不但需要承担力偶，还需要承担集中力，因此会产生丝攻易断、攻丝螺纹不匀或不易攻入等不良现象。图 1-36 所示为丝锥攻螺纹示意图。

2. 生活中，用手拔钉子时拔不出来，而用羊角锤就能很容易拔起，这是运用了杠杆原理。支点在羊角背处，距钉子(阻力点)很近，而手柄距钉子较远，则由杠杆原理可知，所用力要远小于阻力，所以就可以很容易地拔出钉子。图 1-37 所示为羊角锤拔钉子示意图。

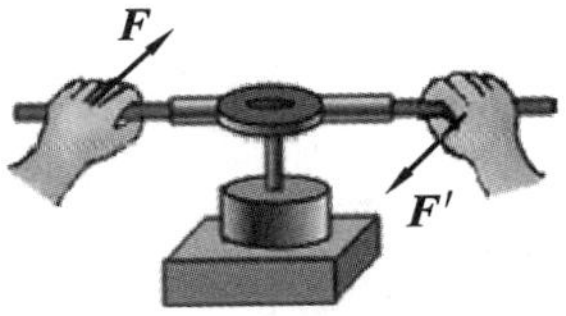

图 1-36 丝锥攻螺纹

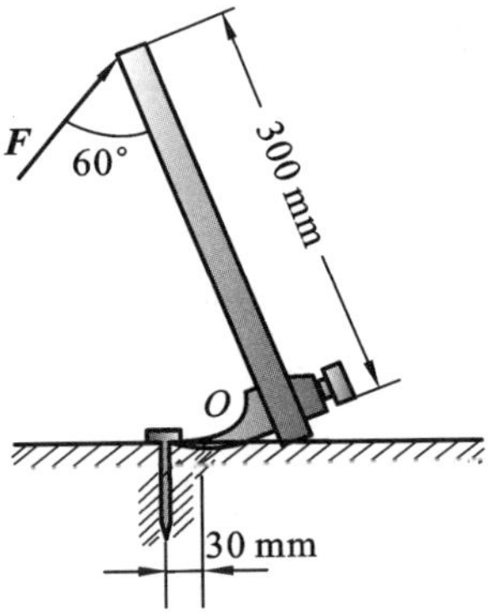

图 1-37 羊角锤拔钉子

【课后讨论】

1. 如图 1-38 所示，试分析下述情形的运动情况，并简述其原因。

(1) 用单桨划船时，小船是如何运动的？为什么？

(2) 用双桨划船时，小船如何运动？为什么？

(3) 用双桨划船时，两个桨的划动方向相反，此时小船又如何运动？为什么？

2. 根据力在刚体上的可传性，能否将图 1-39 中作用在杆 AB 上的力 $\boldsymbol{P}$ 从点 D 移到点 E？

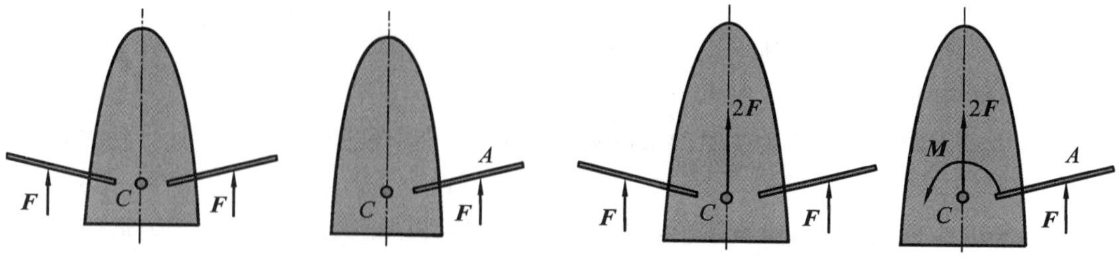

图 1-38　划船示意图

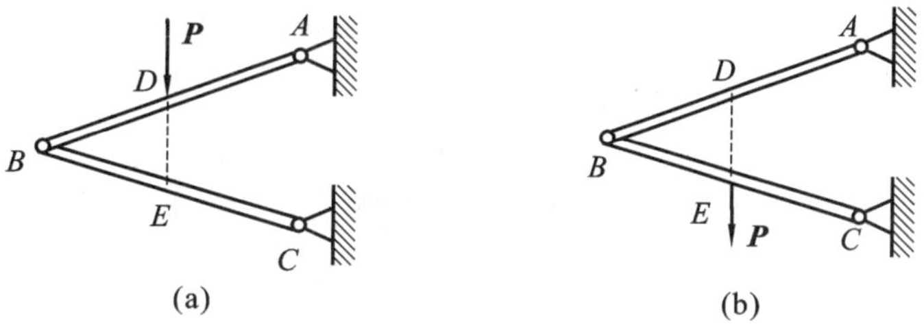

图 1-39　力的可传性原理分析讨论图

第2章 平面力系

2

知识及技能

- 理解力的投影；
- 理解力和力系的简化、合成与分解；
- 掌握平面各种力系的平衡条件和平衡计算；
- 能够运用平衡方程进行平面力系的平衡计算；
- 能够求一般平面结构的支座反力。

【知识引入】

天气晴朗的时候，人们会将家里的被子拿出来晒一晒，如图 2-1(a)所示。从绳子不容易被拉断的角度分析，晒被子的绳子是拉得越直越好呢？还是松一点好？学习完本章内容，同学们就可以解决这个问题了。

晒被子的力学分析图如图 2-1(b)所示。

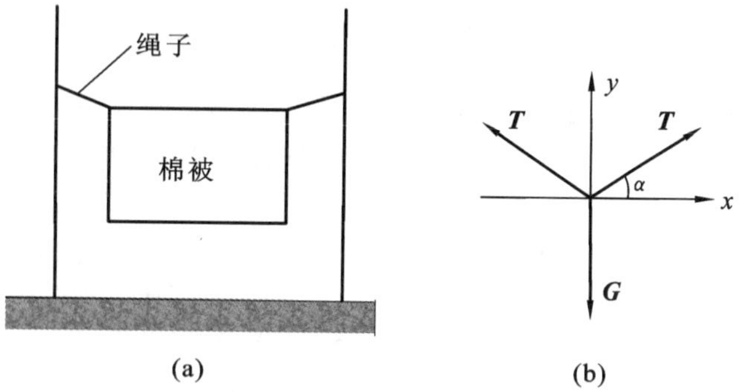

图 2-1　晒被子的力学知识

2.1　力的投影及合力投影定理

2.1.1　力的投影

在力 $\boldsymbol{F}$ 作用线所在平面内取直角坐标系 Oxy（见图 2-2），从力 $\boldsymbol{F}$ 两端 A 和 B 分别向 x 轴和 y 轴作垂线，则力 $\boldsymbol{F}$ 在这两个轴上的投影 ab 和 $a'b'$ 可分别表示为

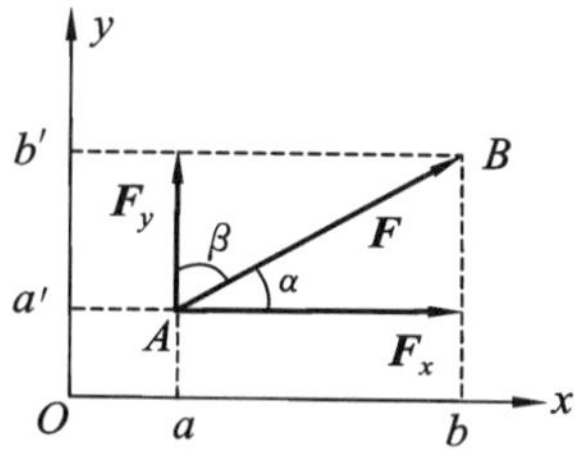

图 2-2　力的投影

$$F_x = \pm F\cos\alpha$$
$$F_y = \pm F\sin\alpha \tag{2-1}$$

正负号规定：力的投影（$a \to b / a' \to b'$）与投影轴正方向一致时为正，反之为负。

若已知力在坐标轴上的投影 F_x、F_y，则力 $\boldsymbol{F}$ 的大小和 $\boldsymbol{F}$ 与 x 轴的夹角 α（α 为锐角）分别为

$$F = \sqrt{F_x^2 + F_y^2},\quad \alpha = \arctan\left|\frac{F_y}{F_x}\right| \tag{2-2}$$

注意：力在直角坐标轴上的投影是代数量，而分力是矢量，二者不可混同。

2.1.2　合力投影定理

刚体上作用一平面汇交力系 $\boldsymbol{F}_1$、$\boldsymbol{F}_2$、$\boldsymbol{F}_3$（见图 2-3），用力的多边形法则求得合力 $\boldsymbol{F}_R$。取坐标系 Oxy，将合力 $\boldsymbol{F}_R$ 及力系中的各力向 x 轴投影，得

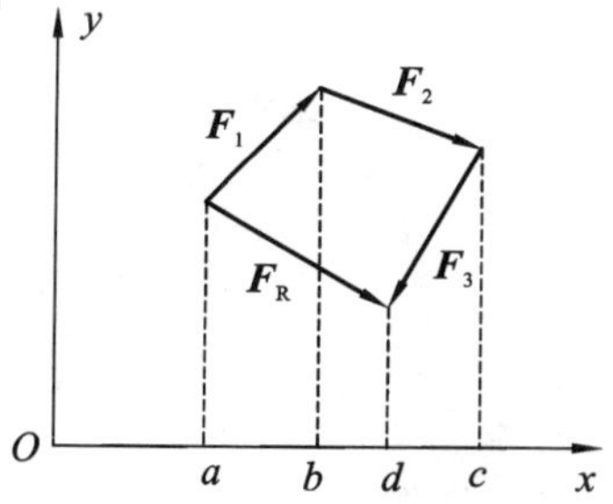

图 2-3　合力投影

$$F_{Rx}=ad$$
$$F_{1x}=ab$$
$$F_{2x}=bc$$
$$F_{3x}=-dc$$

由图可知

$$ad=ab+bc+(-dc)$$
$$F_{Rx}=F_{1x}+F_{2x}+F_{3x}$$

同理

$$F_{Ry}=F_{1y}+F_{2y}+F_{3y}$$

显然，上述关系式可以推广到由 n 个力 $\boldsymbol{F}_1,\boldsymbol{F}_2,\cdots,\boldsymbol{F}_n$ 组成的平面汇交力系，从而得出

$$\left.\begin{aligned}F_{Rx} &= F_{1x}+F_{2x}+\cdots+F_{nx} = \sum_{i=1}^{n}F_{ix}\\ F_{Ry} &= F_{1y}+F_{2y}+\cdots+F_{ny} = \sum_{i=1}^{n}F_{iy}\end{aligned}\right\} \tag{2-3}$$

式(2-3)称为合力投影定理，即合力在某一轴上的投影，等于各分力在同一轴上投影的代数和。

例 2-1 求图 2-4 所示的平面汇交力系的合力。其中，$F_1=200\ \text{N}$，$F_2=300\ \text{N}$，$F_3=100\ \text{N}$，$F_4=250\ \text{N}$。

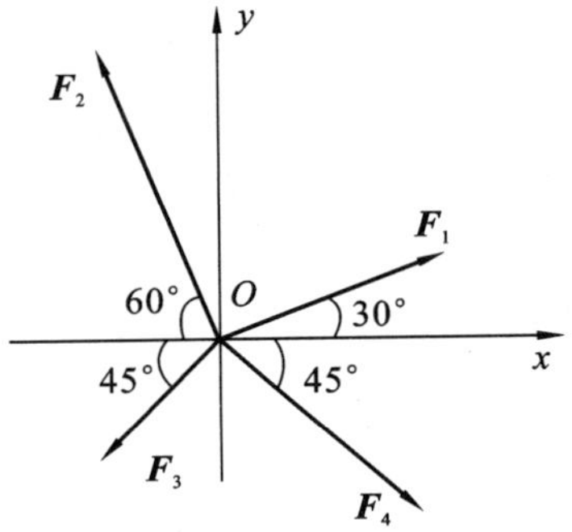

图 2-4 汇交力系

解 根据合力投影定理，得合力在 x、y 轴上的投影分别为

$$\begin{aligned}F_{Rx}&=\sum F_{ix}\\ &=F_1\cos30^\circ-F_2\cos60^\circ-F_3\cos45^\circ+F_4\cos45^\circ\\ &=129.3\ \text{N}\end{aligned}$$

$$\begin{aligned}F_{Ry}&=\sum F_{iy}\\ &=F_1\sin30^\circ+F_2\sin60^\circ-F_3\sin45^\circ-F_4\sin45^\circ\\ &=112.3\ \text{N}\end{aligned}$$

合力的大小为

$$F_R=\sqrt{F_{Rx}^2+F_{Ry}^2}=171.3\ \text{N}$$

合力的方向为

$$\tan\theta=\frac{F_{Ry}}{F_{Rx}}=\frac{112.3}{129.3}=0.8685,\quad \theta=40.97^\circ$$

2.2 平面汇交力系的合成

2.2.1 平面汇交力系的几何法合成

按照力系中各力的作用线是否在同一平面内,可将力系分为平面力系和空间力系。若各力作用线都在同一平面内并汇交于一点,则此力系称为**平面汇交力系**,它是最简单的力系。图 2-5 所示的力系就是平面汇交力系,其共同特点是:各力的作用线都在同一平面内且汇交于一点。

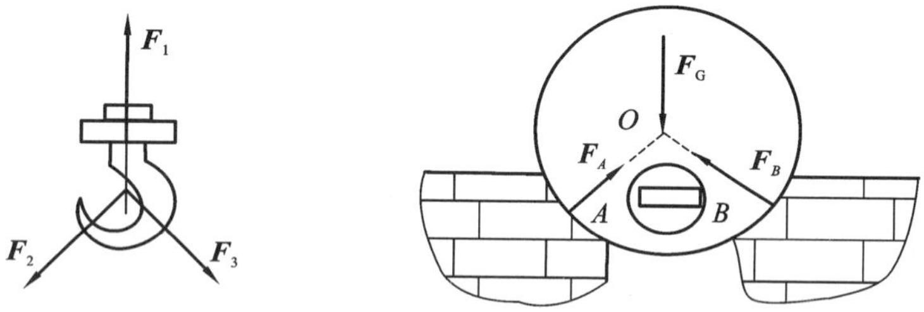

图 2-5 平面汇交力系

设物体上作用有汇交于 A 点的一平面汇交力系 $\boldsymbol{F}_1$、$\boldsymbol{F}_2$、$\boldsymbol{F}_3$、$\boldsymbol{F}_4$,如图 2-6(a)所示,现求其合力。按照力的三角形法则,先求 $\boldsymbol{F}_1$ 和 $\boldsymbol{F}_2$ 的合力 $\boldsymbol{F}_{R1}$,再求 $\boldsymbol{F}_{R1}$ 和 $\boldsymbol{F}_3$ 的合力 $\boldsymbol{F}_{R2}$,最后求 $\boldsymbol{F}_{R2}$ 和 $\boldsymbol{F}_4$ 的合力 $\boldsymbol{F}_R$。$\boldsymbol{F}_R$ 就是汇交力系的合力,如图 2-6(b)所示。实际作图时,$\boldsymbol{F}_{R1}$、$\boldsymbol{F}_{R2}$ 可不必画出,只需按一定的比例尺将力系中各力矢首尾相接组成一条折线,然后连接第一个力的起点到最后一个力的终点,方向从第一个力的起点指向最后一个力的终点,就得到合力 $\boldsymbol{F}_R$,如图 2-6(b)所示。多边形 $abcde$ 称为力多边形,而合力矢是力多边形的封闭边,这种求合力矢的几何作图方法叫**力多边形法则**,也称为**几何法**,其表达式为 $\boldsymbol{F}_R=\boldsymbol{F}_1+\boldsymbol{F}_2+\boldsymbol{F}_3+\boldsymbol{F}_4$。

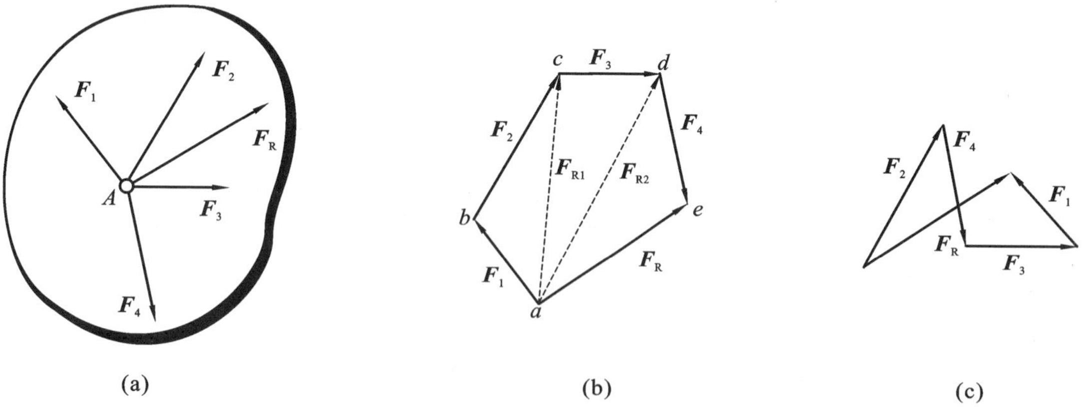

图 2-6 平面汇交力系的几何法合成

显然,不论由多少个力组成汇交力系,都可以用这种方法来求合力。平面汇交力系合成的结果是一个合力,合力的作用线通过力系的汇交点,合力等于原力系中所有力的矢量和,即

$$\boldsymbol{F}_R=\boldsymbol{F}_1+\boldsymbol{F}_2+\cdots+\boldsymbol{F}_n=\sum_{i=1}^{n}\boldsymbol{F}_i \tag{2-4}$$

还应指出，在作力多边形时，若按不同的顺序画各分力，得到的力多边形不同，但力多边形的封闭边不变，即最终合力的大小和方向不变。也就是说，力多边形在合成过程中与秩序无关。任意变换各分力矢的作图次序，可得形状不同的力多边形，但其合力矢仍然不变，如图 2-6(c)所示。

例 2-2 图 2-7(a)所示是绞车的提升装置。其中，$d_1=42$ cm，$d_2=24$ cm，$a=12$ cm，$h=5$ cm，所提升重物的重力 $G=500$ N，试用几何法求插爪及轴承所受力的大小和方向。

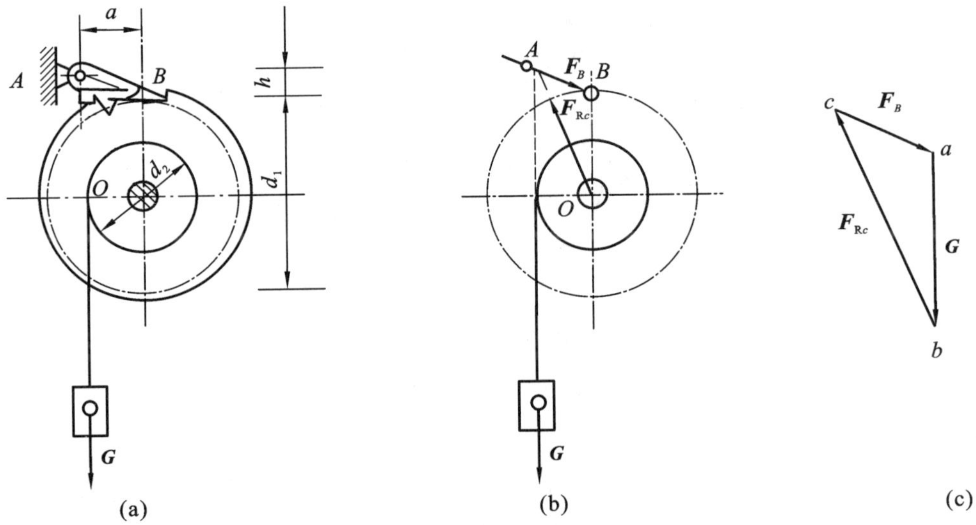

图 2-7 例 2-2 图

解 取整个提升系统为研究对象，按比例画出简图，如图 2-7(b)所示。

选取适当的比例尺，自 a 点作自行封闭的力三角形 abc，如图 2-7(c)所示，两反力的指向按矢序规则确定。

用比例尺量得

$$F_{Rc}=bc=680\ \text{N}$$

$$F_B=310\ \text{N}$$

平面汇交力系合成的几何法虽然具有直观、简捷、无计算量的优点，但是精确度较差，力学计算中经常应用解析法。

2.2.2 平面汇交力系的解析法合成

设刚体上作用有一个平面汇交力系 $\boldsymbol{F}_1,\boldsymbol{F}_2,\cdots,\boldsymbol{F}_n$，根据式(2-4)有

$$\boldsymbol{F}_R=\boldsymbol{F}_1+\boldsymbol{F}_2+\cdots+\boldsymbol{F}_n=\sum_{i=1}^{n}\boldsymbol{F}_i$$

根据合力投影定理及式(2-2)，可求得合力的大小及方向，即

$$\left.\begin{aligned}F_R&=\sqrt{F_{Rx}^2+F_{Ry}^2}\\ \alpha&=\arctan\left|\frac{F_{Ry}}{F_{Rx}}\right|\end{aligned}\right\} \tag{2-5}$$

其中

$$F_{Rx}=F_{1x}+F_{2x}+\cdots+F_{nx}=\sum_{i=1}^{n}F_{ix}$$

$$F_{Ry}=F_{1y}+F_{2y}+\cdots+F_{ny}=\sum_{i=1}^{n}F_{iy}$$

例 2-3 分别用几何法和解析法求图 2-8(a)所示的 4 个力的合力。已知力 $\boldsymbol{F}_3$ 水平，$F_1=60\ \text{N}$，$F_2=80\ \text{N}$，$F_3=50\ \text{N}$，$F_4=100\ \text{N}$。

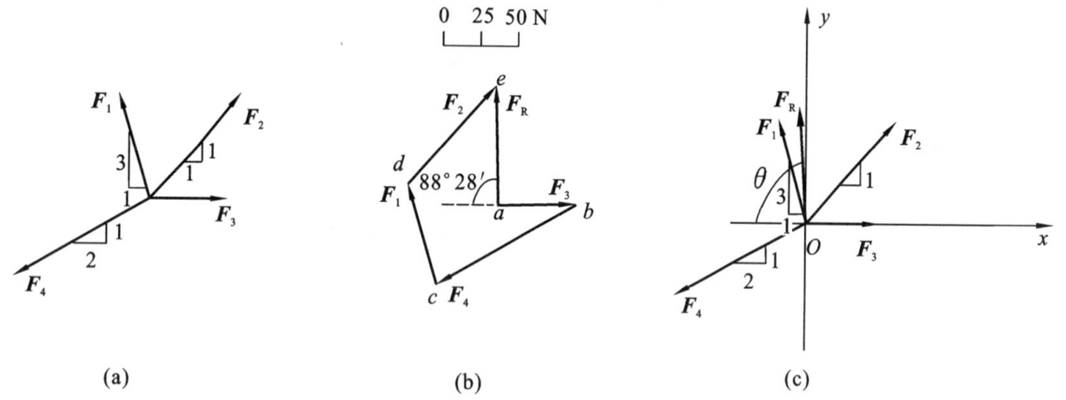

图 2-8 例 2-3 图

解 (1) 几何法。

用力比例尺，按 $\boldsymbol{F}_3$、$\boldsymbol{F}_4$、$\boldsymbol{F}_1$、$\boldsymbol{F}_2$ 的顺序首尾相连地画出各力矢，并连接 $\boldsymbol{F}_3$ 的起点和 $\boldsymbol{F}_2$ 的终点，得到力多边形 $abcde$，其中封闭边 ae 即为合力矢 $\boldsymbol{F}_R$，如图 2-8(b)所示。用比例尺量得合力 $\boldsymbol{F}_R$ 的大小 $F_R=68.8\ \text{N}$，用量角器量得合力 $\boldsymbol{F}_R$ 与 x 轴的夹角 $\theta=88°28'$，其位置如图 2-8(b)所示。

(2) 解析法。

以汇交点为坐标原点，建立直角坐标系 Oxy，如图 2-8(c)所示。

首先计算合力在坐标轴上的投影，即

$$\begin{aligned}F_{Rx}&=\sum F_{ix}=-F_1\frac{1}{\sqrt{10}}+F_2\frac{1}{\sqrt{2}}+F_3-F_4\frac{2}{\sqrt{5}}\\&=\left(-60\times\frac{1}{\sqrt{10}}+80\times\frac{1}{\sqrt{2}}+50-100\times\frac{2}{\sqrt{5}}\right)\ \text{N}\\&=-1.85\ \text{N}\end{aligned}$$

$$\begin{aligned}F_{Ry}&=\sum F_{iy}=F_1\frac{3}{\sqrt{10}}+F_2\frac{1}{\sqrt{2}}-F_4\frac{1}{\sqrt{5}}\\&=\left(60\times\frac{3}{\sqrt{10}}+80\times\frac{1}{\sqrt{2}}-100\times\frac{1}{\sqrt{5}}\right)\ \text{N}\\&=68.79\ \text{N}\end{aligned}$$

然后求出合力的大小为

$$F_R=\sqrt{F_{Rx}^2+F_{Ry}^2}=\sqrt{(-1.85)^2+68.79^2}\ \text{N}=68.81\ \text{N}$$

设合力 $\boldsymbol{F}_R$ 与 x 轴所夹锐角为 θ，则

$$\tan\theta=\left|\frac{F_{Ry}}{F_{Rx}}\right|=\frac{68.79}{1.85}=37.1838$$

$$\theta=88°28'$$

由 F_{Rx}和 F_{Ry}的正负号判断出合力 $\boldsymbol{F}_R$应指向左上方，如图 2-8(c)所示。

2.2.3 平面汇交力系的平衡

1. 平面汇交力系平衡的几何条件

由前述可知，平面汇交力系的合成结果是一个合力，即合力与原力系等效。若合力等于零，则该力系平衡，在该力系作用下的物体处于平衡状态；反之，当物体在平面汇交力系作用下平衡时，该力系的合力应等于零。因此，平面汇交力系平衡的充分和必要条件是：该力系的合力为零，用公式表示为

$$\boldsymbol{F}_R=0$$

从力多边形上看，原力系中最后一个力的终点与第一个力的起点重合（封闭边为零），构成一个自行封闭的力多边形。由此可见，平面汇交力系平衡的充分与必要的几何条件是：力多边形自行封闭。

运用平面汇交力系平衡的几何条件求解问题时，需要根据平衡条件作封闭的力多边形，而这个力多边形是根据作用在某个刚体上的平衡力系作出的。解题步骤如下。

(1) 选取研究对象：根据题意选择研究对象，取出分离体。

(2) 画受力图：用几何法解题时，作图要准确，特别是各力的方向要准确。

(3) 作封闭的力多边形：选择适当的力比例尺作力系的力多边形，先画已知力，然后应用力多边形自行封闭的条件求未知力。

(4) 确定未知力的大小和方向：按力比例尺量出力多边形中未知力的大小，必要时可用量角器量出其方向角。若力多边形是三角形，也可以用三角函数公式计算未知力的大小和方向角。

例 2-4 支架 ABC 由横杆 AB 与支承杆 BC 组成，如图 2-9 所示。A、B、C 处均为铰链连接，B 端悬挂重物的重力为 5 kN，杆重不计，试求两杆所受的力。

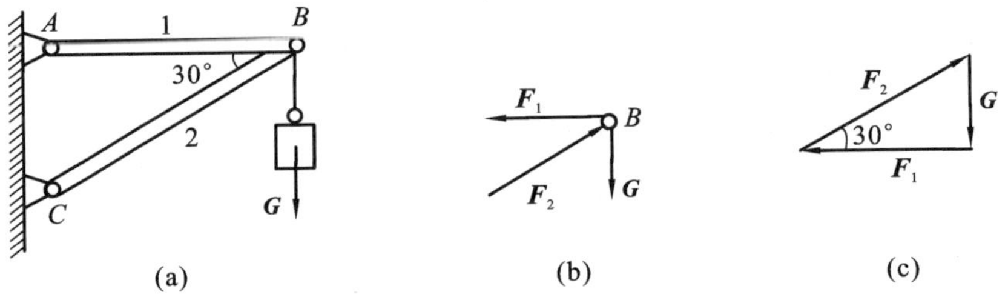

图 2-9 支架

解 (1) 选择研究对象(B 点)。

(2) 对所选择的研究对象进行受力分析，如图 2-9(b)所示。

(3) 应用平衡条件，求出未知力。

根据平衡条件和几何关系，利用三角形知识，求得

$$F_1=G\cot30°=\sqrt{3}G=8.66\ \text{kN}$$

$$F_2=G/\sin30°=2G=10\ \text{kN}$$

所求力的方向如图 2-9(c)所示。

2. 平面汇交力系平衡的解析条件

由前述可知,平面汇交力系平衡的充分和必要条件是该力系的合力为零,即

$$\left.\begin{aligned}\sum F_x = 0\\ \sum F_y = 0\end{aligned}\right\} \tag{2-6}$$

所以,平面汇交力系平衡的充分和必要的解析条件为:力系中各力在两个不平行的任意坐标轴上的投影的代数和均等于零。式(2-6)称为平面汇交力系的平衡方程。这是相互独立的两个方程,所以能求解两个未知量。

例 2-5 图 2-10(a)所示的支架由 AB 杆和 BC 杆构成。已知 AB 杆的中点 D 处受一已知铅垂力 $\boldsymbol{F}$ 作用,不计构件自重,求 BC 杆所受力和铰链 A 的约束反力。

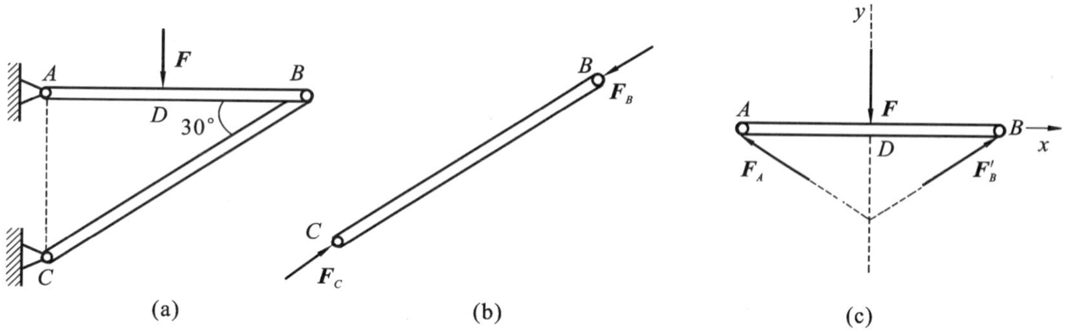

图 2-10 支架

解 杆 BC 为二力杆件,故两端受力沿 BC 连线,且大小相等、方向相反,如图 2-10(b)所示。根据作用与反作用原理,BC 杆的受力可由 AB 杆所受力系的平衡方程求解。因此,以 AB 杆为研究对象即可求出所需求的全部未知力,具体步骤如下。

(1) 取 AB 杆为研究对象。

(2) 考虑到 BC 杆为二力杆件,AB 杆受三个汇交力 $\boldsymbol{F}$、$\boldsymbol{F}'_B$($\boldsymbol{F}_B$ 的反作用力)和 $\boldsymbol{F}_A$ 的作用,其受力图如图 2-10(c)所示。

(3) 建立图示坐标系 Dxy,有平衡方程

$$\sum F_x = 0,\quad -F_A\cos30° + F'_B\cos30° = 0$$

$$\sum F_y = 0,\quad -F + F_A\sin30° + F'_B\sin30° = 0$$

(4) 解方程得

$$F_A = F'_B = F$$

式中,F'_B 即为 BC 杆两端所受力的大小。

2.3 力的平移定理

平面力系向一点简化的理论基础是力的平移定理。

设在刚体 A 点上作用一个力 $\boldsymbol{F}$,现要将它平行移动到刚体内任一点 O(见图 2-11(a)),

而不改变它对刚体的效应。为此，可在 O 点加上一对平衡力 $\boldsymbol{F}'$ 和 $\boldsymbol{F}''$，并使它们的作用线与力 $\boldsymbol{F}$ 的作用线平行，且 $F'=F''=F$（见图 2-11(b)）。根据加减平衡力系公理，三个力 $\boldsymbol{F}$、$\boldsymbol{F}'$、$\boldsymbol{F}''$与原力 $\boldsymbol{F}$ 对刚体的效应相同。力 $\boldsymbol{F}$、$\boldsymbol{F}''$组成一个力偶 $\boldsymbol{M}$，其力偶矩等于原力 $\boldsymbol{F}$ 对 O 点的矩，即

$$M=\pm Fd$$

这样，就把作用于 A 点的力 $\boldsymbol{F}$ 平行移动到了任一点 O，但同时必须加上一个相应的力偶，称之为**附加力偶**（见图 2-11(c)）。由此得到力的平移定理：**作用于刚体上的力可以平行移动到刚体内任一指定点，但必须同时附加一个力偶，此附加力偶的矩等于原力对指定点的矩。**

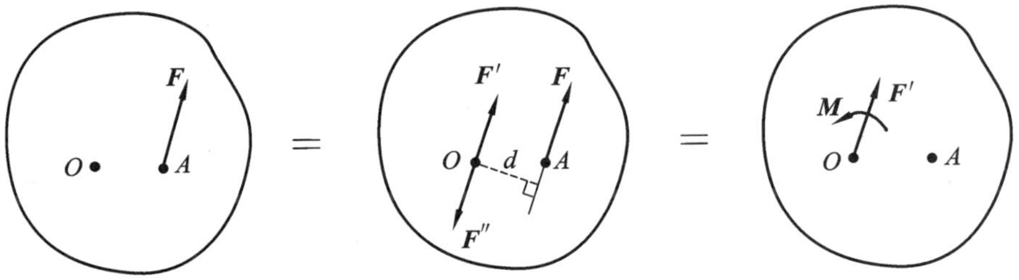

(a) (b) (c)

图 2-11 力的平移

根据力的平移定理，可以将同一平面内的一个力和一个力偶合成为一个力，合成的过程就是图 2-11 的逆过程。

力的平移定理不仅是力系向一点简化的理论依据，而且是分析力对物体作用效应的一个重要方法。例如，在设计厂房的柱子时，通常要将作用于牛腿上的力 $\boldsymbol{F}$（见图 2-12(a)）平移到柱子的轴线上（见图 2-12(b)），可以看出，轴向力 $\boldsymbol{F}'$使柱子产生压缩，而力偶 $\boldsymbol{M}$ 将使柱子弯曲。再例如，将作用于齿轮 O 上的力 $\boldsymbol{F}$（见图 2-13(a)）向轴心 O 点平移（见图 2-13(b)），可知力 $\boldsymbol{F}'$将使轴弯曲，而力偶 $\boldsymbol{M}$ 则使轴产生扭转。

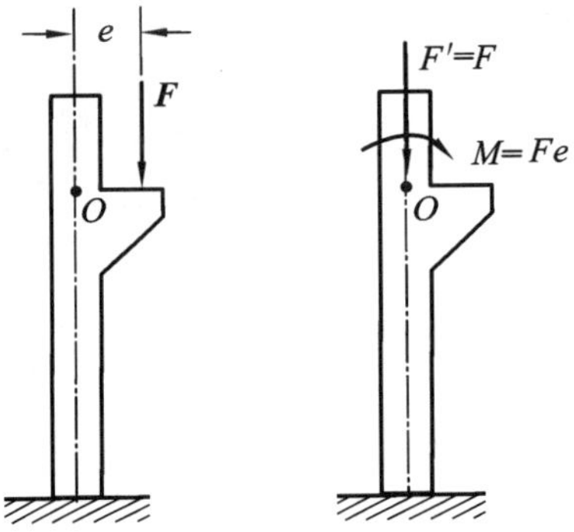

(a) (b)

图 2-12 厂房柱子简图

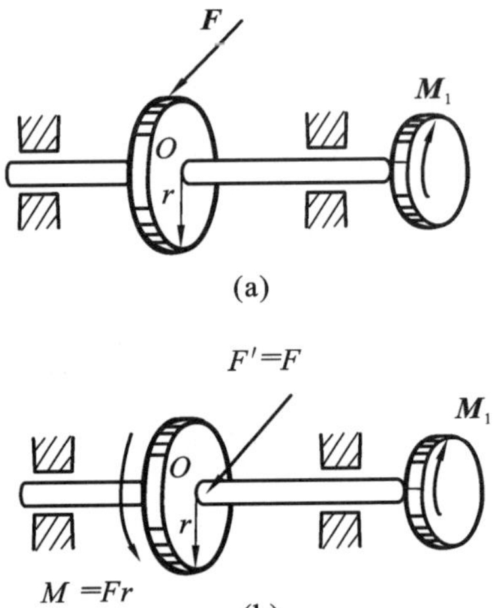

(a) (b)

图 2-13 轴的受力

2.4 平面力系向一点简化

如果作用于物体上各力的作用线都在同一平面内,则这种力系称为平面力系。例如:屋架受到屋面自重和积雪等重力载荷 $\boldsymbol{G}$、风力 $\boldsymbol{F}$ 及支座反力 $\boldsymbol{F}_{Ax}$、$\boldsymbol{F}_{Ay}$、$\boldsymbol{F}_B$ 的作用,这些力的作用线在同一平面内,组成一个平面力系(见图 2-14);曲柄连杆机构受到转矩 $\boldsymbol{M}$、阻力 $\boldsymbol{F}$ 及约束力 $\boldsymbol{F}_{Ox}$、$\boldsymbol{F}_{Oy}$、$\boldsymbol{F}_B$ 的作用,这些力显然也组成一个平面力系(见图 2-15)。物体本身及作用于其上的各力都对称于某一平面时,作用于物体上的力系就可简化为该对称平面内的平面力系。

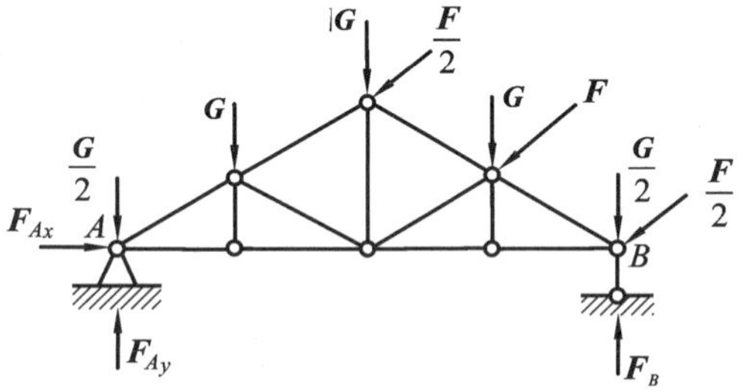

图 2-14 屋面受力简图

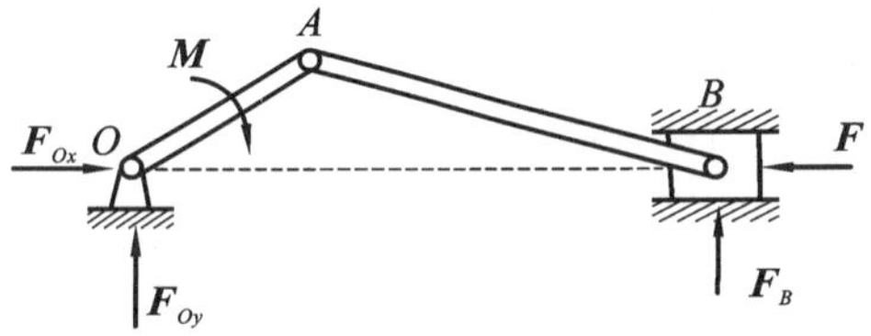

图 2-15 曲柄滑块机构受力示意图

2.4.1 平面一般力系的简化

设刚体上作用有一平面一般力系 $\boldsymbol{F}_1, \boldsymbol{F}_2, \cdots, \boldsymbol{F}_n$,如图 2-16(a)所示。在该平面内任意取一点 O,点 O 就称为**简化中心**。根据力的平移定理,将各力都向 O 点平移,得到一个汇交于 O 点的平面汇交力系 $\boldsymbol{F}'_1, \boldsymbol{F}'_2, \cdots, \boldsymbol{F}'_n$,以及平面力偶系 $\boldsymbol{M}_1, \boldsymbol{M}_2, \cdots, \boldsymbol{M}_n$,如图 2-16(b)所示。

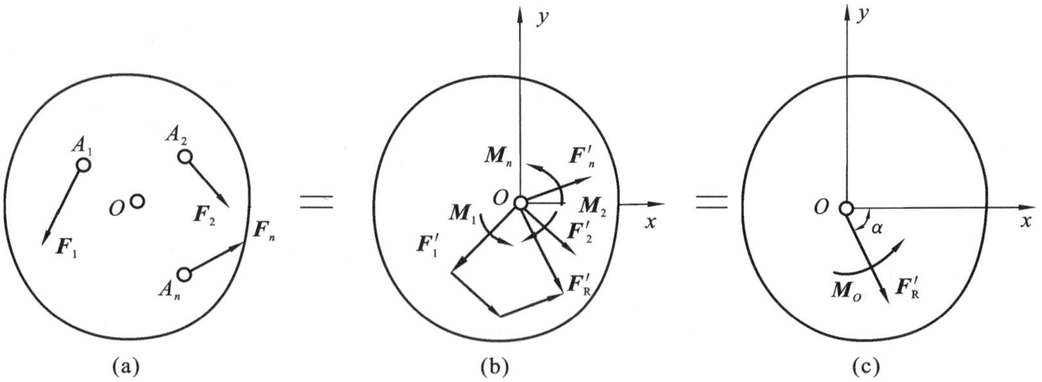

图 2-16 平面一般力系

(1) 平面汇交力系 $\boldsymbol{F}'_1, \boldsymbol{F}'_2, \cdots, \boldsymbol{F}'_n$ 可以合成为一个作用于 O 点的合力矢 $\boldsymbol{F}'_{\mathrm{R}}$,如图 2-16(c)所示。

$$\boldsymbol{F}'_{\mathrm{R}} = \sum_{i=1}^{n} \boldsymbol{F}'_i = \sum_{i=1}^{n} \boldsymbol{F}_i \tag{2-7}$$

它等于力系中各力的矢量和。显然,单独的 $\boldsymbol{F}'_{\mathrm{R}}$ 不能和原力系等效,它被称为原力系的**主矢**。将式(2-7)写成直角坐标系下的投影形式:

$$\left.\begin{aligned}F'_{Rx} &= F_{1x} + F_{2x} + \cdots + F_{nx} = \sum_{i=1}^{n} F_{ix} \\ F'_{Ry} &= F_{1y} + F_{2y} + \cdots + F_{ny} = \sum_{i=1}^{n} F_{iy}\end{aligned}\right\}$$

因此,主矢 $\boldsymbol{F}'_R$的大小及其与 x 轴正向的夹角分别为

$$\left.\begin{aligned}F'_R &= \sqrt{(F'_{Rx})^2 + (F'_{Ry})^2} = \sqrt{(\sum_{i=1}^{n} F_{ix})^2 + (\sum_{i=1}^{n} F_{iy})^2} \\ \theta &= \arctan\left|\frac{F'_{Ry}}{F'_{Rx}}\right| = \arctan\left|\frac{\sum_{i=1}^{n} F_{iy}}{\sum_{i=1}^{n} F_{ix}}\right|\end{aligned}\right\} \tag{2-8}$$

(2) 附加平面力偶系 $\boldsymbol{M}_1, \boldsymbol{M}_2, \cdots, \boldsymbol{M}_n$ 可以合成为一个合力偶 $\boldsymbol{M}_O$,即

$$M_O = M_1 + M_2 + \cdots + M_n = \sum_{i=1}^{n} M_O(\boldsymbol{F}_i) \tag{2-9}$$

显然,单独的 M_O 也不能与原力系等效,因此它被称为原力系对简化中心 O 的主矩。

综上所述,得到如下结论:**平面一般力系向平面内任一点简化可以得到一个力和一个力偶,这个力等于力系中各力的矢量和,作用于简化中心,称为原力系的主矢;这个力偶的矩等于原力系中各力对简化中心之矩的代数和,称为原力系的主矩。**

原力系与主矢 $\boldsymbol{F}'_R$和主矩 $\boldsymbol{M}_O$ 的联合作用等效。主矢 $\boldsymbol{F}'_R$的大小和方向与简化中心的选取无关,主矩 $\boldsymbol{M}_O$ 的大小和转向与简化中心的选取有关。

2.4.2 平面一般力系简化结果的讨论

由前述可知,平面一般力系向一点 O 简化后,一般来说,得到主矢 $\boldsymbol{F}'_R$和主矩 $\boldsymbol{M}_O$,但这并不是简化的最终结果,进一步分析可能出现以下四种情况。

(1) $F'_R=0, M_O\neq0$。

这说明该力系无主矢,而最终简化为一个力偶,且力偶矩就等于力系的主矩,此时主矩与简化中心的选取无关。

(2) $F'_R\neq0, M_O=0$。

这说明原力系的简化结果是一个力,而且这个力的作用线恰好通过简化中心,此时 $\boldsymbol{F}'_R$就是原力系的合力 $\boldsymbol{F}_R$。

(3) $F'_R\neq0, M_O\neq0$。

这种情况还可以进一步简化,根据力的平移定理的逆过程,可以把 $\boldsymbol{F}'_R$和 $\boldsymbol{M}_O$ 合成为一个合力 $\boldsymbol{F}_R$。合成过程如图 2-17 所示,合力 $\boldsymbol{F}_R$ 的作用线到简化中心 O 的距离为

$$d = \left|\frac{M_O}{F_R}\right| = \left|\frac{M_O}{F'_R}\right| \tag{2-10}$$

(4) $F'_R=0, M_O=0$。

这表明该力系对刚体总的作用效果为零,即物体处于平衡状态。

例 2-6 图 2-18(a)所示为平面一般力系,每个方格边长为 100 mm,$F_1=F_2=100$ N,$F_3=F_4=100\sqrt{2}$ N,试分别以 A 点和 O 点为简化中心,求该力系的合力。

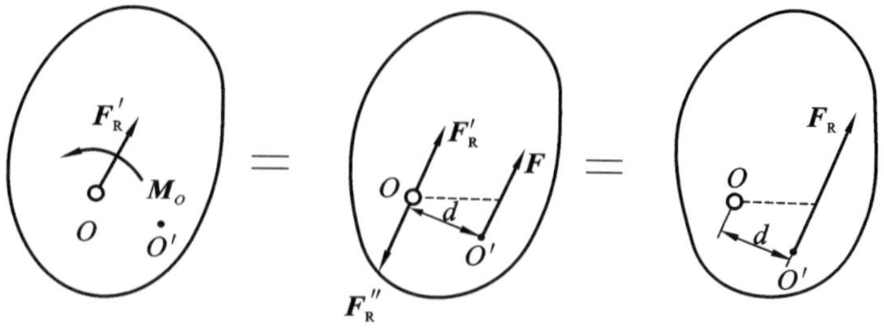

图 2-17 平面一般力系的合成

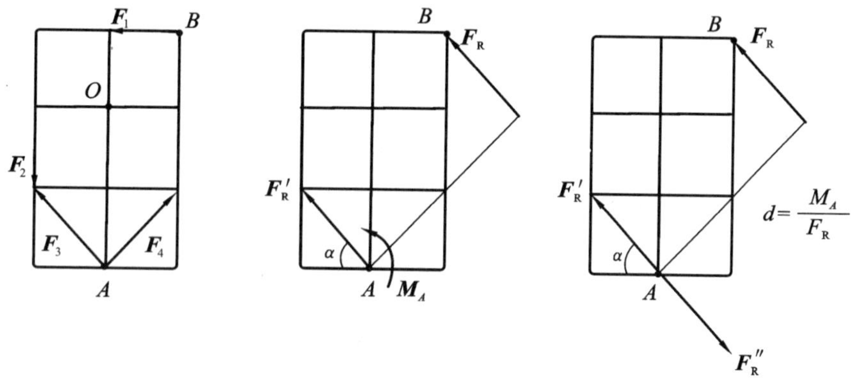

图 2-18 平面一般力系的合成

解 (1) 以 A 点为简化中心。

① 计算主矢。

$$\sum F_x = -F_1 - F_3\cos45° + F_4\cos45° = -100\ \text{N}$$

$$\sum F_y = -F_2 + F_3\sin45° + F_4\sin45° = 100\ \text{N}$$

主矢的大小为 $$F_R' = \sqrt{\left(\sum F_x\right)^2 + \left(\sum F_y\right)^2} = 100\sqrt{2}\ \text{N}$$

主矢与 x 轴的夹角为 $$\alpha = \arctan\left|\frac{\sum F_y}{\sum F_x}\right| = 45°$$

易知主矢 $\boldsymbol{F}_R'$的作用线通过 A 点，与 x 轴成 45°角，指向左上方，如图 2-18(b)所示。

② 计算主矩。

$$M_A = \sum M_A(\boldsymbol{F}) = F_1 \times 0.3 + F_2 \times 0.1 = 40\ \text{N}\cdot\text{m}$$

③ 将主矢和主矩进一步合成。易知合力 $\boldsymbol{F}_R$ 在主矢 $\boldsymbol{F}_R'$的右上方，与主矢的距离 d 为

$$d = \frac{M_A}{F_R'} = \frac{40\ 000}{100\sqrt{2}}\ \text{mm} = 200\sqrt{2}\ \text{mm}$$

由几何关系知合力 $\boldsymbol{F}_R$ 通过 B 点(见图 2-18(c))，是原平面一般力系的最后简化结果，大小为 $100\sqrt{2}$ N，与 x 轴成 45°角，指向左上方。

(2) 以 O 点为简化中心，则有

$$\sum F_x = -F_1 - F_3\cos45° + F_4\cos45° = -100\ \text{N}$$

$$\sum F_y = -F_2 + F_3\sin45^\circ + F_4\sin45^\circ = 100\ \text{N}$$

主矢的大小为 $F'_R = \sqrt{\left(\sum F_x\right)^2 + \left(\sum F_y\right)^2} = 100\sqrt{2}\ \text{N}$

主矢与 x 轴的夹角为 $\alpha = \arctan\left|\dfrac{\sum F_y}{\sum F_x}\right| = 45^\circ$

$$M_O = \sum M_O(\boldsymbol{F}) = F_1 \times 0.1 + F_2 \times 0.1 - F_3\cos45^\circ \times 0.2 + F_4\cos45^\circ \times 0.2 = 20\ \text{N}\cdot\text{m}$$

合力 $\boldsymbol{F}_R$ 与主矢的距离 d 为

$$d = \frac{M_O}{F'_R} = \frac{20\ 000}{100\sqrt{2}}\ \text{mm} = 100\sqrt{2}\ \text{mm}$$

由此例题可知，简化中心改变时，主矢的大小和方向都不变，只是作用点不同，主矩的大小改变。

2.5 平面力系的平衡条件

1. 平面一般力系的平衡方程

(1) 基本形式。

由上述讨论知，若平面一般力系的主矢和对任一点的主矩都为零，则物体处于平衡状态；反之，若平面一般力系是平衡力系，则其主矢、主矩必同时为零。因此，平面一般力系平衡的充要条件是

$$\left.\begin{aligned} F'_R &= \sqrt{\left(\sum F_x\right)^2 + \left(\sum F_y\right)^2} = 0 \\ M_O &= \sum M_O(\boldsymbol{F}) = 0 \end{aligned}\right\} \tag{2-11}$$

故得平面一般力系的平衡方程为

$$\left.\begin{aligned} \sum F_x &= 0 \\ \sum F_y &= 0 \\ \sum M_O(\boldsymbol{F}) &= 0 \end{aligned}\right\} \tag{2-12}$$

式(2-12)满足平面一般力系平衡的充分和必要条件，所以平面一般力系有三个独立的平衡方程，最多可求解三个未知量。

用解析表达式表示平衡条件的方式不是唯一的。平衡方程式的形式还有二矩式和三矩式两种形式。

(2) 二矩式。

$$\left.\begin{aligned} \sum F_x &= 0 \\ \sum M_A(\boldsymbol{F}) &= 0 \\ \sum M_B(\boldsymbol{F}) &= 0 \end{aligned}\right\} \tag{2-13}$$

附加条件：AB 连线不得与 x 轴垂直。

(3) 三矩式。

$$\left.\begin{aligned}\sum M_A(\boldsymbol{F})&=0\\\sum M_B(\boldsymbol{F})&=0\\\sum M_C(\boldsymbol{F})&=0\end{aligned}\right\}\qquad(2\text{-}14)$$

附加条件:A、B、C 三点不在同一直线上。

式(2-13)和式(2-14)是物体取得平衡的必要条件,但不是充分条件,读者可自行推证。

2. 平面一般力系平衡方程的解题步骤

(1)确定研究对象,画出受力图。

应取有已知力和未知力作用的物体作为分离体,画出其受力图。

(2)列平衡方程并求解。

适当选取坐标轴和矩心。若受力图上有两个未知力互相平行,可选垂直于此二力的坐标轴,列出投影方程;如果不存在两未知力平行,则选任意两未知力的交点为矩心,列出力矩方程,先行求解。一般水平和垂直的坐标轴可画可不画,但倾斜的坐标轴必须画。

例 2-7 绞车通过钢丝牵引小车沿斜面轨道匀速上升,如图 2-19(a)所示。已知小车重 $G=10$ kN,绳与斜面平行,$\alpha=30°$,$a=0.75$ m,$b=0.3$ m,不计摩擦,求钢丝绳的拉力及轨道对车轮的约束反力。

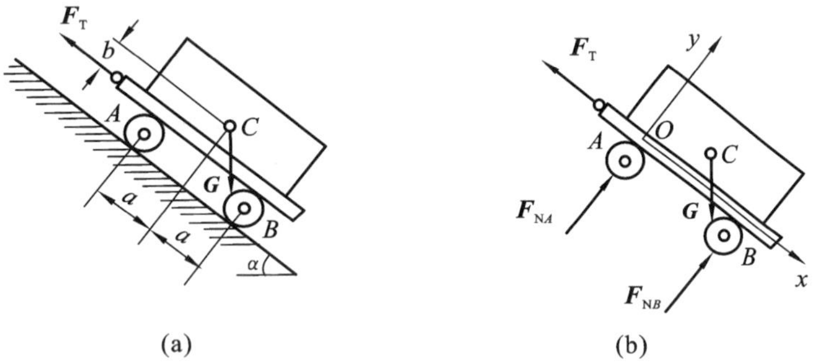

图 2-19 例 2-7 图

解 (1) 取小车为研究对象,画受力图,如图 2-19(b)所示。小车上作用有重力 $\boldsymbol{G}$,钢丝绳的拉力 $\boldsymbol{F}_T$,轨道在 A、B 处的约束反力 $\boldsymbol{F}_{NA}$ 和 $\boldsymbol{F}_{NB}$。

(2) 取图 2-19(b)所示坐标系,列平衡方程,即

$$\sum F_x=0,\quad -F_T+G\sin\alpha=0$$

$$\sum F_y=0,\quad F_{NA}+F_{NB}-G\cos\alpha=0$$

$$\sum M_O(F)=0,\quad F_{NB}(2a)-Gb\sin\alpha-Ga\cos\alpha=0$$

解得

$$F_T=5\ \text{kN},\quad F_{NB}=5.33\ \text{kN},\quad F_{NA}=3.33\ \text{kN}$$

例 2-8 悬臂梁如图 2-20(a)所示,梁上作用有均布载荷 $\boldsymbol{q}$,在 B 端作用有集中力 $F=ql$ 和力偶 $M=ql^2$,梁的悬伸长度为 $2l$。已知 q 和 ql(力的单位为 N,长度单位为 m),求固定端的约束反力。

解 (1) 取 AB 梁为研究对象,画受力图,如图 2-20(b)所示,均布载荷 $\boldsymbol{q}$ 可简化为作用于梁中点的一个集中力 $F_Q=q\times 2l$。

(2) 列平衡方程,即

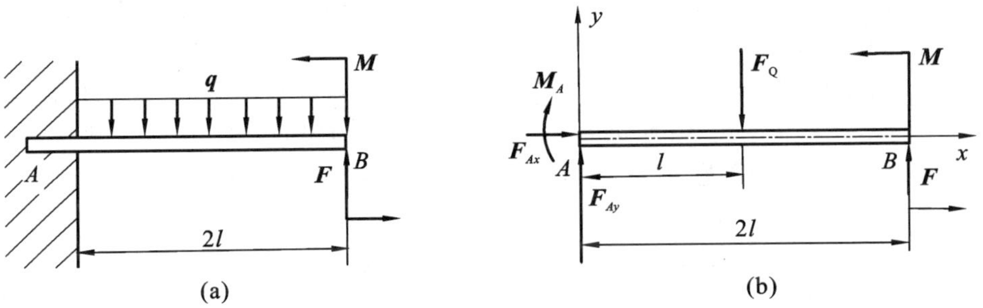

图 2-20 例 2-8 图

$$\sum F_x=0,\quad F_{Ax}=0$$

$$\sum M_A(\boldsymbol{F})=0,\quad M-M_A+F(2l)-F_Q l=0$$

故

$$M_A=M+2Fl-F_Q l=ql^2+2ql^2-2ql^2=ql^2$$

$$\sum F_y=0,\quad F_{Ay}+F-F_Q=0$$

故

$$F_{Ay}=F_Q-F=2ql-ql=ql$$

【工程应用】

1. 塔式起重机(见图 2-21)机架的重力为 $\boldsymbol{G}$,重力作用线与右轨的距离为 e;最大起重载荷为 $\boldsymbol{F}$,其作用线与右轨的距离为 l。已知轨距为 b,平衡锤的重力作用线与左轨的距离为 a。为了保证起重机在满载和空载时均不致翻倒,如何确定平衡锤的重力 $\boldsymbol{G}_1$?

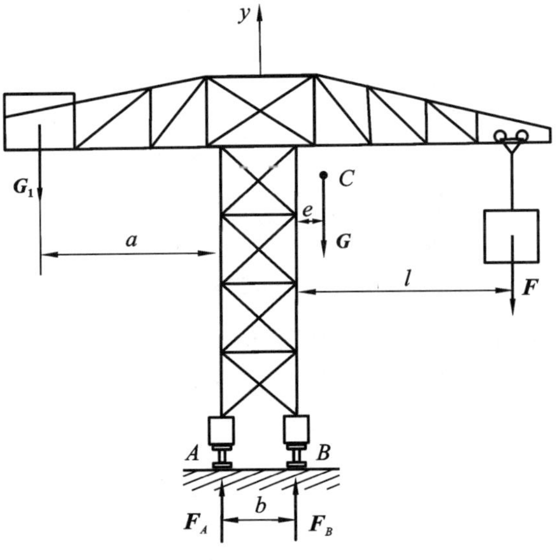

图 2-21 塔式起重机

分析思路:空载时,不向平衡锤一侧倾翻,要求 $F_B\geqslant 0$;满载时,不向载重一侧倾翻,要求 $F_A\geqslant 0$。首先要对系统进行受力分析,根据已知力 $\boldsymbol{G}$、$\boldsymbol{F}$,利用平面汇交力系的平衡方程式求

出轨道 A、B 的约束反力 $\boldsymbol{F}_A$、$\boldsymbol{F}_B$；再用 $F_A \geqslant 0$、$F_B \geqslant 0$ 这样的条件，即可求出起重机在满载和空载时都不侧翻的条件下平衡锤的重力。

2. 图 2-22 所示为一绳索拔桩装置。绳索的 E、C 两点拴在架子上，点 B 与拴在桩 A 上的绳索 AB 连接，在点 D 加一铅垂向下的力 $\boldsymbol{F}$，AB 可视为铅垂，DB 可视为水平。已知 $\alpha = 0.1$ rad，力 $F = 800$ N，试求绳 AB 产生的拔桩力。(当 α 很小时，$\tan\alpha \approx \alpha$)

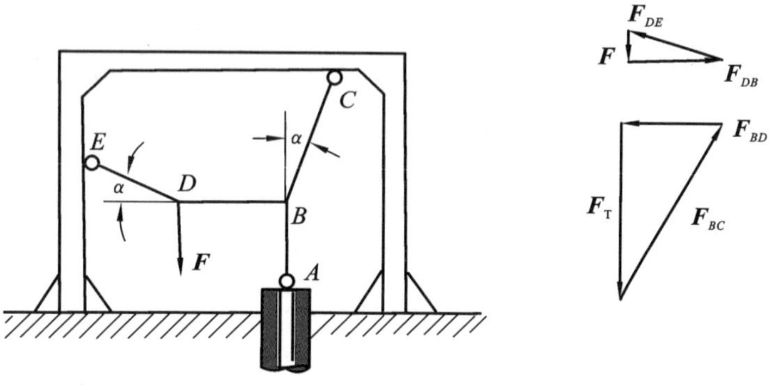

图 2-22 绳索拔桩装置

分析思路：分别取结点 D、B 为研究对象，$F_{DB} = -F_{BD}$，故可画出封闭的力三角形，如图 2-22(b)所示，解这两个力三角形，可得

$$F_{DB} = \frac{F}{\tan\alpha} = 8\ \text{kN}, \quad F_T = \frac{F_{BD}}{\tan\alpha} = 80\ \text{kN}$$

几乎将拉力增大了 100 倍。

【课后讨论】

1. 图 2-23 所示的两个力三角形中三个力的关系是否一样？

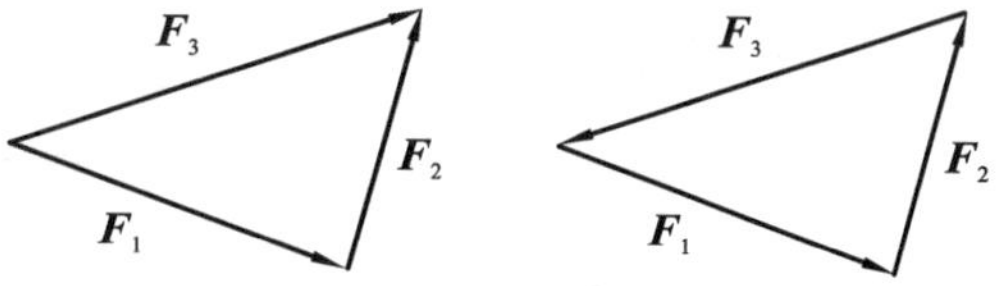

图 2-23 力三角形

2. 如图 2-24 所示，在用锤子钉钉子时，当锤子砸偏了，钉子会变弯曲。试用本章学过的知识进行解释。

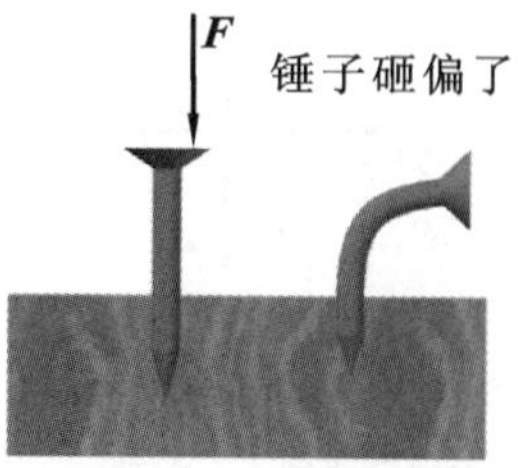

图 2-24 钉子弯曲现象

第3章
空间力系

3

知识及技能

- 理解力在空间的投影及力对空间各轴的矩；
- 能够利用空间力系的平衡方程，解决工程实际问题；
- 能够利用公式求解物体的形心和重心坐标。

【知识引入】

如果一个力系中的力不在同一个平面上,则此力系属于空间力系。工程上有很多属于空间力系的情况,例如图 3-1(a)所示的桅杆起重机、图 3-1(b)所示的脚拉杆及图 3-1(c)所示的手摇钻等。

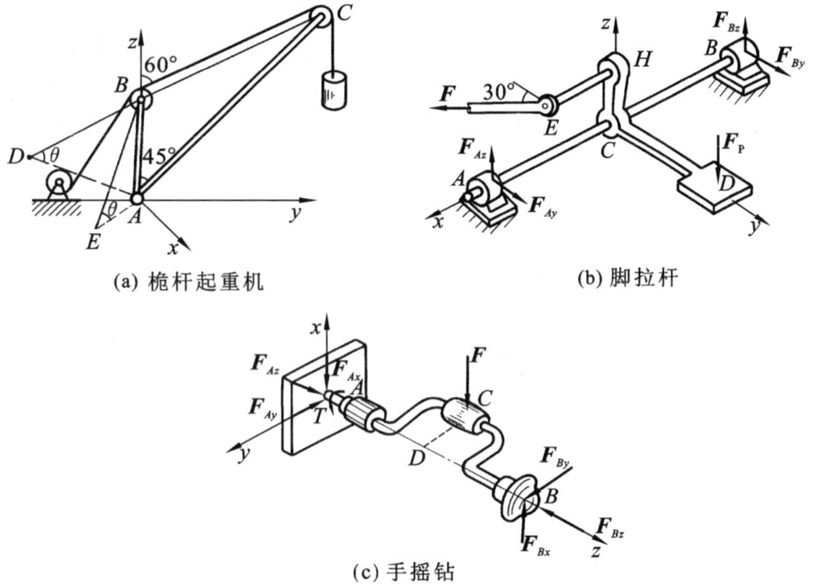

图 3-1 空间力系实例

3.1 力的空间投影与力对轴的矩

3.1.1 力在空间直角坐标轴上的投影

研究平面力系时,需要计算力在坐标轴上的投影;研究空间力系时,同样需要计算力在空间直角坐标轴上的投影。设作用于物体 O 点上的力如图 3-2(a)所示,已知力 $\boldsymbol{F}$ 与三轴 x、y、z 正向间的夹角分别为 α、β、γ,根据力的投影定义,可直接将力 $\boldsymbol{F}$ 向三个坐标轴进行投影,得到

$$\left.\begin{aligned} F_x &= F\cos\alpha \\ F_y &= F\cos\beta \\ F_z &= F\cos\gamma \end{aligned}\right\} \qquad (3\text{-}1)$$

求力在坐标轴上的投影时,也可以采用二次投影的方法。如图 3-2(b)所示,先将力 $\boldsymbol{F}$ 投影到 Oxy 坐标平面上,以 $\boldsymbol{F}_{xy}$ 表示,然后将力 $\boldsymbol{F}_{xy}$ 投影到 x 轴和 y 轴上,故力在坐标轴上的投影公式又可写成

$$\left.\begin{aligned} F_x &= F\sin\theta\cos\varphi \\ F_y &= F\sin\theta\sin\varphi \\ F_z &= F\cos\theta \end{aligned}\right\} \qquad (3\text{-}2)$$

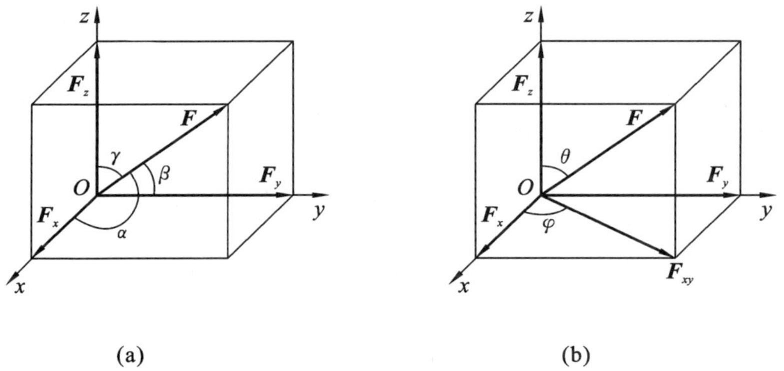

图 3-2　力在空间直角坐标轴上的投影

在具体计算时，究竟取哪种方法投影，要依据问题给出的条件而定。

反过来，如果已知力 **F** 在三轴 x、y、z 上的投影 F_x、F_y、F_z，也可求出力 **F** 的大小和方向，即

$$\left.\begin{aligned} F&=\sqrt{F_x^2+F_y^2+F_z^2}\\ \cos\alpha&=\frac{F_x}{F},\cos\beta=\frac{F_y}{F},\cos\gamma=\frac{F_z}{F}\end{aligned}\right\}\tag{3-3}$$

其中，$\cos\alpha$、$\cos\beta$ 和 $\cos\gamma$ 称为**力 F 的方向余弦**，并且满足关系

$$\cos^2\alpha+\cos^2\beta+\cos^2\gamma=1$$

例 3-1　半径为 r 的斜齿轮上作用有力 **F**，如图 3-3 所示，求力 **F** 沿坐标轴的投影。

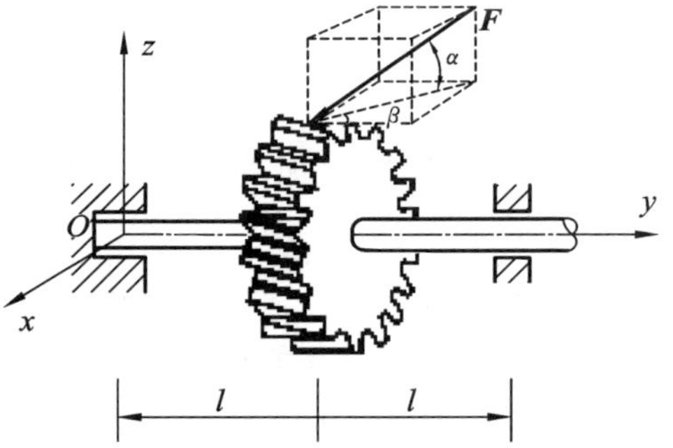

图 3-3　计算力在坐标轴上的投影

解　采用二次投影法，可得

$$F_x=F\cos\alpha\sin\beta \quad (\text{圆周力})$$
$$F_y=-F\cos\alpha\cos\beta \quad (\text{轴向力})$$
$$F_z=-F\sin\alpha \quad (\text{径向力})$$

3.1.2　力对轴之矩

如图 3-4(a)所示，力 **F** 在圆轮平面内，产生使物体绕 O 点转动的作用，从而建立了在平面内力对点之矩的概念，即

$$M_O(\boldsymbol{F})=\pm Fd$$

由图 3-4 可以看到，平面上物体绕 O 点的转动，实际上就是空间里物体绕通过 O 点且与

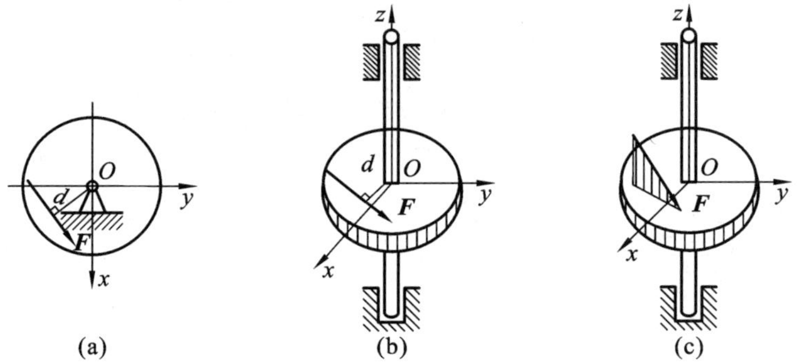

图 3-4　力对轴之矩

该平面垂直的轴的转动，即物体绕 z 轴的转动（见图 3-4(b)）。所以，平面上力对点之矩，实际上就是空间里力对轴之矩。力 $\boldsymbol{F}$ 对 z 轴之矩用符号 $\boldsymbol{M}_z(\boldsymbol{F})$ 表示。

在研究空间力系时，如果力 $\boldsymbol{F}$ 不在垂直于轴的平面内（见图 3-4(c)），则仅仅知道上述有关力矩的概念还不够，尚需建立空间力对轴之矩的概念。

下面以开门动作为例来加以说明。设门上作用的力 $\boldsymbol{F}$ 不在垂直于转轴的平面内，现将力 $\boldsymbol{F}$ 分解为两个分力，如图 3-5(a)所示。分力 $\boldsymbol{F}_z$ 平行于转轴 z，分力 $\boldsymbol{F}_{xy}$ 在垂直于转轴 z 的平面内。因为力 $\boldsymbol{F}_z$ 与 z 轴平行，所以力 $\boldsymbol{F}_z$ 不会使门绕 z 轴转动，只能使门沿 z 轴移动，力 $\boldsymbol{F}_z$ 对 z 轴之矩为零；分力 $\boldsymbol{F}_{xy}$ 在垂直于 z 轴的平面内，它对 z 轴之矩实际上就是它对平面内 O 点（轴与平面的交点）之矩（见图 3-5(b)），故

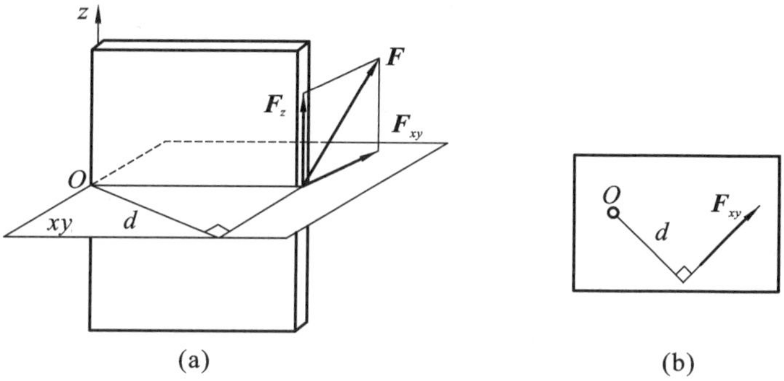

图 3-5　求力对轴之矩

$$M_z(\boldsymbol{F})=M_O(\boldsymbol{F}_{xy})=\pm F_{xy}d \tag{3-4}$$

式(3-4)表明，力对轴之矩等于该力在垂直于该轴平面上的投影对这个平面与该轴的交点的矩。

力对轴之矩的正负号规定如下：从 z 轴正端回头来看，该力使刚体按逆时针方向转动，则力矩取正号；反之，力矩取负号。力对轴之矩的正负号也可以通过右手螺旋定则来判定。

当力与轴平行或力与轴相交时，力对轴之矩均为零，即力与轴在同一平面内时，力对轴之矩为零。

3.2　空间力系的平衡

飞机在飞行时受到重力、升力、推力和阻力等力组成的空间任意力系的作用。通过飞机的重心 O 作直角坐标系 $Oxyz$，如图 3-6 所示。将力系向飞机的重心 O 简化，可得一力 $\boldsymbol{F}'_{\mathrm{R}}$ 和一力偶，力偶矩矢为 $\boldsymbol{M}_O$。如果将这个力和力偶矩矢向三坐标轴分解，则得到三个作用于重心 O 的正交分力 $\boldsymbol{F}'_{\mathrm{R}x}$、$\boldsymbol{F}'_{\mathrm{R}y}$、$\boldsymbol{F}'_{\mathrm{R}z}$ 和三个绕坐标轴的力偶矩 $\boldsymbol{M}_{Ox}$、$\boldsymbol{M}_{Oy}$、$\boldsymbol{M}_{Oz}$。可以看出它们的意义是：$\boldsymbol{F}'_{\mathrm{R}x}$ 表示有效推进力，$\boldsymbol{M}_{Ox}$ 表示滚转力矩；$\boldsymbol{F}'_{\mathrm{R}y}$ 表示有效升力，$\boldsymbol{M}_{Oy}$ 表示偏航力矩；$\boldsymbol{F}'_{\mathrm{R}z}$ 表示侧向力，$\boldsymbol{M}_{Oz}$ 表示俯仰力矩。

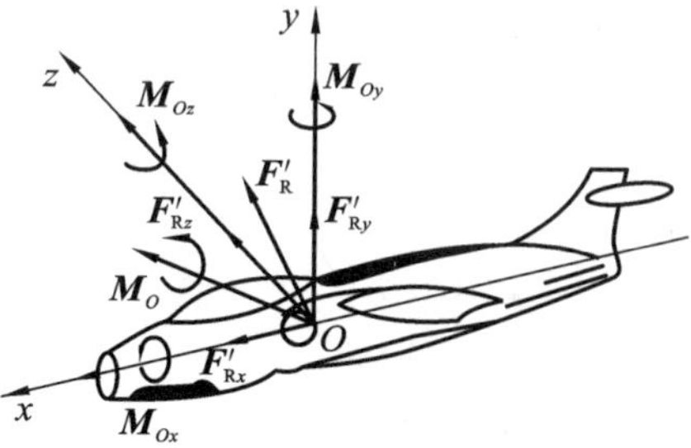

图 3-6　飞机在空中受到的作用力

3.2.1 空间一般力系的平衡方程

某物体上作用有一个空间任意力 $\boldsymbol{F}_1,\boldsymbol{F}_2,\cdots,\boldsymbol{F}_n$，如果物体不平衡，则力系可能使物体沿 x、y、z 三轴方向的移动状态发生变化，也可能使该物体绕该三轴的转动状态发生变化；若物体在力系作用下处于平衡，则物体沿 x、y、z 三轴的移动状态不变，同时绕该三轴的转动状态也不变。因此，当物体沿 x 方向的移动状态不变时，该力系各力在 x 轴上的投影的代数和为零，即 $\sum F_x=0$；同理可得 $\sum F_y=0$，$\sum F_z=0$。当物体绕 x 轴的转动状态不变时，该力系对 x 轴力矩的代数和为零，即 $\sum M_x=0$；同理可得 $\sum M_y=0$，$\sum M_z=0$。由此可见，空间任意力系的平衡方程式为

$$\left.\begin{aligned}&\sum F_x=0\\&\sum F_y=0\\&\sum F_z=0\\&\sum M_x(\boldsymbol{F})=0\\&\sum M_y(\boldsymbol{F})=0\\&\sum M_z(\boldsymbol{F})=0\end{aligned}\right\}\tag{3-5}$$

式(3-5)表示空间任意力系平衡的充分和必要条件为：各力在三个坐标轴上投影的代数和以及各力对三个坐标轴之矩的代数和都必须同时为零。

利用这六个独立平衡方程式，可以求解六个未知量。

3.2.2 空间力系平衡问题的平面解法

当空间一般力系平衡时，该力系各力在任意平面上的投影所组成的平面力系也是平衡的。在解决空间力系平衡问题时，常将一空间受力图投影到三个坐标平面上，从而得到三个平面受力图，然后分别列出三个平面受力图的平衡方程，求解所要求的未知量。这种将空间力系的平衡问题转化为平面力系平衡问题的研究方法，称为空间力系平衡问题的平面解法。这种方法特别适用于解决轴类零件的空间受力平衡问题。

例 3-2 有一起重绞车的鼓轮轴如图 3-7 所示。已知 $G=10$ kN，$b=c=30$ cm，$a=20$ cm，大齿轮半径 $R=20$ cm，在最高处 E 点受到力 $\boldsymbol{F}_{\mathrm{n}}$ 的作用，力 $\boldsymbol{F}_{\mathrm{n}}$ 与齿轮分度圆切线之夹角为 $\alpha=20°$，鼓轮半径 $r=10$ cm，A、B 两端为深沟球轴承。试求齿轮作用力 $\boldsymbol{F}_{\mathrm{n}}$ 以及 A、B 两端承受的压力。

解 (1) 取鼓轮轴为研究对象，并画出它在三个坐标平面上的受力投影图(见图 3-8)，一个空间力系问题就转化为三个平面力系问题。本题投影到 xz 面的力系为平面任意力系，投影到 yz 面与 xy 面的力系为平面平行力系。

(2) 按平面力系(三个投影力系)列平衡方程进行计算。

xz 面：

由 $\sum M_A(\boldsymbol{F})=0$ 得 $F_{\mathrm{n}}R\cos\alpha-Gr=0$，于是有

$$F_{\mathrm{n}}=Gr/(R\cos\alpha)=5.32\ \mathrm{kN}$$

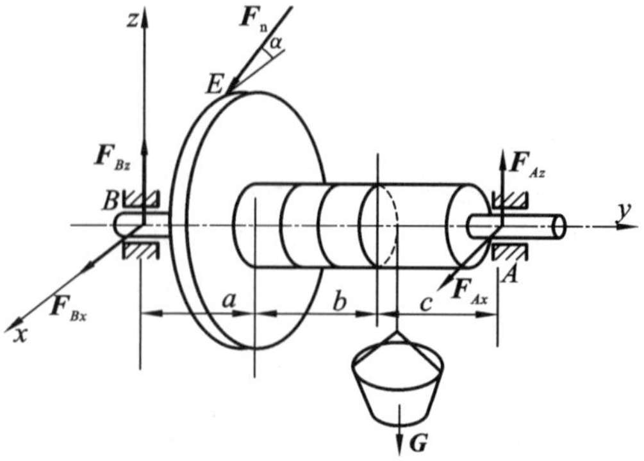

图 3-7　起重绞车的鼓轮轴

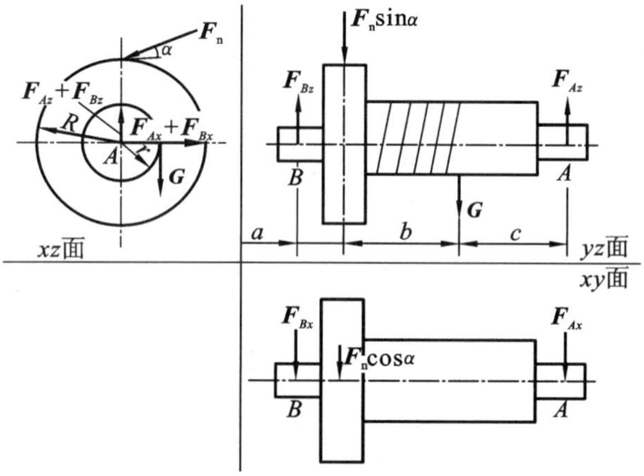

图 3-8　鼓轮轴受力投影图

yz 面：

由 $\sum M_B(\boldsymbol{F}) = 0$ 得 $F_{Az}(a+b+c) - G(a+b) - F_n a\sin\alpha = 0$，于是有

$$F_{Az} = [G(a+b) + F_n a\sin\alpha]/(a+b+c) = 6.70\ \text{kN}$$

又由 $\sum F_z = 0$ 得 $F_{Az} + F_{Bz} - F_n\sin\alpha - G = 0$，于是有

$$F_{Bz} = F_n\sin\alpha + G - F_{Az} = 5.12\ \text{kN}$$

xy 面：

由 $\sum M_B(\boldsymbol{F}) = 0$ 得 $F_{Ax}(a+b+c) + F_n a\cos\alpha = 0$，于是有

$$F_{Ax} = -F_n a\cos\alpha/(a+b+c) = -1.25\ \text{kN}$$

又由 $\sum F_x = 0$ 得 $F_{Ax} + F_{Bx} + F_n\cos\alpha = 0$，于是有

$$F_{Bx} = -F_{Ax} - F_n\cos\alpha = -3.75\ \text{kN}$$

3.3　物体的重心与形心的求法

在日常生活与工程实际中都会遇到重心问题。例如，当用两轮手推车推重物时，只有当重物的重心正好与车轮轴线在同一铅垂面内时，才能比较省力；起重机吊起重物时，吊钩必须位于被吊物体重心的上方，才能在起吊过程中保持物体的平衡稳定；机械设备中高速旋转

的构件，如电机转子、砂轮、飞轮等的重心都要求位于转动轴线上，否则就会使机器产生剧烈的振动，甚至引起破坏，造成事故。因此，重心与平衡稳定、安全生产有着密切的关系。

物体可以看成由若干微小物块组成，每一微小物块都受到一个微小重力的作用。这些微小重力的合力即为物体的重力，合力的作用点就是物体的重心。

物体的重心位置相对于物体的几何形状是固定不变的，下面介绍确定重心位置的方法。

3.3.1 重心的坐标

设某重力为 G 的物体如图 3-9 所示，由合力矩定理可求得物体重心 C 的坐标公式为

$$\left.\begin{aligned} x_C &= \frac{\sum x_i \Delta G_i}{G} \\ y_C &= \frac{\sum y_i \Delta G_i}{G} \\ z_C &= \frac{\sum z_i \Delta G_i}{G} \end{aligned}\right\} \tag{3-6}$$

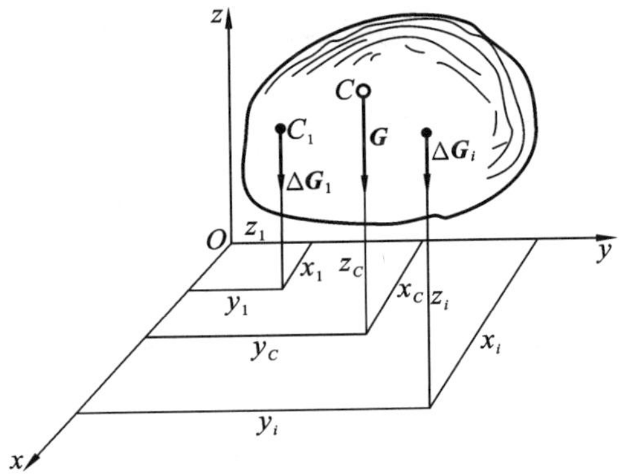

图 3-9 物体的重心坐标

3.3.2 形心的坐标公式

形心是指物体的几何中心。假设物体质量是均匀分布的，则其质量密度 γ 等于常数。用 V 表示整个物体的体积，ΔV_i 表示微小部分的体积，则有

$$\Delta G_i = g\gamma\Delta V_i, \quad G = g\gamma V$$

代入式(3-6)，得

$$\left.\begin{aligned} x_C &= \frac{\sum x_i \Delta V_i}{V} \\ y_C &= \frac{\sum y_i \Delta V_i}{V} \\ z_C &= \frac{\sum z_i \Delta V_i}{V} \end{aligned}\right\} \tag{3-7}$$

式(3-7)即为物体的形心坐标公式。

进一步看，对于均质薄板（或平面图形）而言，一般只要确定形心 C 在平面上的位置。在平面上建立直角坐标系 Oxy，其形心 C 的坐标公式为

$$\left.\begin{aligned} x_C &= \frac{\sum x_i \Delta A_i}{A} \\ y_C &= \frac{\sum y_i \Delta A_i}{A} \end{aligned}\right\} \tag{3-8}$$

式中，ΔA_i、A 分别为各微小物块和薄板（或平面图形）的面积。

3.3.3 求物体重心的方法

1. 对称法

对于具有对称面、对称轴或对称中心的均质物体而言，可以利用其对称性确定重心位

置，并可以证明这种物体的重心或形心必在对称面、对称轴或对称中心上。例如，圆球体或球面的重心在球心，圆柱体的重心在轴线中点，圆周的重心在圆心，等腰三角形的重心在垂直于底边的中线上。

2. 查表法

表 3-1 列出了几种常见均质物体的重心位置。对于工程中常用的型钢的重心而言，也可从工程手册中查阅。

表 3-1　简单形体重心表

图形	重心位置
三角形 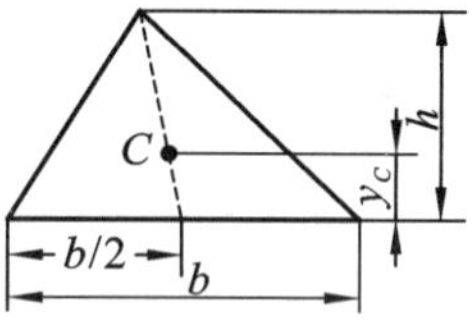	$y_C=\frac{1}{3}h$
梯形 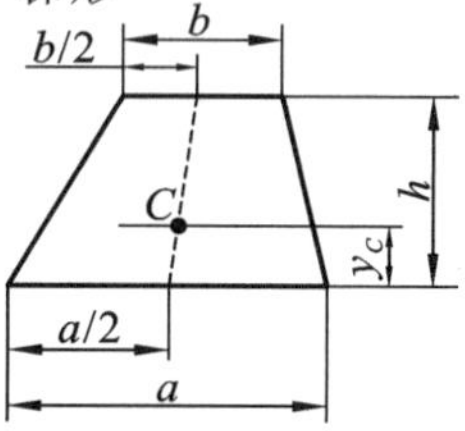	$y_C=\frac{h(a+2b)}{3(a+b)}$
扇形 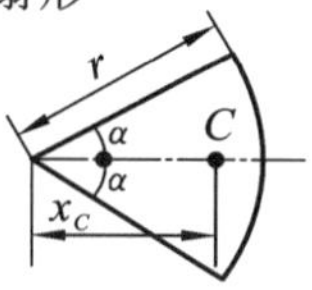	$x_C=\frac{2r\sin\alpha}{3\alpha}$ 对于半圆而言，$\alpha=\frac{\pi}{2}$，$x_C=\frac{4r}{3\pi}$
抛物线 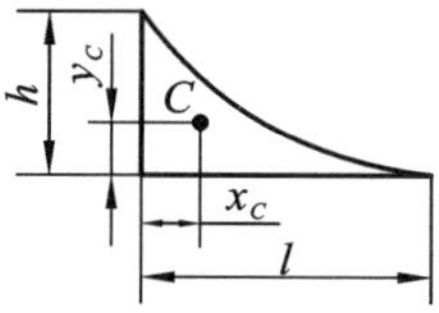	$x_C=\frac{1}{4}l$ $y_C=\frac{3}{10}h$

3. 悬挂法

对于薄板形物体或具有对称面的薄零件而言，可将该物体悬挂于任一点 A，如图 3-10(a)所示。根据二力平衡公理，重心必在过悬挂点 A 的铅垂线上，标出此线 AB。再将该物体悬挂于任一点 D，同样标出另一线 DE，如图 3-10(b)所示，则两线段的交点 C，就是该物体的重心。

4. 称重法

对于体积庞大或形状复杂的零件以及由许多构件组成的机械部件而言，常用称重法来确定其重心的位置。图 3-11 演示了用称重法来测定连杆重心位置的过程。设连杆的重力为 $\boldsymbol{G}$，重心 C 点与连杆左端的点相距为 x_C，量出两支点的距离 l，由磅秤读出 B 端的约束力 $\boldsymbol{G}_1$，由 A 点处的力矩平衡方程可以求得

$$x_C=\frac{G_1}{G}l$$

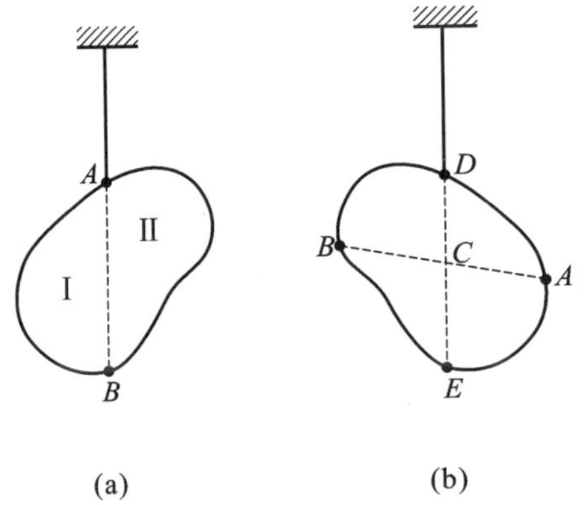

图 3-10 用悬挂法求重心

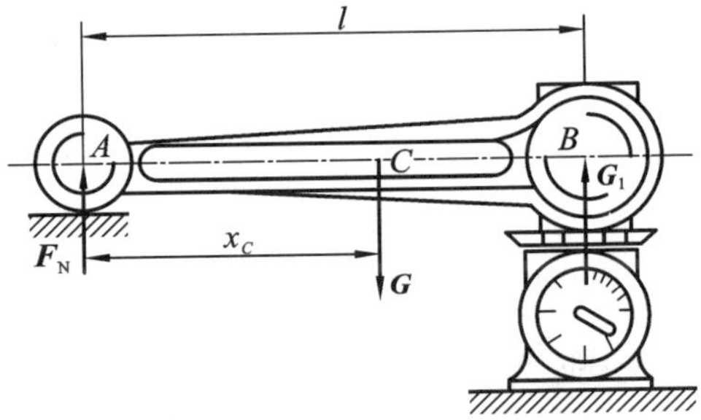

图 3-11 用称重法求重心

5. 组合计算法

组合形体是由一些简单的形体组成的，这些简单形体的重心通常是已知的或易求的，这样，整个组合形体的重心或形心就可用式(3-7)或式(3-8)直接求得。

例 3-3 求 Z 形截面重心的位置，其尺寸如图 3-12 所示，单位为 mm。

解 建坐标系如图 3-12 所示，用虚线 ab、cd 将该图分割为三个矩形。

以 C_1、C_2、C_3 表示这些矩形的重心，而以 A_1、A_2、A_3 表示它们的面积。以 (x_1,y_1)、(x_2,y_2)、(x_3,y_3) 分别表示 C_1、C_2、C_3 的坐标，则有

$$x_1=15\ \text{mm},\quad y_1=45\ \text{mm},\quad A_1=300\ \text{mm}^2$$

$$x_2=35\ \text{mm},\quad y_2=30\ \text{mm},\quad A_2=400\ \text{mm}^2$$

$$x_3=45\ \text{mm},\quad y_3=5\ \text{mm},\quad A_3=300\ \text{mm}^2$$

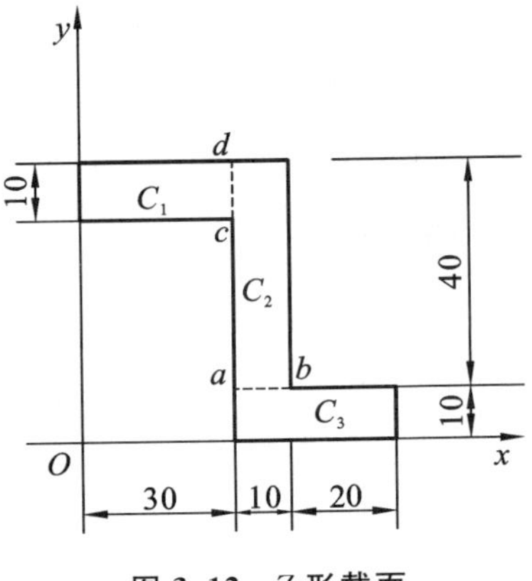

图 3-12 Z 形截面

根据式(3-8)得

$$x_C=\frac{A_1x_1+A_2x_2+A_3x_3}{A_1+A_2+A_3}=32\ \text{mm}$$

$$y_C=\frac{A_1y_1+A_2y_2+A_3y_3}{A_1+A_2+A_3}=27\ \text{mm}$$

即该截面重心的坐标为(32,27)。

例 3-4 求图 3-13 所示振动沉桩器中偏心块的重心，偏心块为一等厚度的均质体。已知 $R=100$ mm，$r=17$ mm，$b=13$ mm。

解 将偏心块看成是由三部分组成的，即半径为 R 的半圆 A_1、半径为 $r+b$ 的半圆 A_2

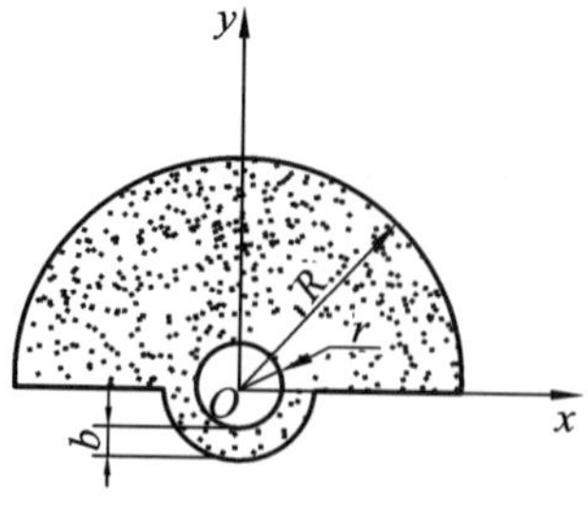

图 3-13　偏心块的形心

及半径为 r 的圆 A_3。因为该圆是被挖去的部分，所以 A_3 应取负值。取坐标如图 3-13 所示，轴为对称轴，故 $x_C=0$。各部分的面积及重心坐标为

$$A_1=\frac{1}{2}\pi R^2,\quad y_1=\frac{4R}{3\pi}$$

$$A_2=\frac{1}{2}\pi(r+b)^2,\quad y_2=-\frac{4(r+b)}{3\pi}$$

$$A_3=-\pi r^2,\quad y_3=0$$

则有

$$y_C=\frac{A_1y_1+A_2y_2+A_3y_3}{A_1+A_2+A_3}$$

$$=\frac{\frac{\pi}{2}\times100^2\times\frac{4\times100}{3\pi}+\frac{\pi}{2}(17+13)^2\left[-\frac{4(17+13)}{3\pi}\right]}{\frac{\pi}{2}\times100^2+\frac{\pi}{2}(17+13)^2-\pi\times17^2}\ \text{mm}=40\ \text{mm}$$

即偏心块的重心坐标为(0,40)。

【工程应用】

直立的人体为何不倒？

直立的人体是一个倒置的复摆，若不加控制，则处于典型的不稳定平衡状态。人一旦感觉到重心有向一侧偏移的趋势，就立刻控制足底支承力的作用点向同一侧移动，同时向另一侧做弯腰动作以维持平衡。如果将这种协调动作写成约束条件，就可以分析出如何由不稳定平衡转变为平衡的方法。重心水平运动的动力由于来自足底的静摩擦，因此受到地面能够提供的最大静摩擦力的限制。为保证控制作用有效，站立过程中重心的地面投影不得越出以支承足为中心的一个椭圆域，椭圆域的大小与地面摩擦系数成正比。在光滑的冰面上，人容易摔倒是因为这个椭圆域缩小到接近于零。

【课后讨论】

力 $\boldsymbol{F}$ 作用在长方体的右侧面内，各棱边尺寸 a、b、c 和坐标轴 x、y、z 如图 3-14 所示，求该力 $\boldsymbol{F}$ 在三个坐标轴上的投影及对三个坐标轴的力矩。

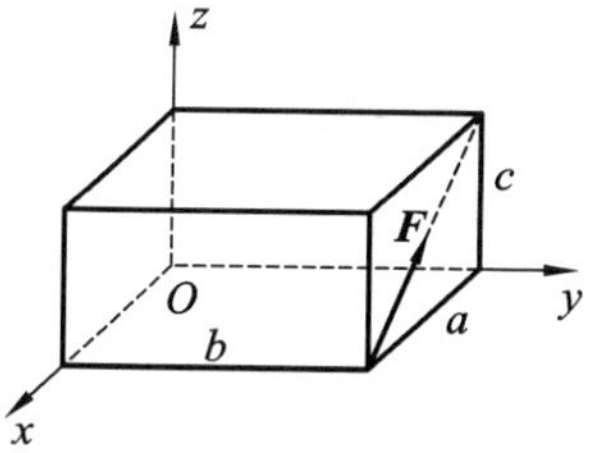

图 3-14　长方体

第4章
轴向拉伸与压缩

知识及技能

- 理解杆件拉伸和压缩的基本概念；
- 能够对拉压杆件的受力进行分析；
- 能够对工程结构中的拉压杆进行强度分析并校核。

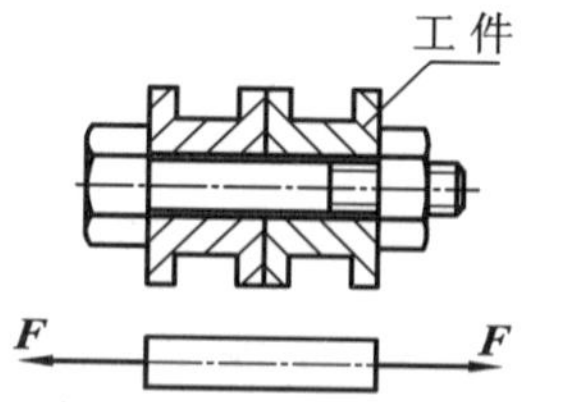

图 4-1　拧紧螺母时螺栓受拉

【知识引入】

在工程结构中，承受轴向拉伸或压缩的构件相当多。例如图 4-1 所示的连接螺栓，当拧紧螺母时，被拧紧的工件对螺栓有反作用力，其合力将通过螺栓横截面的形心，并且沿螺栓轴线的方向使螺栓受拉。

4.1　材料力学的基本概念

4.1.1　材料力学的基本任务

建筑物、机器等是由许多部件组成的，例如建筑物的组成部件有梁、板、柱和承重墙等，机器的组成部件有齿轮、传动轴等。这些部件统称为构件。为使建筑物和机器能正常工作，必须对构件进行设计，即选择合适的尺寸和材料，使其满足一定的要求。

1. 强度要求

构件抵抗破坏的能力称为强度。构件在外力作用下必须具有足够的强度才不致发生破坏，即不发生强度失效。

2. 刚度要求

构件抵抗变形的能力称为刚度。在某些情况下，构件虽有足够的强度，但若刚度不够，即受力后产生的变形过大，也会影响正常工作，因此设计时，必须使构件具有足够的刚度，将其变形限制在工程允许的范围内，即不发生刚度失效。

3. 稳定性要求

构件在外力作用下保持原有形状下平衡的能力称为稳定性。例如受压力作用的细长直杆，当压力较小时，其直线形状的平衡是稳定的；但当压力过大时，直杆不能保持直线形状下的平衡现象，称为失稳。这类构件必须具有足够的稳定性，即不发生稳定失效。

一般来说，强度要求是最基本的，只是在某些情况下才对构件提出刚度要求。至于稳定性问题，只有某些构件在一定受力情况下才会出现。

在选择构件的尺寸和材料时，还要考虑经济性要求，即尽量降低材料的消耗和使用成本低的材料；但为了安全，又希望构件尺寸大些，材料质量高些。这两者之间存在着一定的矛盾，材料力学正是在解决这些矛盾中产生并不断发展的。

4.1.2　材料力学的基本假设

固体在外力作用下所产生的物理现象是各种各样的，而每门学科仅从自身的特定目的出发去研究某一方面的问题。为了研究方便，经常需要舍弃那些与所研究的问题无关或关系不大的特征，而只保留主要特征，进而将研究对象抽象成一种理想的模型。例如在刚体静力学和动力学中，为了从宏观上研究物体的平衡和机械运动的规律，可将物体看作刚体。材料力学所研究的是构件的强度、刚度和稳定性问题，这就必须考虑物体的变形，即使变形很小，也不能把物体看作刚体。研究变形固体的力学称为固体力学或变形体力学。材料力学是固体力学的一个分支。

变形固体的组织构造和物理性质是十分复杂的，为了抽象成理想的模型，通常对变形固体做出下列基本假设。

1. 连续性假设

假设物体内部充满了物质，没有任何空隙。而实际的物体内当然存在着空隙，而且随着外力或其他外部条件的变化，这些空隙的大小会发生变化。但从宏观方面研究，只要这些空隙的大小比物体的尺寸小得多，就可以不考虑空隙的存在，而认为物体是连续的。

2. 均匀性假设

假设物体内各处的力学性质是完全相同的。实际上，工程材料的力学性质都有一定程度的非均匀性。例如金属材料由晶粒组成，各晶粒的性质不尽相同，晶粒与晶粒交界处的性质与晶粒本身的性质也不同；又例如混凝土材料由水泥、沙和碎石组成，它们的性质也各不相同。但由于这些组成物质的大小和物体尺寸相比很小，而且是随机排列的，因此，从宏观上看，可以将物体的性质看作各组成部分性质的统计平均量，而认为物体的性质是均匀的。

3. 各向同性假设

假设材料在各个方向的力学性质均相同。金属材料由晶粒组成，单个晶粒的性质有方向性，但由于晶粒交错排列，根据统计观点，金属材料的力学性质可认为是各个方向相同的。例如铸钢、铸铁、铸铜等均可认为是各向同性材料。同样，玻璃、塑料、混凝土等非金属材料也可认为是各向同性材料。但是，有些材料在不同方向具有不同的力学性质，如经过碾压的钢材、纤维，整齐的木材以及冷扭的钢丝等，这些材料是各向异性材料。材料力学主要研究各向同性材料。

变形固体受外力作用后将产生变形，如果变形的大小较之物体原始尺寸小得多，这种变形称为小变形。

材料力学所研究的构件，受力后所产生的变形大多是小变形。在小变形情况下，研究构件的平衡及内部受力等问题时，均可忽略这种小变形，而按构件的原始尺寸进行计算。

4.2 截面法、轴力与轴力图

4.2.1 内力的概念

物体因受外力作用产生变形，其内部各部分之间因相对位置改变而引起的相互作用就是**内力**。即使不受外力作用，物体的各质点之间依然存在着相互作用力。材料力学中的内力，是指在外力的作用下，上述相互作用力的变化量，所以是物体内部各部分之间因外力而引起的附加相互作用力，这样内力随着外力的变化而变化。外力增大，内力随之增大，外力增大到某一限度就会引起构件破坏，因而内力与构件的强度密切相关。

内力的分析与计算是材料力学解决构件的强度、刚度和稳定性问题的基础。

4.2.2 截面法、轴力与轴力图

在研究杆件的应力、变形时，必须首先知道杆件的内力。对于轴向拉压杆件而言，其横截面上只有与杆轴线重合的内力，此内力称为**轴力**，记为 F_N。轴力的正负号规定为：**轴力指**

向与横截面外法线方向一致者为正,反之为负,即拉为正、压为负。轴力的大小可按截面法由平衡方程求得。

截面法是将受外力作用的杆件用假想的截面切开,以显示内力的大小,并以平衡条件确定其合力的方法。它是分析杆件内力的唯一方法,可归纳为以下四个步骤。

(1) 截:假想沿欲求内力的横截面,将杆件截成左、右两个部分。

(2) 留:留下横截面左侧或右侧的构件为研究对象。

(3) 代:将弃去部分对研究对象的作用以横截面上的内力代替。

(4) 平:按平衡条件,求解内力的大小和方向。

如图 4-2(a)所示,等直杆在拉力的作用下处于平衡,欲求某横截面 $m—m$ 上的内力,按截面法,先假想将杆沿 $m—m$ 横截面截开,留下任一部分作为脱离体进行分析,并将去掉部分对留下部分的作用以分布在横截面 $m—m$ 上各点的内力来代替,如图 4-2(b)、(c)所示。对于留下部分而言,横截面 $m—m$ 上的内力就成为外力。由于整个杆件处于平衡状态,杆件的任一部分均应保持平衡。于是,杆件横截面 $m—m$ 上内力系的合力(轴力)$\boldsymbol{F}_N$ 与其左端外力 $\boldsymbol{F}$ 形成共线力系,由平衡条件

$$\sum F_x = 0$$

得

$$F_N = F$$

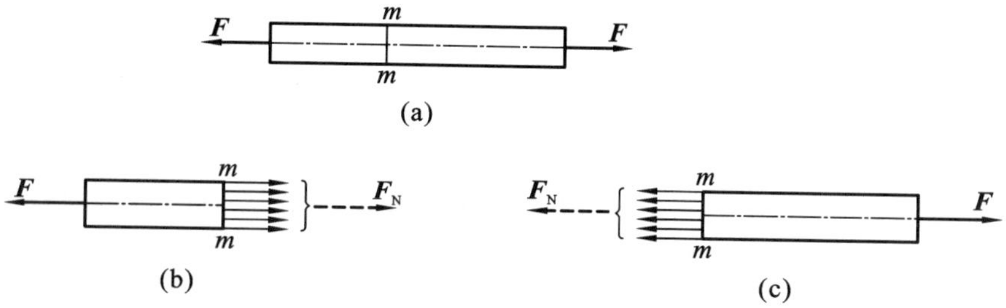

图 4-2　截面法求轴力

当杆受到多个轴向外力作用时,在杆不同位置的横截面上,轴力往往不同。为了形象而清晰地表示横截面上的轴力沿轴线变化的情况,可用平行于轴线的坐标表示横截面的位置,该轴线称为基线。用垂直于轴线的坐标表示横截面上轴力的数值,正的轴力(拉力)画在基线的上侧,负的轴力(压力)画在基线的下侧。这样绘出的轴力沿杆件轴线变化的图线,称为轴力图。

例 4-1　直杆受力如图 4-3(a)所示。已知 $F_1=16$ kN,$F_2=10$ kN,$F_3=20$ kN,试用截面法求出各段轴力,并画出直杆 AD 的轴力图。

解　(1) 计算 D 端支座反力,由整体受力图建立平衡方程:

$$\sum F_x = 0, \quad F_D + F_1 - F_2 - F_3 = 0$$

于是有

$$F_D = F_2 + F_3 - F_1 = (10+20-16)\ \text{kN} = 14\ \text{kN}$$

(2) 分段计算轴力。

由于 B 和 C 处作用有外力,因此将杆分为三段,用截面法截取如图 4-3(b)、图 4-3(c)、图 4-3(d)所示的研究对象后,由平衡方程分别求得

$$F_{N1}=F_1=16\ \text{kN}$$
$$F_{N2}=F_1-F_2=6\ \text{kN}$$
$$F_{N3}=F_D=-14\ \text{kN}$$

式中，F_{N3}为负值，表明 3—3 横截面上轴力的实际方向与图 4-3(d)中所假设的方向相反，杆件受压缩作用。

(3) 画轴力图。根据所求得的轴力值，画出轴力图，如图 4-3(e)所示。由轴力图可以看出 $F_{Nmax}=16$ kN，发生在 AB 段内。

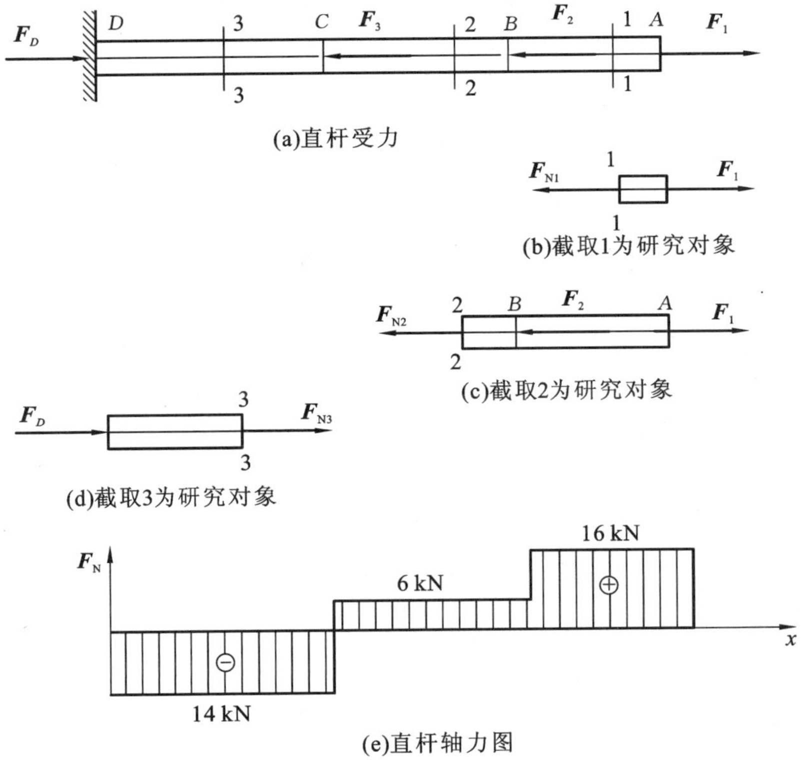

图 4-3　例 4-1 图

4.3　轴向拉伸和压缩时横截面上的应力

轴向拉伸(压缩)杆件横截面上的内力称为**轴力**。为了了解轴力在横截面上的分布情况，需要知道横截面上的应力。由于轴力垂直于横截面，因此横截面上各点处必定有正应力 $\boldsymbol{\sigma}$，且轴力只能由微内力 σdA 合成。要想计算应力的大小，首先需要确定横截面上的应力分布规律，而应力的分布和杆的变形情况有关，因此需通过实验观察找出变形的规律，即变形的几何关系；然后利用变形和力之间的物理关系得到应力分布规律；最后由静力学关系方可得到横截面上正应力的计算公式。下面从三个方面进行分析。

1. 几何关系

取一根等截面直杆，未受力之前，在杆的中部表面上画许多与杆轴线平行的纵线和与杆轴线垂直的横线；然后在杆的两端施加一对轴向拉力 $\boldsymbol{F}$，使杆产生伸长变形，如图 4-4(a)所示。由变形后的情况可见,纵线仍为平行于轴线的直线,各横线仍为直线并垂直于轴线,但产生了平行移动。横线可以看成是横截面的轴线。因此,根据横线的变形情况去推测杆内部的变形,可以做出如下假设:变形前为平面的截面,变形后仍为平面。这个假设称为平截面假设或平面假设。由平面假设可以知道,两个横截面间所有纵向"纤维"的伸长是相同的,而这些"纤维"的原长相同,于是可推知它们的线应变 ε 相同,这就是变形的几何关系。

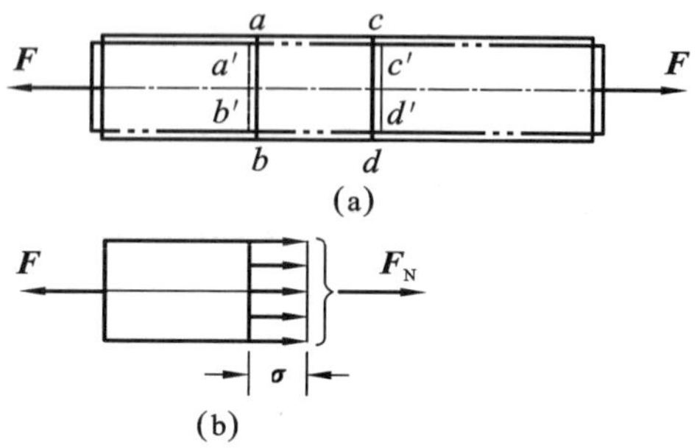

图 4-4　轴向拉伸几何关系

2. 物理关系

根据物理学知识,当变形为弹性变形时,变形和力成正比。因为各"纤维"的线应变 ε 相同,而各"纤维"的线应变只能由正应力 $\boldsymbol{\sigma}$ 引起,故可推知横截面上各点处的正应力相同,即在横截面上,各点处的正应力 $\boldsymbol{\sigma}$ 呈均匀分布状态,如图 4-4(b)所示。

3. 静力学关系

由静力学求合力的方法可得

$$F_N = \int^A \sigma \mathrm{d}A = \sigma \int^A \mathrm{d}A = \sigma A$$

由此可得,杆的横截面上任一点处正应力的计算公式为

$$\sigma = \frac{F_N}{A} \tag{4-1}$$

式中,A 为杆的横截面面积。如果杆受到轴向压力,同样可以得到式(4-1)。正应力的正负号与轴力的正负号相对应,即拉应力为正,压应力为负。由式(4-1)计算得到的正应力大小,只与横截面面积有关,与横截面的形状无关。此外,对于横截面沿杆长连续缓慢变化的变截面杆而言,其横截面上的正应力也可用式(4-1)做近似计算。

4.4　轴向拉伸和压缩时的变形

在轴向拉力作用下,将引起直杆轴向尺寸的增大和横向尺寸的缩小;在轴向压力作用下,将引起直杆轴向尺寸的缩短和横向尺寸的增大。设等直杆的原长为 l,横截面面积为 A,在轴向拉力 $\boldsymbol{F}$ 的作用下,长度由 l 变为 l_1,杆的绝对纵向变形为

$$\Delta l = l_1 - l$$

实验表明:在应力 σ 不超过某一极限应力 σ_p 时,杆的纵向变形 Δl 与轴向拉力 F 和杆长 l 成正比,而与杆的横截面面积 A 成反比,即

$$\Delta l = \frac{Fl}{EA} \tag{4-2}$$

式中，E 为材料的拉(压)弹性模量，其单位与应力单位相同，数值因材料而异(例如，钢的 E 为 200 GPa，铜的 E 为 100 GPa)，并由实验测定。该式称为胡克定律。受相同外力作用的等长杆，其伸长量 Δl 与杆的 EA 成反比，可以认为 EA 反映了杆件抵抗拉(压)变形的能力，故 EA 称为杆件的抗拉(压)刚度。同时，纵向绝对变形 Δl 与杆的原长 l 有关。为了度量杆的变形程度，消除杆长的影响，通常用单位长度内的变形量来衡量，即

$$\varepsilon=\frac{\Delta l}{l} \tag{4-3}$$

式中，ε 称为杆的纵向相对变形或纵向线应变，正值表示拉应变，负值表示压应变。

将式(4-1)、式(4-2)代入式(4-3)中，得胡克定律的另一表达式为

$$\sigma=E\varepsilon \tag{4-4}$$

上式表明：当杆的应力未超过某一限度值 σ_p 时，其应力与应变成正比。

例 4-2 一木柱受力如图 4-5 所示。柱的横截面为边长为 200 mm 的正方形，材料可认为服从胡克定律，其弹性模量 $E=10$ GPa。如果不计柱的自重，试求木柱顶端 A 横截面的位移。

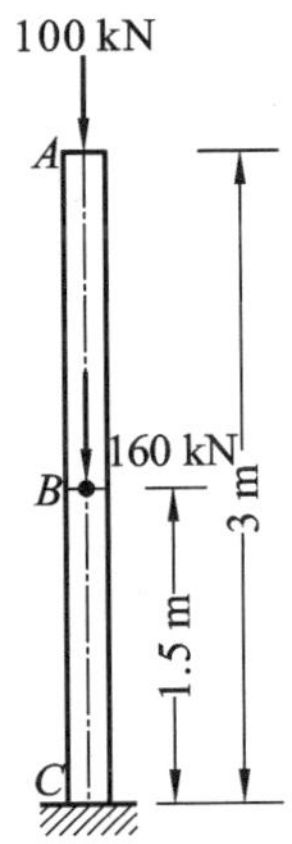

图 4-5 例 4-2 图

解 因为木柱下端固定，故顶端 A 横截面的位移就等于全杆的总变形。

由于 AB 段和 BC 段的内力不同，但每段杆内各横截面的内力相同，因此可利用式(4-2)分别计算各段杆的变形，然后求其代数和，即为杆的总变形。

AB 段：

$$F_N=100\ \text{kN}$$

$$\Delta l_{AB}=\frac{100\times10^3\times1.5}{10\times10^9\times200\times200\times10^{-6}}\ \text{m}=0.375\ \text{mm}$$

BC 段：

$$F_N=100\ \text{kN}+160\ \text{kN}=260\ \text{kN}$$

$$\Delta l_{BC}=\frac{260\times10^3\times1.5}{10\times10^9\times200\times200\times10^{-6}}\ \text{m}=0.975\ \text{mm}$$

$$\Delta l=\Delta l_{AB}+\Delta l_{BC}=0.375\ \text{mm}+0.975\ \text{mm}=1.35\ \text{mm}$$

木柱顶端 A 横截面的位移等于 1.35 mm，方向向下。

4.5 材料在拉伸和压缩时的力学性质

材料的力学性质是指材料受外力作用后，在强度和变形方面所表现出来的特性，也可称为机械性质。例如，外力和变形的关系是怎样的，材料的弹性常数 E、ν 等如何测定，材料的极限应力有多大，等等。材料的力学性质不仅与材料内部的成分和组织结构有关，还受到加载速度、温度、受力状态以及周围介质的影响。

4.5.1 低碳钢在拉伸时的力学性质

低碳钢是含碳量较低(在 0.25%以下)的普通碳素钢(如 Q235 钢)，是工程上广泛使用的材料，它在拉伸试验时的力学性质较为典型，因此将着重加以介绍。

材料的力学性质与试样的几何尺寸有关。为了便于比较试验结果，应将材料制成标准试样。

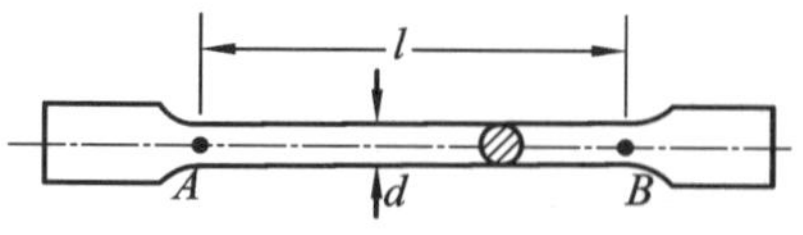

图 4-6　圆截面试样

对于金属材料而言，有两种标准试样。一种是圆截面试样，如图 4-6 所示。在试样中部 A、B 之间的长度 l 称为标距，试验时用仪表测量该段的伸长。标距 l 与标距内横截面直径 d 的关系为 $l=10d$ 或 $l=5d$。另一种为矩形截面试样，标距 l 与横截面面积 A 的关系为 $l=11.3\sqrt{A}$ 或 $l=5.65\sqrt{A}$。试验时，将低碳钢试样安装在万能试验机上，然后均匀、缓慢地加载（应力速率为 3～30 MPa/s），使试样拉伸直至断裂。万能试验机自动绘制的试样所受荷载与变形的关系曲线，即 F-Δl 曲线，称为拉伸图，如图 4-7 所示。为了消除试样尺寸的影响，将拉力 F 除以试样的原横截面面积 A，伸长变形 Δl 除以原标距 l，得到材料的应力-应变图，即 σ-ε 图，如图 4-8 所示。万能试验机可自动记录并打印出应力-应变图。这一图形与拉伸图相似。由拉伸图和应力-应变图以及试样的变形现象，可确定低碳钢的下列力学特性。

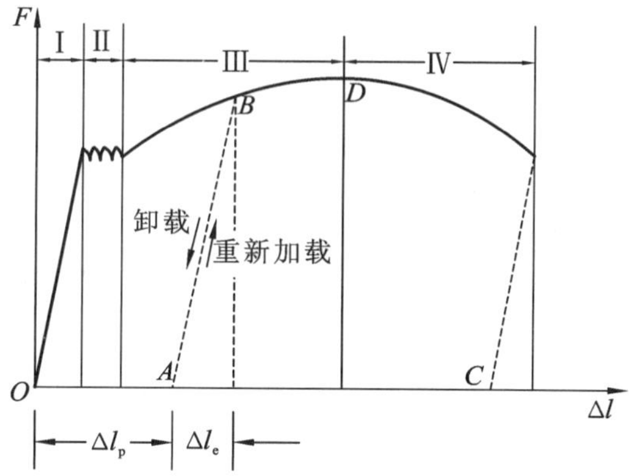

图 4-7　低碳钢的拉伸图

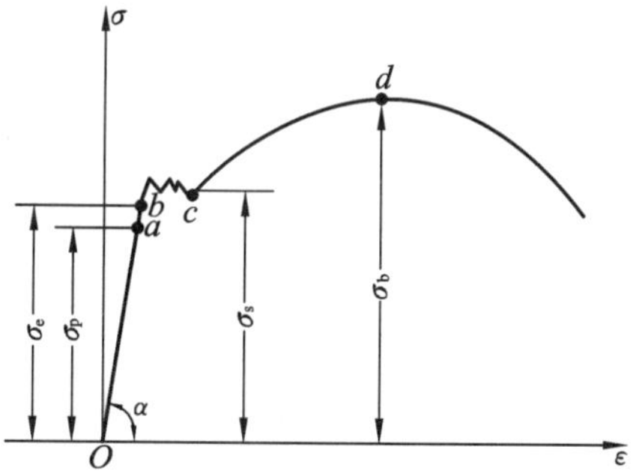

图 4-8　低碳钢的 σ-ε 图

1. 拉伸过程

整个拉伸过程大致可分为四个阶段。

（1）弹性阶段。

当试样中的应力不超过图 4-8 中 b 点的应力时，试样的变形是弹性的。在这个阶段内，当卸去荷载后，变形完全消失。b 点对应的应力为弹性阶段的应力最高限，称为弹性极限，用 σ_e 表示。在弹性阶段内，oa 线为直线，这表明应力和应变（或拉力和伸长变形）为线性关系，即材料服从胡克定律。a 点的应力为线弹性阶段的应力最高限，称为比例极限，用 σ_p 表示。既然材料在 oa 范围内服从胡克定律，那么就可以利用式（4-4）在这段范围内确定材料的弹性模量 E。

试验结果表明，材料的弹性极限和比例极限在数值上非常接近，故工程上对它们往往不加区分。

（2）屈服阶段。

此阶段也称为流动阶段。当增加荷载使应力超过弹性极限后，变形增加较快，而应力不增加或产生波动，在 σ-ε 曲线上或 F-Δl 曲线上呈锯齿形线段，这种现象称为材料的屈服或流动。在屈服阶段内，若卸去荷载，则变形不能完全消失。这种不能完全消失的变形即为塑性变形或残余变形。材料具有塑性变形的性质称为塑性。试验表明，低碳钢在屈服阶段内所产生的应变约为弹性极限时应变的 15～20 倍。当材料屈服时，在抛光的试样表面能观察到两组与试样轴线成 45°的正交细条纹，这些条纹称为滑移线。这种现象之所以产生，是因为拉伸试样中，与杆轴线成 45°的斜面上，存在着数值最大的切应力。当拉力增加到一定数值后，最大切应力超过了某一临界值，造成材料内部晶格在 45°斜面上产生相互间的滑移。由于滑移，材料暂时失去了继续承受外力的能力，因此在变形增加的同时，应力不会增大甚至减小。由试验得知，屈服阶段内最高点（上屈服点）的应力很不稳定，而最低点 c（下屈服点）所对应的应力较为稳定。因此，通常取最低点所对应的应力为材料屈服时的应力，称为屈服极限（屈服点）或流动极限，用 σ_s 表示。

（3）强化阶段。

试样屈服以后，内部组织结构发生了调整，重新获得了进一步承受外力的能力，因此要使试样继续增大变形，必须增加外力，这种现象称为材料的强化。在强化阶段中，试样主要产生塑性变形，而且随着外力的增加，塑性变形量显著地增加。这一阶段的最高点 d 所对应的应力称为强度极限，用 σ_b 表示。

（4）破坏阶段。

d 点以后，试样在某一薄弱区域内的伸长急剧增加，试样横截面在这薄弱区域内显著缩小，形成了“颈缩”现象，如图 4-9 所示。由于试样“颈缩”，使试样继续变形所需的拉力迅速减小，因此，F-Δl 曲线和 σ-ε 曲线出现下降现象。最后，试样在最小截面处被拉断。

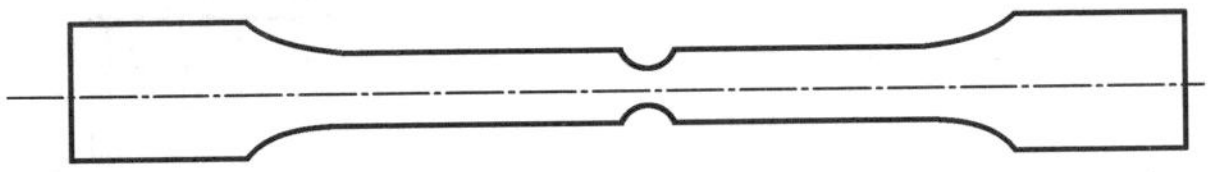

图 4-9 试样颈缩

材料的比例极限 σ_p（或弹性极限 σ_e）、屈服极限 σ_s 及强度极限 σ_b 都是特性点应力，它们在材料力学的概念和计算中有重要意义。

2. 材料的塑性指标

试样断裂之后，弹性变形消失，塑性变形则留存在试样中不会消失。试样的标距由原来的 l 伸长为 l_1，断口处的横截面面积由原来的 A 缩小为 A_1。工程中常用试样拉断后保留的塑性变形大小作为衡量材料塑性的指标。常用的塑性指标有两种，即

延伸率（断后伸长率）：

$$\delta=\frac{l-l_1}{l}\times 100\%$$

断面收缩率：

$$\psi=\frac{A-A_1}{A}\times 100\%$$

工程中一般将 $\delta \geqslant 5\%$ 的材料称为塑性材料，将 $\delta < 5\%$ 的材料称为脆性材料。低碳钢的延伸率在 25%左右，故低碳钢为塑性材料。

3. 应变硬化现象

在材料的强化阶段中，如果卸去荷载，则卸载时拉力和变形之间仍为线性关系，如图 4-7 中的虚线 BA。由图可见，试样在强化阶段的变形包括弹性变形和塑性变形。如果卸载后重新加载，则拉力和变形之间大致仍按 AB 直线变化，直到 B 点后再按原曲线 BD 变化。将 OBD 曲线和 ABD 曲线比较后看出：①卸载后重新加载时，材料的比例极限提高了（由原来的 σ_p 提高到 B 点所对应的应力），而且不再有屈服现象；②拉断后的塑性变形减少了（即拉

断后的残余伸长由原来的 OC 减小为 AC)。这一现象称为应变硬化现象,工程上称为冷作硬化现象。

材料经过冷作硬化处理后,其比例极限提高,表明材料的强度可以提高,这是有利的一面。例如:钢筋混凝土梁中所用的钢筋,常预先经过冷拉处理;起重机用的钢索也常预先进行冷拉。但另一方面,材料经冷作硬化处理后塑性降低,这在许多情况下又是不利的。例如:机器上的零件经冷加工后易变硬、变脆,使用中容易断裂;在冲孔等工艺中,零件的孔口附近材料变脆,使用时孔口附近也容易开裂,因此需对这些零件进行"退火"处理,以消除冷作硬化的影响。

4.5.2 材料在压缩试验时的力学性质

1. 低碳钢的压缩试验

低碳钢压缩试验采用短圆柱体试样,试样高度和直径的关系为 $l=(1.5\sim3.0)d$。试验得到低碳钢压缩时的应力-应变曲线如图 4-10(a)所示,试验结果表明:

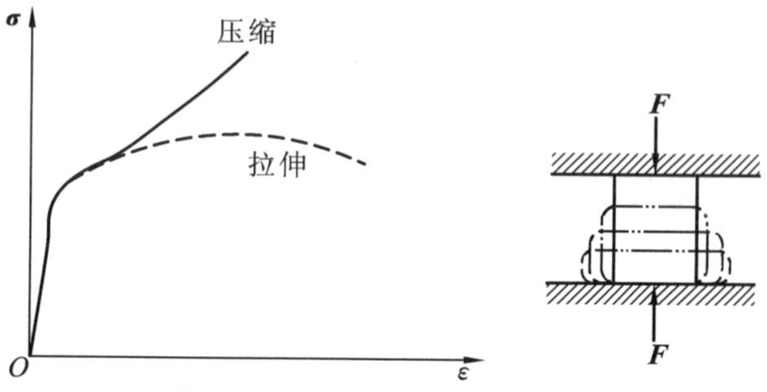

(a) (b)

图 4-10 低碳钢的压缩特性

(1) 低碳钢压缩时的比例极限 σ_p、屈服极限 σ_s 及弹性模量 E 都与拉伸时基本相同;

(2) 应力超过屈服极限后,压缩试样产生很大的塑性变形,越压越扁,横截面面积不断增大,如图 4-10(b)所示。虽然名义应力不断增加,但实际应力并不增加,故试样不会断裂,无法得到压缩的强度极限。

2. 铸铁的压缩试验

铸铁压缩试验也采用短圆柱体试样。灰口铸铁压缩时的应力-应变曲线和试样破坏情况分别如图 4-11(a)和图 4-11(b)所示。试验结果表明:

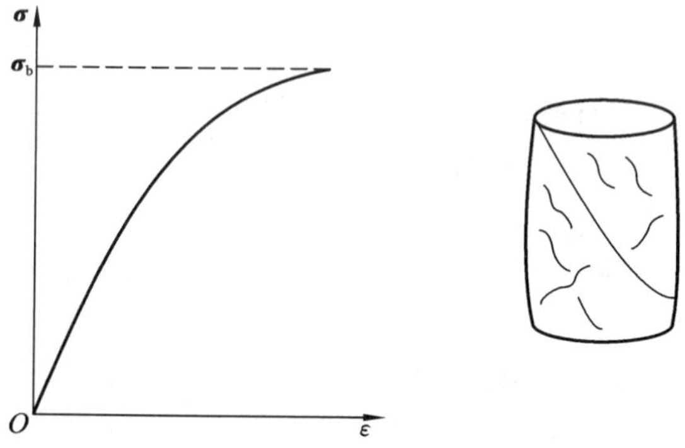

(a) (b)

图 4-11 灰口铸铁的压缩特性

(1) 和拉伸试验相似,应力-应变曲线上没有直线段,材料只近似服从胡克定律;

(2) 没有屈服阶段。

4.6 轴向拉伸和压缩的强度计算

4.6.1 安全系数和许用应力

由材料的拉(压)试验可知,应力达到强度极限 σ_b 时,构件会发生断裂;当应力达到屈服极限 σ_s 时,构件将产生显著的塑性变形。一般不允许构件工作时发生断裂或产生显著的塑性变形。σ_b 和 σ_s 统称为材料的极限应力。对于脆性材料来说,σ_b 是唯一的强度指标,故以 σ_b 为极限应力;对于塑性材料来说,由于应力达到 σ_s 时,会产生显著的塑性变形,所以常以 σ_s 为极限应力。考虑到构件所受的载荷常估计不准确,构件的材料也不像假设的那样绝对均匀等,都会使构件的实际工作条件比设想的要偏于不安全。因此,为保证构件安全工作,要求构件有一定的强度储备,使构件的最大工作应力 σ_{max} 不允许超过比极限应力小的某一应力值,这一应力值称为许用应力,用$[\sigma]$表示。

对于塑性材料,有

$$[\sigma]=\frac{\sigma_s}{n_s}$$

对于脆性材料,有

$$[\sigma]=\frac{\sigma_b}{n_b}$$

式中,n 是一个大于 1 的系数,称为安全系数。在一般的强度设计中,塑性材料的安全系数 $n_s=1.5\sim2.0$,脆性材料的安全系数 $n_b=2.5\sim3.0$,有时甚至更大。

4.6.2 强度条件及应用

为保证构件不至于因强度不够而破坏,构件内的最大工作应力不得超过许用应力$[\sigma]$,于是得构件轴向拉(压)时的强度条件为

$$\sigma=\frac{F_N}{A}\leqslant[\sigma] \tag{4-5}$$

根据以上强度条件,可进行强度校核、横截面设计和确定许可载荷等强度计算。

例 4-3 桁架受载情况如图 4-12(a)所示,已知两杆的横截面面积均为 $A=100\ mm^2$,许用拉应力$[\sigma_t]=200$ MPa,许用压应力$[\sigma_c]=150$ MPa。试求载荷的最大许用值。

解 (1) 求 1、2 杆的轴力。

以节点 B 为研究对象,受力图和坐标系如图 4-12(b)所示。建立平衡方程:

由 $\sum F_x=0$ 得

$$-F_{N2}-F_{N1}\cos45^\circ=0$$

由 $\sum F_y=0$ 得

$$F_{N1}\sin45^\circ-F=0$$

解得

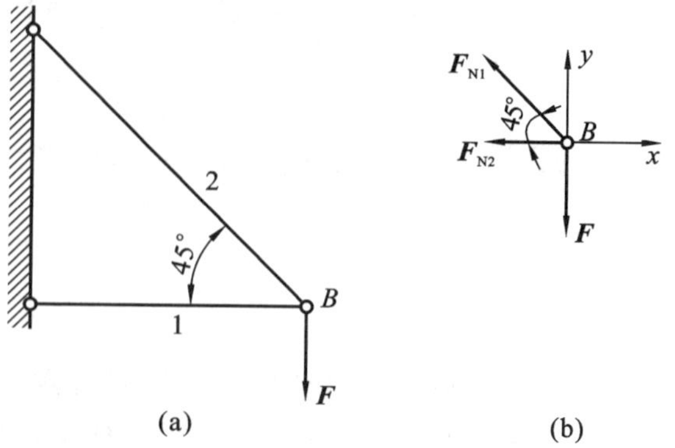

图 4-12　例 4-3 图

$$F_{N1}=\sqrt{2}F(\text{拉}),\quad F_{N2}=-F(\text{压})$$

(2) 确定载荷的最大许用值。

1 杆强度条件：

$$F_{N1}=\sqrt{2}F\leqslant A[\sigma_t]$$

所以

$$F\leqslant\frac{A[\sigma_t]}{\sqrt{2}}=\frac{100\times10^{-6}\times200\times10^{6}}{\sqrt{2}}\ \text{N}=14.14\ \text{kN}$$

2 杆强度条件：

$$F_{N2}=F\leqslant A[\sigma_c]$$

所以

$$F\leqslant A[\sigma_c]=100\times10^{-6}\times150\times10^{6}\ \text{N}=15.0\ \text{kN}$$

例 4-4　阶梯形钢杆受载情况如图 4-13(a)所示。设 AC 段横截面面积为 $A_{AC}=500$ mm²，CD 段横截面面积为 $A_{CD}=200$ mm²。已知 $F_1=30$ kN，$F_2=10$ kN，钢杆的弹性模量 $E=200$ GPa。试求杆的总长度改变量。

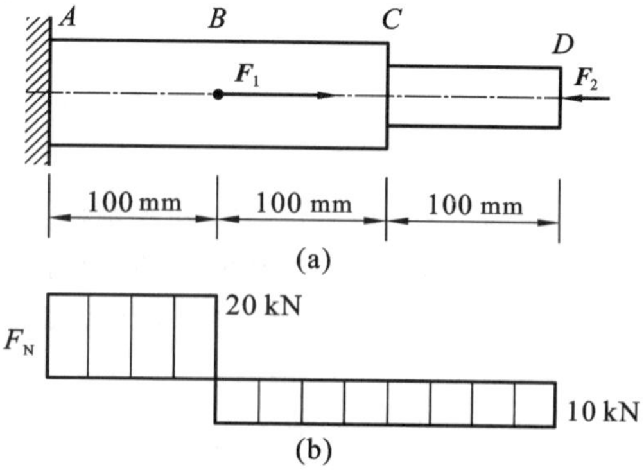

图 4-13　例 4-4 图

解　(1) 计算内力。

运用截面法，分段求出内力。由静力平衡条件求得 AB 段内任一横截面上的轴力为

$$F_{N1}=20\ \text{kN}(\text{拉力})$$

同理，可求出 BD 段内任一横截面上的轴力为

$$F_{N2}=-10\ \text{kN}(压力)$$

注意到，虽然 BC 段和 CD 段横截面面积不相等，但它们的内力相等。

(2) 分段计算杆的变形。

$$\Delta l_{AB}=\frac{F_{N1}l}{EA_{AB}}=0.02\ \text{mm}$$

$$\Delta l_{BC}=\frac{F_{N2}l}{EA_{BC}}=-0.01\ \text{mm}$$

$$\Delta l_{CD}=\frac{F_{N2}l}{EA_{CD}}=-0.025\ \text{mm}$$

(3) 计算杆的总变形量。

全杆总长度改变量 Δl_{AD} 应该等于各段杆长度改变的代数和，即

$$\Delta l=-0.015\ \text{mm}$$

因为计算结果为负值，所以整个杆缩短了。

【工程应用】

拉伸和压缩是在生产实践中经常遇到的受力情况。例如，液压机构中的活塞杆在油压和工作阻力下受到拉力和压力的作用(见图 4-14)，内燃机的连杆在工作中周期性地受到拉力和压力的作用(见图 4-15)。

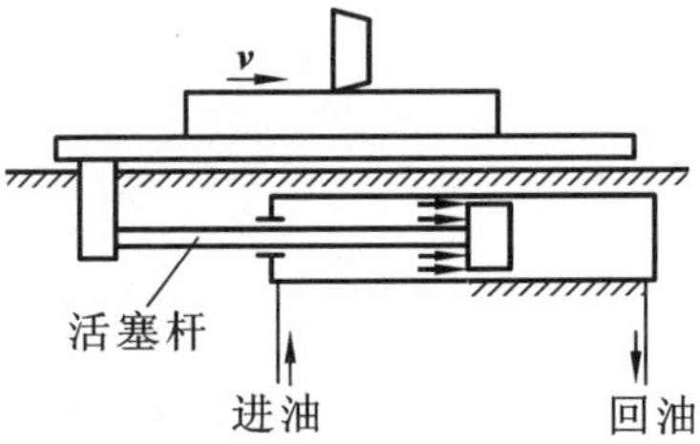

图 4-14 拉伸和压缩工程应用(一)

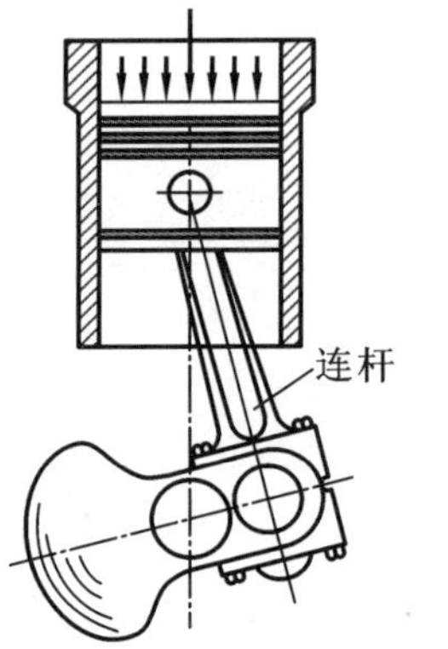

图 4-15 拉伸和压缩工程应用(二)

【课后讨论】

从节省材料成本的角度考虑，图 4-16 中杆 1 和杆 2 哪根材料用灰铸铁，哪根材料用 Q235 钢好一些？

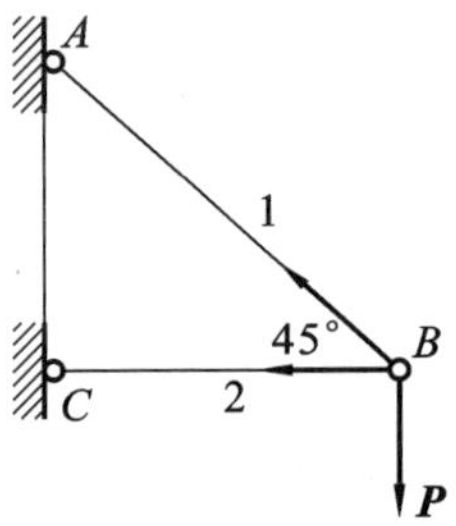

图 4-16 桁架的力学性质讨论图

第5章 剪切与挤压

知识及技能

- 理解剪切与挤压的基本概念；
- 掌握剪切与挤压的实用计算方法。

【知识引入】

使用新剪刀很容易剪开纸片，而剪刀用久了，两片剪刀片之间的间隙变大，剪纸经常出现剪不断的现象，或纸张卡在两个刃口之间形成一条折痕。这是什么原因呢？

5.1 剪切与挤压的概念

剪切变形是工程实际中常见的一种基本变形，如键连接、销钉连接及铆钉连接等，都是剪切变形的工程实例。

剪切变形的主要受力特点是构件受到与其轴线相垂直的大小相等、方向相反、作用线相距很近的一对外力的作用（见图 5-1(a)），构件的变形主要表现为沿着与外力作用线平行的剪切面（m—n 面）发生相对错动（见图 5-1(b)）。

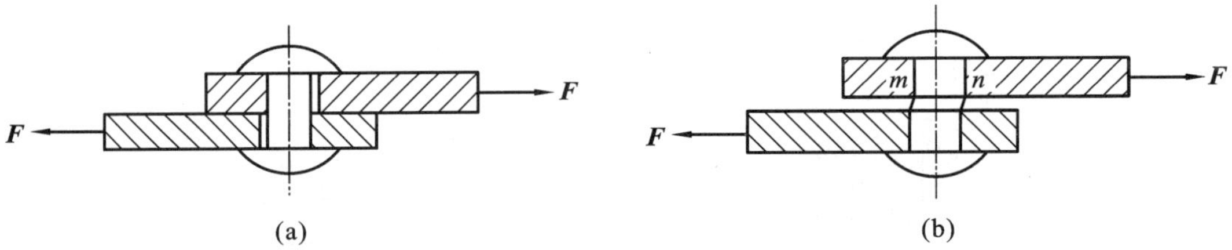

图 5-1　剪切变形特点

下面以连接结构中的铆钉受力为例来说明剪切的概念。

在图 5-1(a)中，当钢板受到载荷 **F** 拉伸时，载荷 **F** 通过两块钢板传递到铆钉上，使铆钉受到与轴线垂直、大小相等、方向相反、作用线相距很近的一对力 **F** 的作用，使铆钉沿力 **F** 方向在横截面 m—n 处发生相对错动，使铆钉产生在横截面 m—n 处被剪断的趋势，如图 5-1(b)所示。铆钉的 $abcd$ 部分发生了变形，变为歪斜的形状 $a'b'c'd'$，如图 5-2 所示。铆钉的这种变形形式就是剪切。

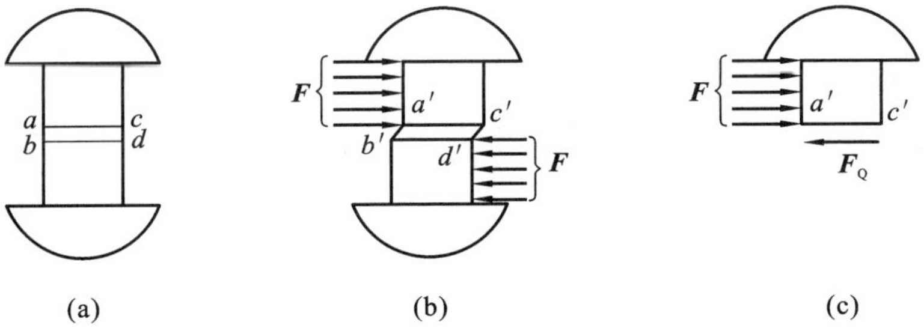

图 5-2　铆钉的变形及受力分析

工程中常用的销钉、键、榫等都是主要承受剪切的构件，如钢材冲孔加工，用剪床剪钢板等都属于剪切的问题。受剪构件除了承受剪切外，往往同时受到挤压、弯曲和拉伸等作用。在图 5-2 中没有完全给出构件所受的外力和剪切面上的全部内力，而只是给出了主要的受力和内力。实际受力和变形比较复杂，因而对这类构件的工作应力进行理论上的精确分析是困难的。工程中对这类构件的强度计算，一般采用在试验和经验基础上建立起来的比较简便的计算方法，称为剪切的实用计算或工程计算。

5.2 剪切和挤压的实用计算

5.2.1 剪切强度计算

剪切试验试件的受力情况应模拟零件的实际工作情况。图 5-3(a)所示为一种剪切试验装置的简图,试件的受力情况如图 5-3(b)所示,这是模拟某种销钉连接的工作情形。当载荷 F 增大至破坏载荷 F_b 时,试件在剪切面 $m-m$ 及 $n-n$ 处被剪断。这种具有两个剪切面的情况,称为双剪切。由图 5-3(c)可求得剪切面上的剪力为 $F_Q=\frac{F}{2}$。

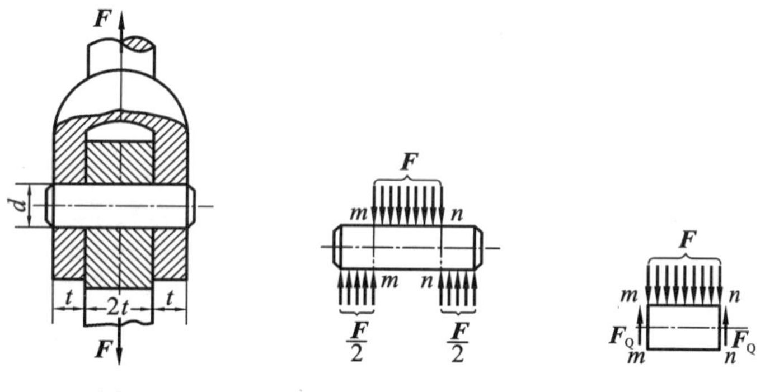

图 5-3 剪切试验及受力分析

由于受剪构件的变形及受力比较复杂,剪切面上的应力分布规律很难用理论方法确定,因而工程上一般采用实用计算方法来计算受剪构件的应力。在这种计算方法中,假设应力在剪切面内是均匀分布的。若以 A 表示销钉横截面面积,则应力为

$$\tau=\frac{F_Q}{A} \tag{5-1}$$

τ 由于与剪切面相切,因此为切应力。式(5-1)是以假设"切应力在剪切面上均匀分布"为基础的,它实际上只是剪切面内的一个"平均切应力",所以也称为**名义切应力**。

F 达到 F_b 时的切应力称为剪切极限应力,记为 τ_b。对于上述剪切试验而言,剪切极限应力为

$$\tau_b=\frac{F_b}{2A}$$

将 τ_b 除以安全系数 n,即得到**许用切应力**,为

$$[\tau]=\frac{\tau_b}{n}$$

这样,剪切计算的强度条件可表示为

$$\tau=\frac{F_Q}{A}\leqslant[\tau] \tag{5-2}$$

5.2.2 挤压强度计算

一般情况下,连接件在承受剪切作用的同时,在连接件与被连接件之间传递压力的接触

面上还发生局部受压的现象，这种现象称为**挤压**。例如，图 5-4(a)给出了销钉承受挤压力作用的情况，挤压力以 F_{bs}表示。当挤压力超过一定限度时，连接件或被连接件在挤压面附近产生明显的塑性变形，称为挤压破坏。在有些情况下，构件在剪切破坏之前可能先发生挤压破坏，所以需要建立挤压强度条件。图 5-4(a)中销钉与被连接件的实际挤压面为半个圆柱面，其上的挤压应力也不是均匀分布的，销钉与被连接件的挤压应力的分布情况在弹性范围内，如图 5-4(b)所示。

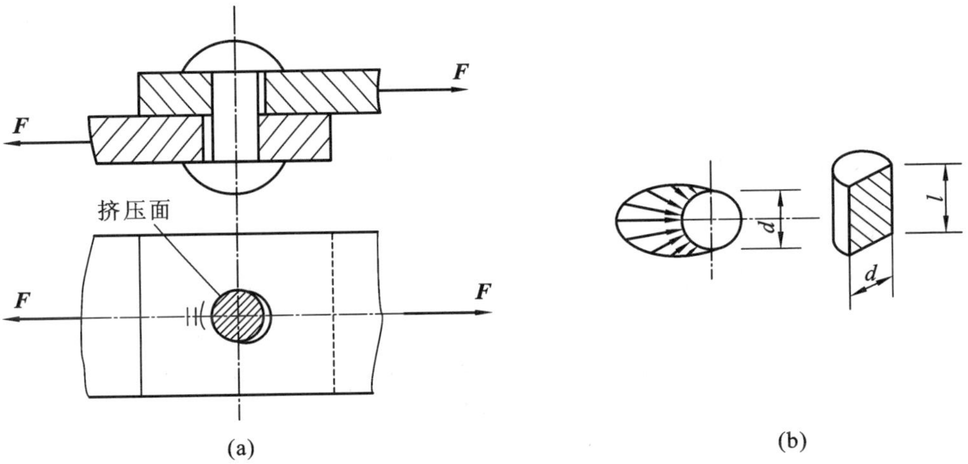

图 5-4　挤压变形

与上面抗剪强度的计算方法相似，按构件的名义挤压应力建立挤压强度条件，为

$$\sigma_{bs}=\frac{F_{bs}}{A_{bs}}\leqslant[\sigma_{bs}] \tag{5-3}$$

式中，A_{bs}为挤压面积，等于实际挤压面的投影面(直径平面)的面积，如图 5-4(b)所示；σ_{bs}为挤压应力；$[\sigma_{bs}]$为**许用挤压应力**。

由图 5-3(b)可见，在销钉中部 m—n 段，挤压力 F_{bs}等于 F，挤压面积 A_{bs}等于 $2td$；在销钉端部两段，挤压力均为$\frac{F}{2}$，挤压面积为 td。

许用应力值通常可根据材料、连接方式和载荷情况等实际工作条件在有关设计规范中查得。一般地，许用切应力$[\tau]$要比同样材料的许用拉应力$[\sigma]$小，而许用挤压应力比$[\sigma]$大。

对于塑性材料，有

$$[\tau]=(0.6\sim0.8)[\sigma]$$

$$[\sigma_{bs}]=(1.5\sim2.5)[\sigma]$$

对于脆性材料，有

$$[\tau]=(0.8\sim1.0)[\sigma]$$

$$[\sigma_{bs}]=(0.9\sim1.5)[\sigma]$$

本章所讨论的剪切与挤压的实用计算与其他章节的一般分析方法不同。由于剪切和挤压问题的复杂性，很难得出与实际情况相符的理论分析结果，所以工程中主要采用以实验为基础而建立起来的实用计算方法。

例 5-1　图 5-5 中，已知钢板厚度 $t=10$ mm，其剪切极限应力 $\tau_b=300$ MPa。若用冲床将钢板冲出直径 $d=25$ mm 的孔，问需要多大的冲剪力 F?

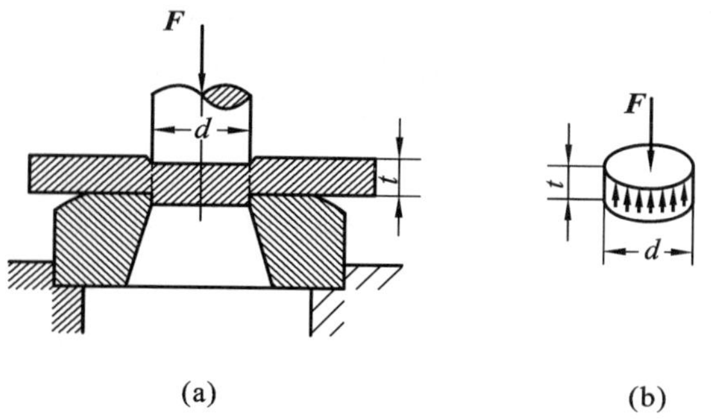

图 5-5 钢板冲压

解 剪切面就是钢板内被冲头冲出的圆柱体的侧面,如图 5-5(b)所示。其面积为

$$A=\pi dt=\pi\times25\times10\ \text{mm}^2=785\ \text{mm}^2$$

冲孔所需的冲力应为

$$F\geqslant A\tau_b=785\times10^{-6}\times300\times10^6\ \text{N}=236\ \text{kN}$$

例 5-2 图 5-6(a)表示齿轮用平键与轴连接(图中只画出了轴与键,没有画齿轮)。已知轴的直径 $d=70$ mm,键的尺寸为 $b\times h\times l=20\ \text{mm}\times12\ \text{mm}\times100\ \text{mm}$,传递的扭转力偶矩 $T=2$ kN·m,键的许用应力 $[\tau]=60$ MPa,$[\sigma_{bs}]=100$ MPa。试校核键的强度。

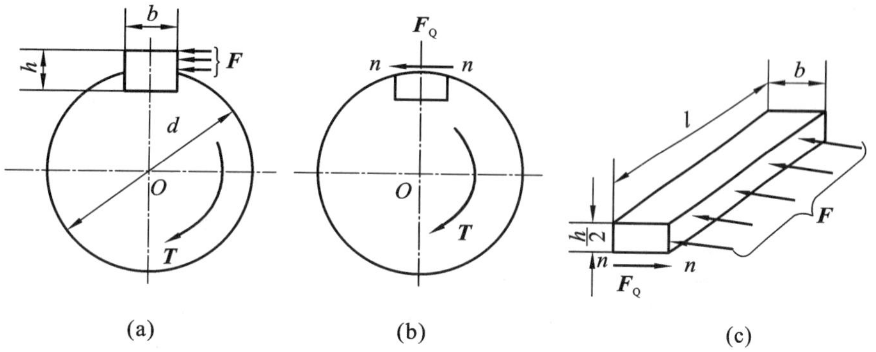

图 5-6 平键连接

解 (1) 校核键的剪切强度。

将键沿 $n—n$ 横截面假想地分成两部分,并把 $n—n$ 横截面以下部分和轴作为一个整体来考虑(见图 5-6(b))。因为假设在 $n—n$ 横截面上的切应力均匀分布,故 $n—n$ 横截面上剪力 F_Q 为

$$F_Q=A\tau=bl\tau$$

对轴心取矩,由平衡条件 $\sum M_O=0$,得

$$F_Q\frac{d}{2}=bl\tau\frac{d}{2}=T$$

故

$$\tau=\frac{2T}{bld}=\frac{2\times2\times10^3}{20\times100\times90\times10^{-9}}\ \text{Pa}=28.6\ \text{MPa}<[\tau]$$

可见,该键满足剪切强度条件。

(2) 校核键的挤压强度。

考虑键在 $n—n$ 横截面以上部分的平衡(见图 5-6(c)),在 $n—n$ 横截面上的剪力为 $F_Q=bl\tau$,右侧面上的挤压力为

$$F_{bs}=A_{bs}\sigma_{bs}=\frac{h}{2}l\sigma_{bs}$$

由水平方向的平衡条件得

$$F_Q=F_{bs}\text{或 } bl\tau=\frac{h}{2}l\sigma_{bs}$$

由此求得

$$\sigma_{bs}=\frac{2b\tau}{h}=\frac{2\times20\times28.6}{12}\ \text{MPa}=95.3\ \text{MPa}<[\sigma_{bs}]$$

故平键也满足挤压强度要求。

例 5-3 电瓶车挂钩用插销连接,如图 5-7(a)所示。已知 $t=8$ mm,插销材料的许用切应力 $[\tau]=30$ MPa,许用挤压应力 $[\sigma_{bs}]=100$ MPa,牵引力 $F=15$ kN。试选定插销的直径 d。

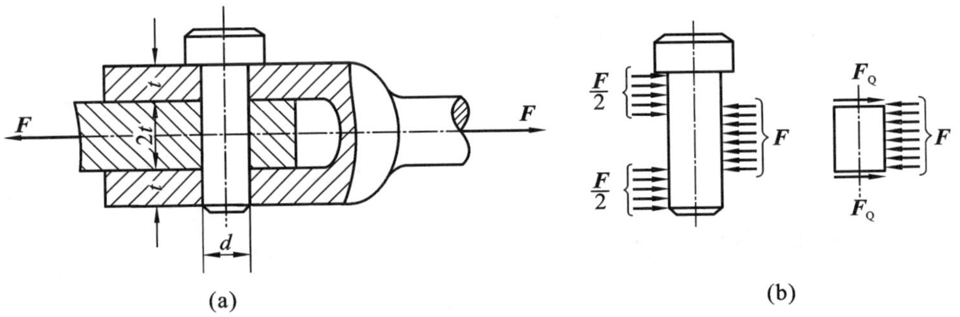

图 5-7 插销连接

解 插销的受力情况如图 5-7(b)所示,可以求得

$$F_Q=\frac{F}{2}=\frac{15}{2}\ \text{kN}=7.5\ \text{kN}$$

先按抗剪强度条件进行设计:

$$A\geqslant\frac{F_Q}{[\tau]}=\frac{7500}{30\times10^6}\ \text{m}^2=2.5\times10^{-4}\ \text{m}^2$$

即

$$\frac{\pi d^2}{4}\geqslant2.5\times10^{-4}\ \text{m}^2$$

$$d\geqslant0.0178\ \text{m}=17.8\ \text{mm}$$

再用挤压强度条件进行校核:

$$\sigma_{bs}=\frac{F_{bs}}{A_{bs}}=\frac{F}{2td}=\frac{15\times10^3}{2\times8\times17.8\times10^{-6}}\ \text{Pa}=52.7\ \text{MPa}<[\sigma_{bs}]$$

所以,满足挤压强度条件。查机械设计手册可知,应采用 $d=20$ mm 的标准圆柱销钉。

5.3 剪切胡克定律

5.3.1 切应变

为便于分析剪切变形,在构件受剪切部位取一微小正六面体研究,所取的微小正六面体称为单元体。

剪切变形时,单元体截面将产生相对错动,致使正六面体变为平行六面体,如图 5-8(a)所示。当构件发生变形后,上述正六面体除棱边的长度发生改变外,两条垂直线段 AC 和 AB 之间的夹角也将可能发生变化,不再保持为直角,这种角度的改变量 γ 称为切应变,通常用弧度(rad)度量。

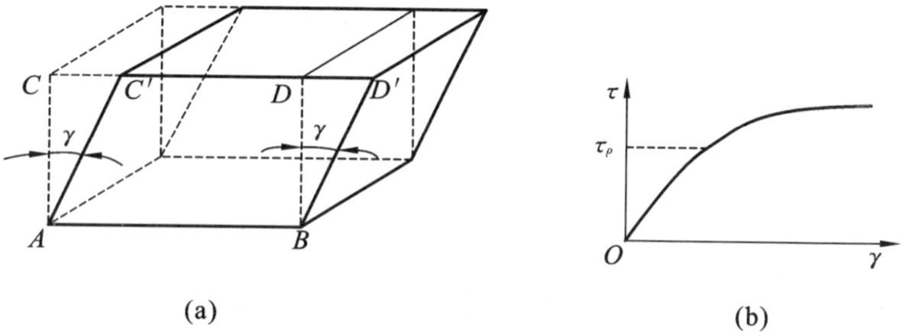

图 5-8 剪切单元体及应力与应变曲线

5.3.2 剪切胡克定律

实验表明:当切应力不超过材料的剪切比例极限 τ_p(或在材料的弹性变形范围内)时,切应力 τ 与切应变 γ 成正比,如图 5-8(b)所示,即

$$\gamma=\frac{\tau}{G}\text{或}\ \tau=G\gamma \tag{5-4}$$

式(5-4)称为**剪切胡克定律**。常数 G 为**材料的切变模量**,表征材料抵抗剪切变形的能力,是材料的刚度指标,其单位为 GPa。各种材料的 G 值由实验测定,一般钢材的 G 值为 80 GPa。

可以证明,对于各向同性的材料(如钢材)而言,材料的弹性模量 E、切变模量 G、泊松比 μ 三者之间存在以下关系:

$$G=\frac{E}{2(1+\mu)} \tag{5-5}$$

5.3.3 切应力互等定理

在单元体的左右两个侧面上只有切应力,而无正应力,这种单元体发生的变形称为纯剪切。如图 5-9 所示,在单元体相距 dx 的两个平行平面上有一对大小相等、方向相反的切应力。由单元体的静力平衡条件可知,在单元体相距 dy 的上、下两侧面上也存在大小相等、方向相反的切应力,于是可以得出

$$\tau=\tau'$$

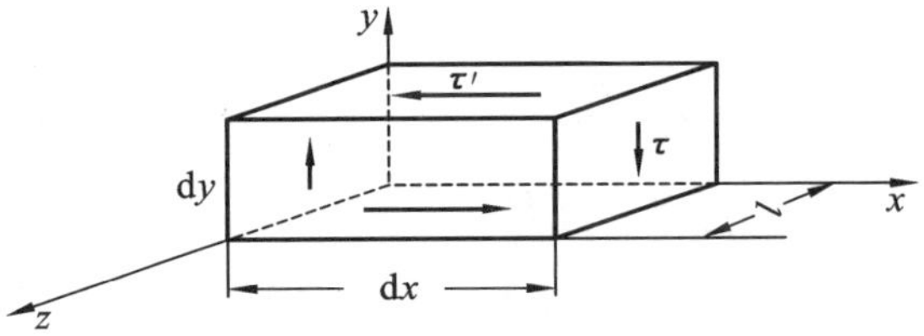

图 5-9　切应力分布

上式表明：在相互垂直的两个平面上，切应力必然成对存在，而且它们的大小相等，都垂直于两个平面的交线，方向则共同指向或共同背离这一交线。这就是切应力互等定理。

【工程应用】

普通平键用于轴毂连接，工作时同时受到挤压和剪切作用，如图 5-10 所示。木质家具或房屋桁架中随处可见用于连接的榫头（见图 5-11），这些榫头也同时受剪切和挤压的作用。

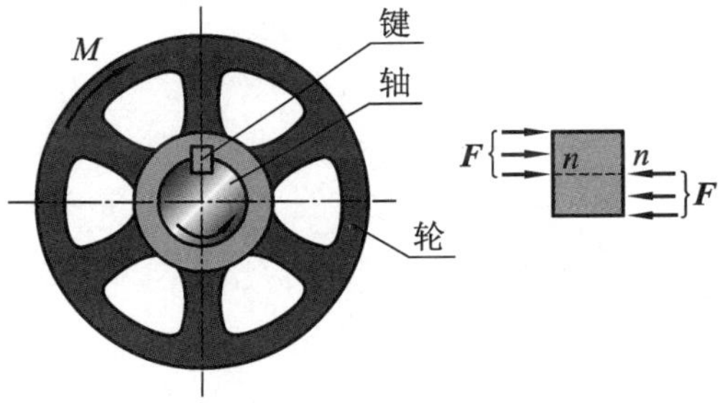

图 5-10　平键连接

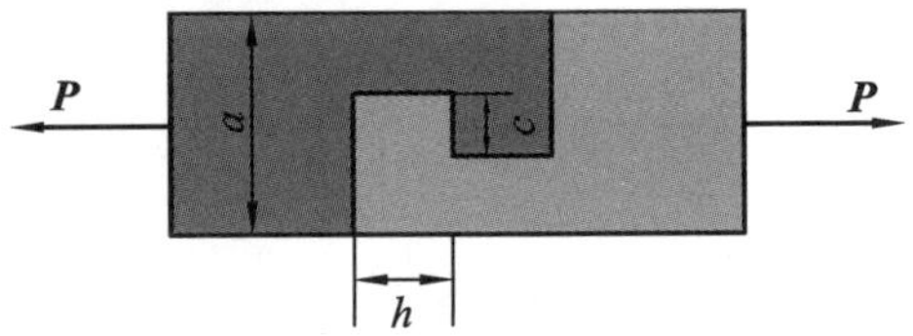

图 5-11　木质榫头连接

【课后讨论】

分析图 5-12 中普通螺栓和铰制孔螺栓的受力情况和可能出现的失效形式。

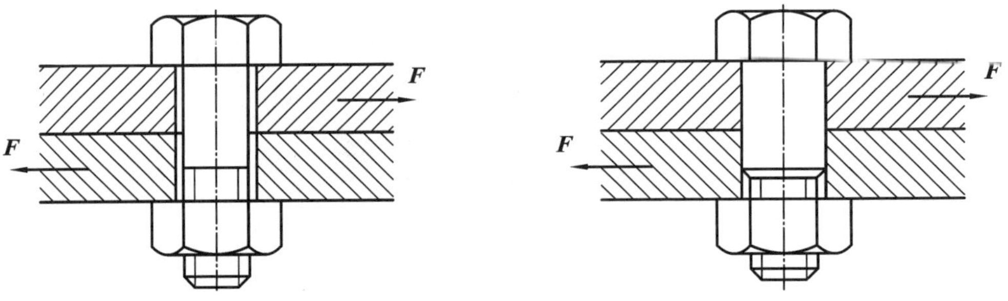

(a) 普通螺栓　　(b) 铰制孔螺栓

图 5-12　螺栓连接

第6章
圆轴扭转

6

知识及技能

- 理解圆轴扭转的概念；
- 掌握扭矩的计算方法和扭矩图的绘制方法；
- 掌握圆轴扭转时，横截面上的应力、强度、变形、刚度的计算方法。

【知识引入】

风能是一种清洁的可再生能源，无论是国外还是国内都很重视风力发电。风力发电是利用风力带动风车叶片旋转，再透过增速机将旋转的速度提升，来促使发电机发电的，如图6-1所示。那么风车叶片旋转时，发电机转轴主要承受的是什么载荷呢？

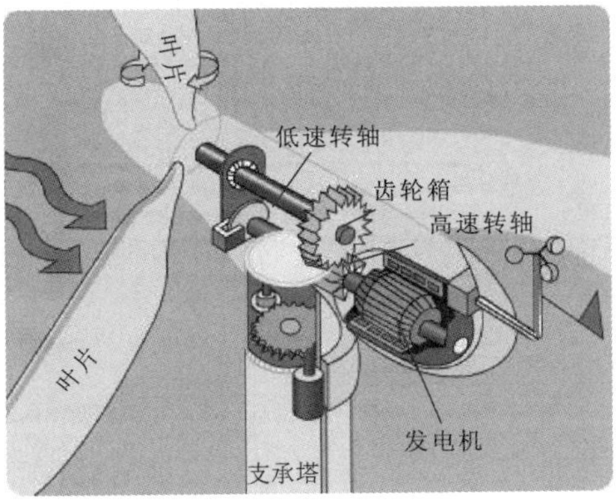

图6-1　风车及内部结构示意图

6.1　圆轴扭转的概念

在日常生活及工程实际中，许多杆件承受扭转变形。如图6-2所示，驾驶员在驾驶汽车的过程中，双手会在方向盘平面内施加一个力偶，对于垂直于方向盘的转向轴来说，其上端就受到该力偶的作用，其下端则受到转向器负载的反力偶作用，使得方向盘转向轴产生扭转变形。图6-3所示电动机带动传动轴转动，该传动轴产生的变形也是扭转变形。

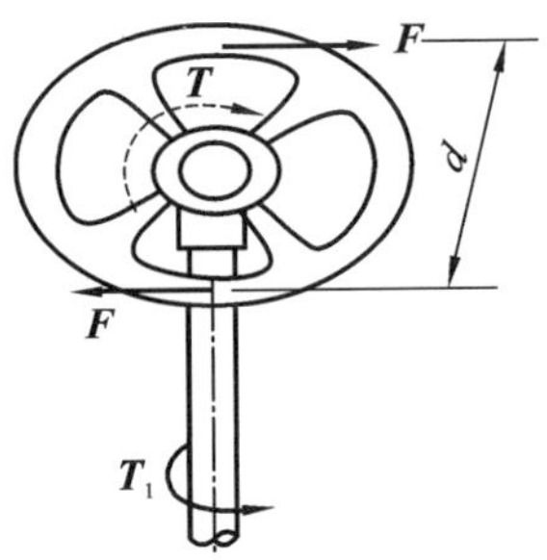

图6-2　扭转变形实例（一）

图6-3　扭转变形实例（二）

由这两个实例可以看出，杆件产生扭转变形时的受力特点是：杆件两端分别受到两个在垂直于轴线的平面内的力偶作用，二者大小相等、转向相反。变形特点是：反向力偶间各横截面绕轴线发生相对转动，杆轴线始终保持直线。

6.2 扭矩与扭矩图

6.2.1 外力偶矩的计算

在工程中往往给出传动轴的转速 n 及功率 P，作用于轴上的外力偶矩并不直接给出。但是，功率、转速和外力偶矩之间有一定的关系，利用它们之间的关系，可以求出作用在轴上的外力偶矩。外力偶矩的计算公式为

$$M=9550\frac{P}{n} \tag{6-1}$$

式中：M——作用在轴上的外力偶矩，N·m；

P——轴传递的功率，kW；

n——轴的转速，r/min。

外力偶矩方向的确定：输入功率的带轮或齿轮上作用的外力偶矩为主动力偶矩，其方向与轴的转向一致；输出功率的带轮或齿轮上作用的外力偶矩为阻力偶矩，其方向与轴的转向相反。

6.2.2 扭矩与扭矩图

图 6-4(a)所示的轴 A、B 两端作用有一对平衡外力偶。以一个假想的截面在轴的任意处 n—n 垂直地将轴截开，取左段为研究对象，如图 6-4(b)所示。由于 A 端作用一个力偶 $\boldsymbol{M}_A$，为了保持平衡，在截面的平面内，必然存在一个内力偶矩 $\boldsymbol{T}$ 与它平衡。由平衡方程 $\sum M=0$，即可求得这个内力偶矩的大小，即

$$T=M_A \tag{6-2}$$

由此可见，杆扭转时，其横截面上的内力，是一个在截面平面内的力偶，其力偶矩 $\boldsymbol{T}$ 称为**扭矩**。

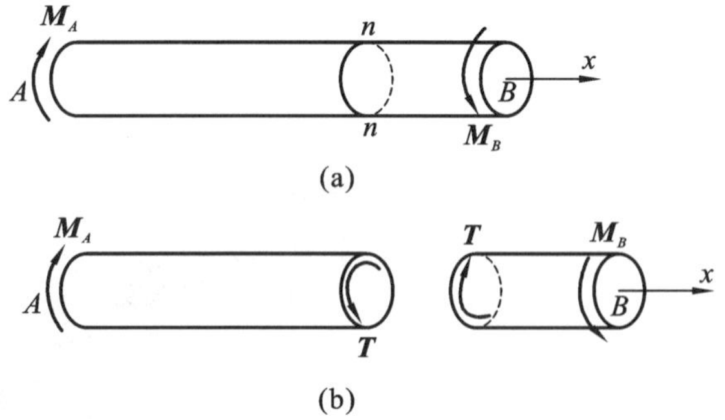

图 6-4 扭转轴

取横截面左边部分为研究对象与取横截面右边部分为研究对象所求得的扭矩，数值相等而转向相反。为了使两段轴上求得的同一横截面上的扭矩的数值和符号相同，对扭矩的正负号规定如下：按右手螺旋定则将扭矩用矢量表示，若矢量的方向与横截面外法线方向一致，则扭矩为正；反之，扭矩为负，如图 6-5 所示。

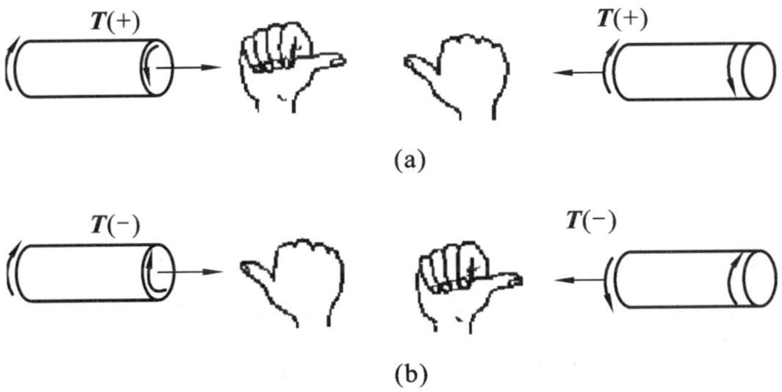

图 6-5 右手螺旋定则

为了清楚地表示出各横截面上的扭矩随横截面位置的变化规律，确定最大扭矩的所在位置，以便找出危险横截面，以纵坐标 T 轴表示扭矩大小，以横坐标 x 轴表示横截面的位置，建立 T-x 坐标系，绘制的图形称为扭矩图。

例 6-1 图 6-6(a)所示为一装岩机的后车轴，已知其功率 $P=10.5$ kW，额定转速 $n=680$ r/min，机体上的载荷通过轴承传到车轴上，轴承与车轴间的摩擦可略去不计。试画出车轴的扭矩图。

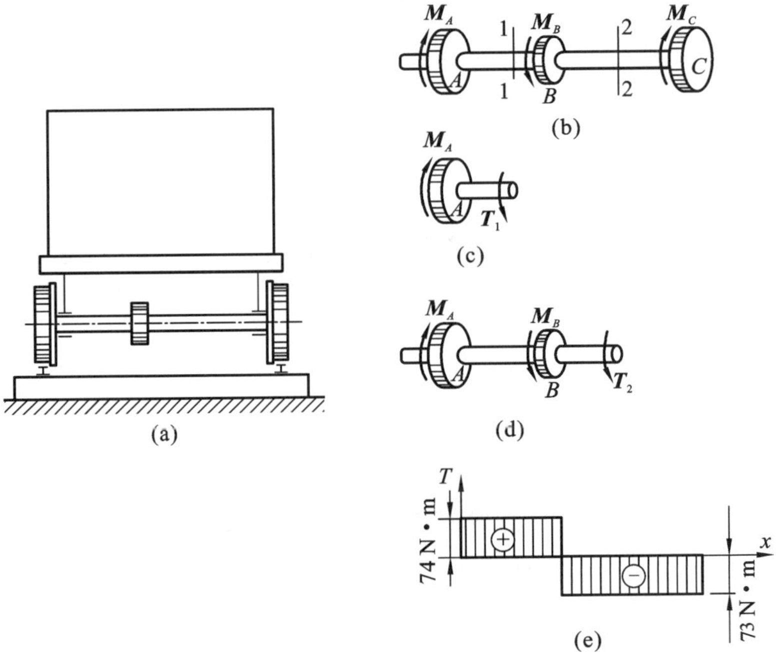

图 6-6 计算车轴扭矩

解 (1) 计算外力偶矩。

取车轴为研究对象，其受力情况如图 6-6(b)所示。齿轮 B 所输入的功率分别传递到 A、C 两车轮上，每个车轮所消耗的功率皆为

$$P_{轮}=\frac{P}{2}=\frac{10.5}{2}\ \text{kW}=5.25\ \text{kW}$$

由式(6-1)可知，齿轮所受的外力偶矩为

$$M_B=9550\ \frac{P}{n}=(9550\times\frac{10.5}{680})\ \text{N}\cdot\text{m}=147\ \text{N}\cdot\text{m}$$

两车轮所受的外力偶矩为

$$M_A=M_C=9550\ \frac{P_{轮}}{n}=(9550\times\frac{5.25}{680})\ \text{N}\cdot\text{m}=74\ \text{N}\cdot\text{m}$$

(2) 计算扭矩。

求 AB 段的扭矩时,可在 AB 段内用横截面 1—1 将轴截开,以 $\boldsymbol{T}_1$ 表示横截面上的扭矩,设其转向为正,取左段为研究对象(见图 6-6(c)),由平衡方程

$$\sum M=0,\quad T_1-M_A=0$$

可得

$$T_1=M_A=74\ \text{N}\cdot\text{m}$$

同理,在 BC 段内用横截面 2—2 将轴截开,以 $\boldsymbol{T}_2$ 表示横截面上的扭矩,仍然取左段为研究对象(见图 6-6(d)),由平衡方程

$$\sum M=0,\quad T_2+M_B-M_A=0$$

可得

$$T_2=M_A-M_B=(74-147)\ \text{N}\cdot\text{m}=-73\ \text{N}\cdot\text{m}$$

T_2 为负值,说明它的转向与原假设方向相反。按扭矩的正负号规定可知,此段轴各横截面上的扭矩应为负值。

(3) 画扭矩图。

作平行于轴线的横坐标轴,表示横截面的位置,并用纵坐标表示扭矩,根据求得的数值和扭矩的正负号,即可画出车轴的扭矩图,如图 6-6(e)所示。

6.3 圆轴扭转时的应力与强度计算

6.3.1 圆轴扭转横截面的应力

图 6-7(a)所示为易变形的等截面橡皮棒,在其表面画一组平行于轴线的纵向线和代表横截面的圆周线,使表面形成一系列矩形网格。圆轴受到扭转后可以看到下述现象:圆周线的形状和大小不变,只是绕轴线相对转动,它们之间的距离不变;各纵向线都倾斜了相同的角度,表面上的矩形也变成了平行四边形,如图 6-7(b)所示。

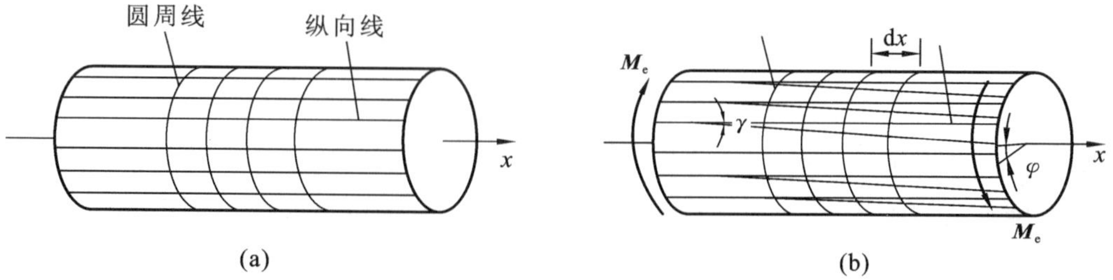

图 6-7 圆轴扭转实验

由前述扭转变形的特点,可得到如下结论。

（1）圆轴扭转时，横截面无正应力。因为圆轴扭转变形时，相邻横截面间的间距、横截面的形状和大小均未发生改变，也就没有发生线应变，因此没有正应力。

（2）圆轴扭转时，存在切应力。因为圆轴扭转变形时，各纵向线同时倾斜了相同的角度，各横截面绕轴线产生了相对转动，即相邻横截面上各点都发生了相对错动，出现了剪切变形，因此，各横截面上各点都存在切应力。切应力方向与半径方向垂直。

综上所述，圆轴扭转时，横截面上只有垂直于半径方向的切应力。

为了分析切应力在横截面上的分布规律，在圆轴上取长为 dx 的微段，如图 6-8 所示。横截面 $m—m$ 转过了一个角度 $d\varphi$，根据剪切胡克定律，有

$$\tau_\rho = G\gamma_\rho = G\rho\frac{d\varphi}{dx} \tag{6-3}$$

由式(6-3)可知，横截面上的任一点切应力 τ_ρ 与该点到轴线的距离 ρ 成正比，其方向垂直于半径方向。实心圆轴与空心圆轴横截面切应力分布如图 6-9 所示。

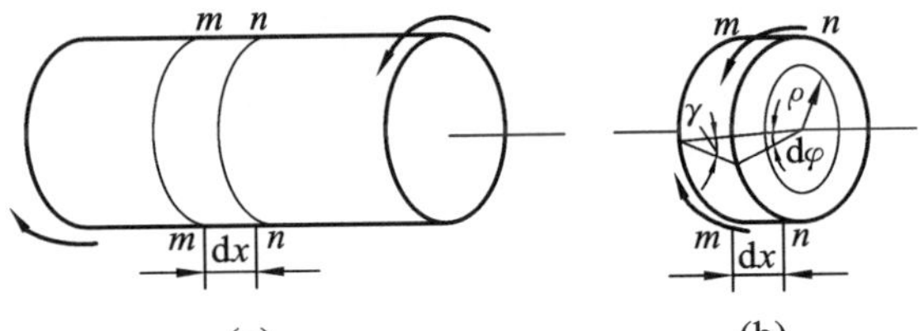

图 6-8 圆轴扭转微段分析

应用静力学平衡关系，由图 6-10 可知，整个横截面上各处的微内力对圆心之矩的总和应等于该横截面上的扭矩 T，即

$$T = \int_A \tau_\rho dA \cdot \rho = G\frac{d\varphi}{dx}\int_A \rho^2 dA \tag{6-4}$$

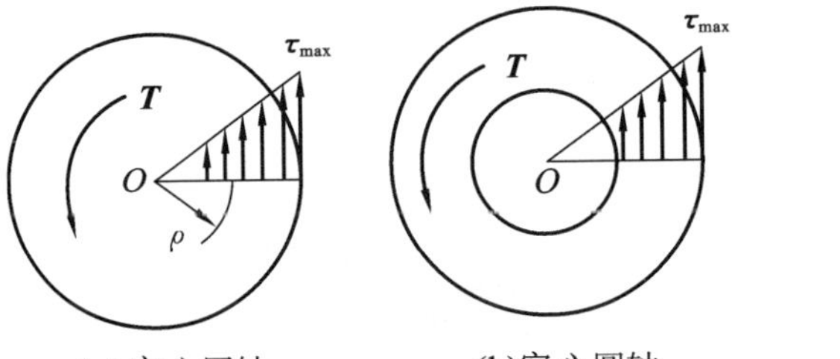

图 6-9 切应力分布

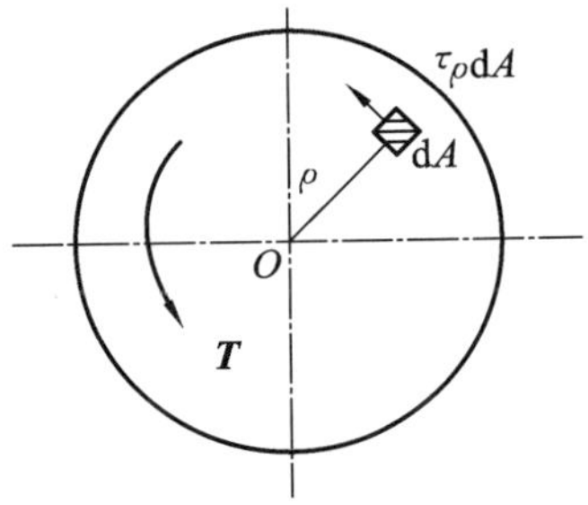

图 6-10 横截面受力分析图

令

$$I_p = \int_A \rho^2 dA \tag{6-5}$$

则

$$\frac{d\varphi}{dx} = \frac{T}{GI_p} \tag{6-6}$$

将式(6-6)代入式(6-3)得横截面上扭转切应力的计算公式为

$$\tau_\rho = \frac{T}{I_p}\rho \tag{6-7}$$

式中：T——横截面上的扭矩，N·m；

ρ——横截面上任一点到圆心的距离，mm；

I_p——横截面对形心的极惯性矩，mm^4，与横截面的形状和尺寸有关。

当 $\rho=R$ 时，切应力值最大，即圆轴横截面上边缘点处的切应力最大，其值为

$$\tau_{max}=\frac{T}{I_p}R=\frac{T}{\frac{I_p}{R}} \tag{6-8}$$

令

$$W_p=\frac{I_p}{R} \tag{6-9}$$

则

$$\tau_{max}=\frac{T}{W_p} \tag{6-10}$$

式中：W_p——圆轴的抗扭截面模量，mm^3。

6.3.2 横截面对圆心的极惯性矩和抗扭截面系数

1. 实心圆轴横截面

如图 6-11(a)所示，设横截面直径为 d，取一微小圆环，即 $dA=2\pi\rho d\rho$，则其惯性矩为

$$I_p=\int_A \rho^2 dA=\int_0^{\frac{d}{2}} \pi\rho^3 d\rho=\frac{\pi d^4}{32}\approx 0.1d^4 \tag{6-11}$$

抗扭截面系数为

$$W_p=\frac{I_p}{r}=\frac{\pi d^3}{16}\approx 0.2d^3 \tag{6-12}$$

2. 空心圆轴横截面

如图 6-11(b)所示，设外径为 D，内径为 d，$\alpha=d/D$，同理可得极惯性矩为

$$I_p=\int_A \rho^2 dA=\frac{\pi}{32}(D^4-d^4)\approx 0.1(D^4-d^4)\approx 0.1D^4(1-\alpha^4) \tag{6-13}$$

抗扭截面系数为

$$W_p=\frac{I_p}{r}=\frac{\pi}{32r}(D^4-d^4)\approx 0.2D^3(1-\alpha^4) \tag{6-14}$$

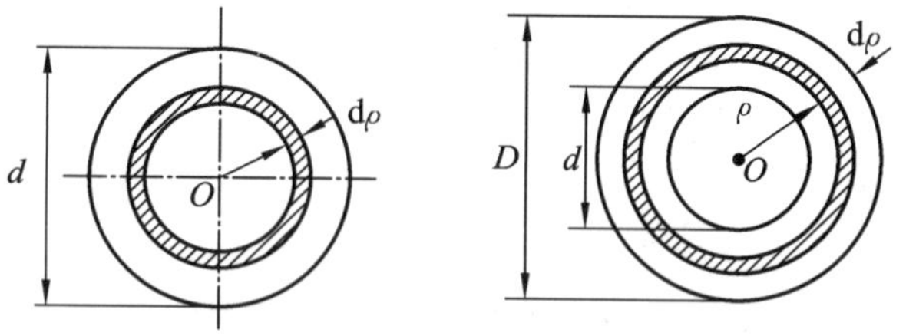

(a) 实心圆轴的横截面　　(b) 空心圆轴的横截面

图 6-11 圆轴的横截面

例 6-2 有两根横截面面积及载荷均相同的圆轴，其横截面尺寸为实心轴 $d_1=104$ mm；空心轴 $D_2=120$ mm，$d_2=60$ mm。圆轴两端均受大小相等、方向相反的力偶 $M=10$ kN·m的作用，试计算：(1) 实心圆轴最大切应力；(2) 空心圆轴最大切应力；(3) 实心圆轴最大切应力与空心圆轴最大切应力之比。

解 (1) 计算抗扭截面模量。

$$W_p=\frac{\pi d_1^3}{16}=\frac{3.14\times 104^3}{16}\ mm^3=2.2\times 10^5\ mm^3$$

$$W'_p=\frac{\pi D_2^3}{16}(1-\alpha^4)=\frac{3.14\times120^3}{16}\left[1-\left(\frac{60}{120}\right)^4\right]\ mm^3=3.2\times10^5\ mm^3$$

(2) 计算最大切应力。

实心圆轴： $\tau_{max}=\frac{T}{W_p}=\frac{10\times10^3\times10^3}{2.2\times10^5}\ MPa=45.5\ MPa$

空心圆轴： $\tau'_{max}=T/W_{p'}=\frac{10\times10^3\times10^3}{3.2\times10^5}\ MPa=31.3\ MPa$

(3) 两轴最大切应力之比。

$$\frac{\tau_{max}}{\tau'_{max}}=\frac{45.5}{31.3}=1.5$$

计算表明，实心圆轴的最大切应力为空心轴的 1.5 倍。

6.3.3 圆轴扭转时的强度计算

为了保证圆轴不发生破坏，就应该使轴横截面上的最大切应力不超过其许用切应力，即

$$\tau_{max}=\frac{T}{W_p}\leqslant[\tau]$$

必须注意：上式中的 τ_{max} 是全轴上危险横截面上危险点的应力值。对于阶梯轴而言，各轴段上的 T 不同，最大切应力不一定发生在 W_p 最大的横截面上，所以使用上式时，必须考虑 T 和 W_p 两个量。

例 6-3 如图 6-12 所示，阶梯轴直径分别为 $d_1=4$ cm，$d_2=7$ cm，轴上装有三个带轮。已知由轮 3 输入的功率为 $P_3=30$ kW，轮 1 输出的功率为 $P_1=13$ kW，轴做匀速转动且 $n=200$ r/min，材料的许用切应力 $[\tau]=60$ MPa，$G=80$ GPa，试校核轴的强度。

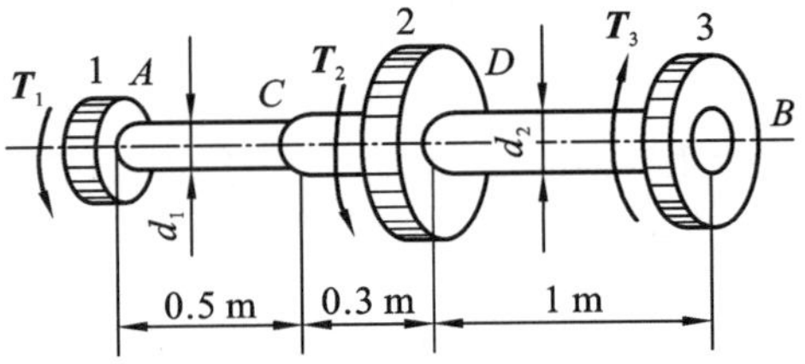

图 6-12 例 6-3 图

解 (1) 计算扭矩。

$$T_1=9550\frac{P_1}{n}=\frac{9550\times13}{200}\ N\cdot m=621\ N\cdot m$$

$$T_3=9550\frac{P_3}{n}=\frac{9550\times30}{200}\ N\cdot m=1433\ N\cdot m$$

(2) 强度校核。

AC 段：

$$\tau_{max}=\frac{16T_1}{\pi d_1^3}=\frac{16\times621}{\pi\times4^3\times10^{-6}}\ Pa=49\ MPa<[\tau]$$

DB 段：

$$\tau_{max}=\frac{16T_3}{\pi d_2^3}=\frac{16\times1433}{\pi\times7^3\times10^{-6}}\ Pa=21\ MPa<[\tau]$$

故强度满足要求。

6.4 圆轴扭转时的变形与刚度计算

圆轴扭转时,各横截面将绕轴线产生相对转动,两横截面间相对转动的角度称为**扭转角**,常用 φ 表示,单位是弧度(rad)。

由式(6-6)可知,距离为 dx 的相邻两个横截面间的扭转角 $d\varphi$ 为

$$d\varphi=\frac{T}{GI_p}dx$$

沿 x 轴积分,可求得距离为 l 的两个横截面之间的扭转角为

$$\varphi=\int_0^l d\varphi=\int_0^l \frac{T}{GI_p}dx$$

因此,对于长为 l、扭矩 T 不随长度变化的等截面圆轴而言,有

$$\varphi=\frac{Tl}{GI_p} \tag{6-15}$$

式中:T——横截面上的扭矩,N·m;

l——两横截面间的距离,m;

G——材料的切变模量,Pa;

I_p——横截面对圆心的极惯性矩,m^4。

由式(6-15)可以看到:当扭矩 T 和轴长 l 一定时,GI_p 越大,扭转角 φ 越小。GI_p 反映了圆轴抵抗扭转变形的能力,称为轴的**抗扭刚度**。

对于阶梯轴或各段扭矩不相等的轴来说,若要计算整个圆轴的扭转角,应先分段计算各段的扭转角,然后求各段扭转角的代数和,即

$$\varphi=\sum_{i=1}^{n}\frac{T_i l_i}{G_i I_{pi}} \tag{6-16}$$

工程上,圆轴扭转变形的程度,常以单位长度扭转角 θ 度量,即要求整个轴上的最大单位长度扭转角 θ_{max} 不超过其许用单位长度扭转角 $[\theta]$,即

$$\theta_{max}=\frac{T}{GI_p}\leqslant[\theta] \tag{6-17}$$

式中,单位长度扭转角 θ 和许用单位长度扭转角 $[\theta]$ 的单位为 rad/m。考虑工程上许用单位长度扭转角 $[\theta]$ 的单位为°/m,则有

$$\theta_{max}=\frac{T}{GI_p}\times\frac{180}{\pi}\leqslant[\theta] \tag{6-18}$$

$[\theta]$ 的大小一般根据机械精度要求确定,可在相关的设计手册中查得。

例 6-4 已知电动机的传动轴传递功率 $P=40$ kW,转速 $n=1400$ r/min,直径 $D=35$ mm,切变模量 $G=80$ GPa,许用单位长度扭转角 $[\theta]=1.5°/m$,试校核其刚度。

解 (1)计算外力偶矩。

$$T=9550\frac{P}{n}=9550\times\frac{40}{1400}\ \text{N}\cdot\text{m}=272.9\ \text{N}\cdot\text{m}$$

(2)校核刚度。

$$\theta=\frac{T}{GI_p}\times\frac{180}{\pi}=\frac{272.9}{80\times10^9\times\frac{\pi D^4}{32}}\times\frac{180°}{\pi}=1.3°/\text{m}\leqslant[\theta]$$

故刚度满足要求。

【工程应用】

工程实际中，还有不少构件，如电动机的主轴、探钻机的钻杆、搅拌机轴等，都是受扭构件。

【课后讨论】

已知传动轴的转速 $n=300$ r/min，其上有四个齿轮，主动轮 A 输入功率 $P_A=45$ kW，三个从动轮输出功率分别为 $P_B=10$ kW，$P_C=15$ kW，$P_D=20$ kW，试分析分别将主动轮 A 放在轴间（见图 6-13(a)）和放在轴的一端（见图 6-13(b)）两种情况下，轴所受到扭矩的情况。

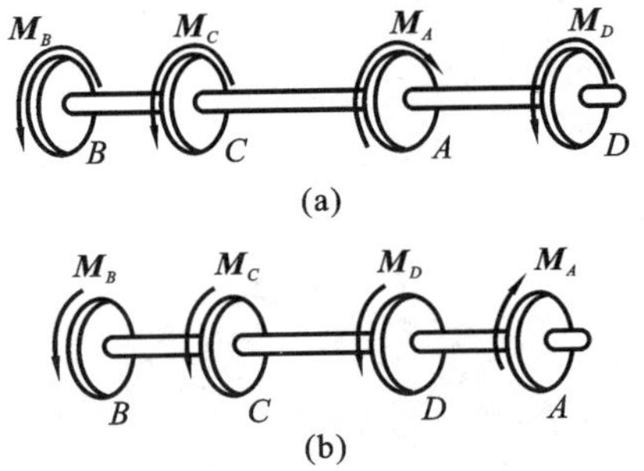

图 6-13　传动轴扭转变形分析图

第7章 梁的弯曲

知识及技能

- 了解梁弯曲的概念；
- 掌握剪力图和弯矩图的绘制；
- 掌握弯曲正应力、弯曲强度的计算方法。

【知识引入】

相信很多人都玩过双杠(见图 7-1),那在利用双杠锻炼身体时,有没有留意到双杠的支腿在整个杆长的什么位置呢?为什么要这么布置呢?学习本章节的内容,可以知道这其中的力学原理。

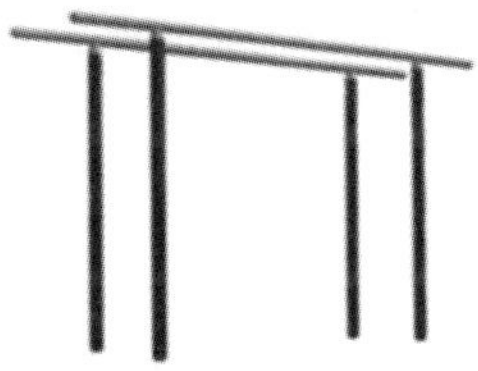

图 7-1 双杠

7.1 平面弯曲的概念和梁的计算简图

7.1.1 平面弯曲的概念

当杆件受到垂直于杆轴的外力作用或在纵向平面内受到力偶作用(见图 7-2)时,杆轴由直线弯成曲线,这种变形称为**弯曲**。

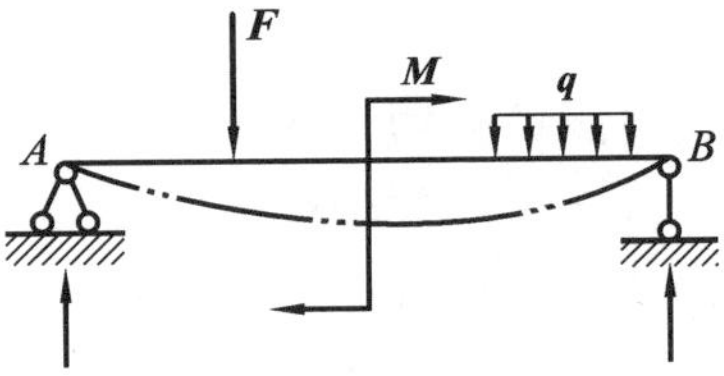

图 7-2 梁的受力弯曲

1. 工程实例

弯曲是工程实际中最常见的一种基本变形。例如桥式吊车梁(见图 7-3)和火车轮轴(见图 7-4),在各自的载荷作用下,它们的轴线将由原来的直线弯成曲线。这种以弯曲变形为主的杆件通常称为梁。

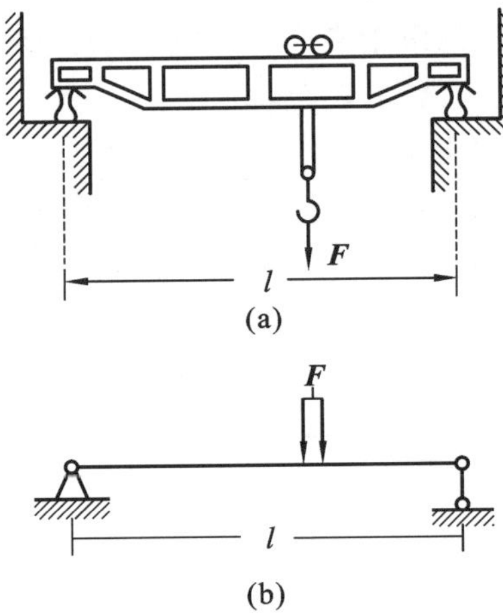

图 7-3 桥式吊车梁

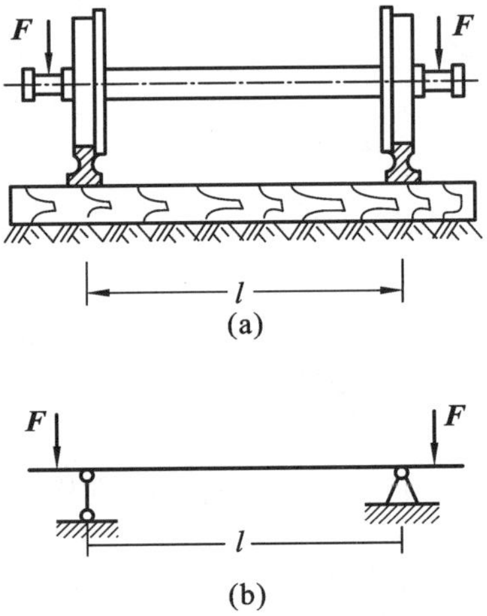

图 7-4 火车轮轴

2. 平面弯曲的概念

工程实际中,绝大部分梁的横截面至少有一根对称轴,这根对称轴与梁的轴线所组成的平面,称为纵向对称面(见图 7-5)。全梁至少有一个纵向对称面。如果作用于梁上的外力和外力偶都位于纵向对称面内,则梁的轴线将弯成位于此对称面内的一条平面曲线,这种弯曲称为平面弯曲。

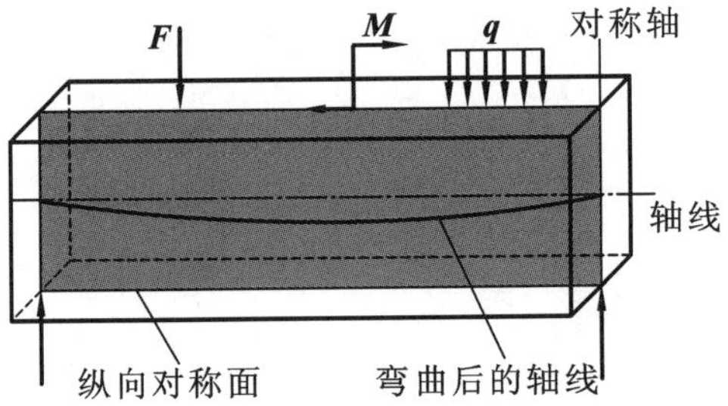

图 7-5 梁的平面弯曲

7.1.2 梁的计算简图

在计算梁的强度及刚度时,必须针对所研究问题的主要矛盾,对梁所受的实际约束及载荷进行简化,从而得到便于进行定量分析的梁的计算简图。

1. 载荷的简化

一般可将载荷简化为两种形式。当载荷的作用范围很小时,可将其简化为集中载荷(如图 7-5 所示的集中力 $\boldsymbol{F}$、集中力偶 $\boldsymbol{M}$)。若载荷连续作用于梁上,则可将其简化为分布载荷(如水作用于水坝坝体上的力),呈均匀分布的载荷称为均布载荷(如图 7-5 所示的均布载荷 $\boldsymbol{q}$)。

例如图 7-3(a)所示的桥式吊车梁,若考虑梁自身重量对梁强度及刚度的影响,则可将梁自身重量简化为作用于全梁上的均布载荷。

分布于单位长度上的载荷大小,称为载荷集度,通常以 $\boldsymbol{q}$ 表示。国际单位制中,载荷集度的单位为 N/m,或 kN/m。

2. 实际约束的简化

根据构件所受实际约束方式,可将约束简化为下列几种形式。

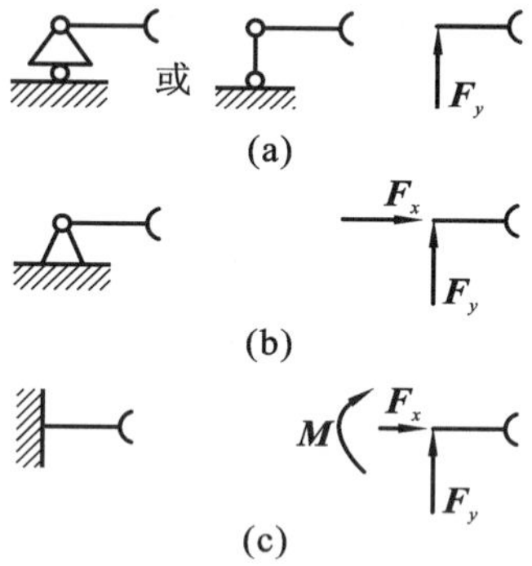

图 7-6　约束的简化

(1) 滑动铰支座。

这种支座只在支承处限定梁沿垂直于支座平面方向的位移,因此只产生一个垂直于支座平面的约束力(见图 7-6(a))。桥梁中的滚轴支座、机械中的短滑动轴承及滚动轴承都可简化为滑动铰支座。

(2) 固定铰支座。

这种支座在支承处限定梁沿任何方向的位移,因此可用两个分力表示相应的约束力(见图 7-6(b))。桥梁下的固定支座、机械中的止推轴承可简化为固定铰支座。

(3) 固定端。

这种约束既限定梁端的线位移,也限定梁的角位移,因此相应的约束力有三个:两个约束分力,一个约束力偶(见图 7-6(c))。机床上的刀杆、机械中的止推长轴承均可简化为固定端。

3. 梁的类型

若约束反力全部可以根据平衡方程直接确定,则这样的梁称为静定梁。根据约束的类型及其所处位置,可将静定梁分为三种基本类型。

(1)简支梁:一端为固定铰支座,另一端为滑动铰支座的梁,如图 7-3(b)所示。

(2)外伸梁:简支梁的一端或两端外伸,如图 7-4(b)所示。

(3)悬臂梁:一端固定而另一端自由的梁,如图 7-7 所示。

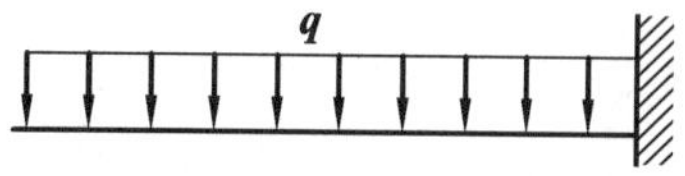

图 7-7　悬臂梁

7.2 梁的内力——剪力与弯矩

7.2.1 用截面法分析计算梁的内力

梁上的载荷及约束力确定后，可利用截面法分析梁的内力，进而为计算梁的强度及刚度做好准备。

以图 7-8 为例，用截面法分析 C 处截面的内力。

首先依据平衡条件确定约束力。因该梁结构及所受载荷对称，故可直接求出约束力 $R_A=R_B=10\ \text{kN}$。

以一假想平面在 C 处将梁截开，选其中一部分（左段）为研究对象，分析 AC 段受力（见图 7-9）。AC 段上作用着均布载荷 $\boldsymbol{q}$、约束力 $\boldsymbol{R}_A$ 这样的外载荷及 C 横截面的内力（BC 段对 AC 段的作用力）。由平衡条件 $\sum F_y=0$ 可知，C 横截面上一定存在沿铅垂方向的内力，这种与横截面平行的内力称为**剪力**，以 $\boldsymbol{F}_Q$ 表示。剪力的大小及实际方向由平衡方程确定。

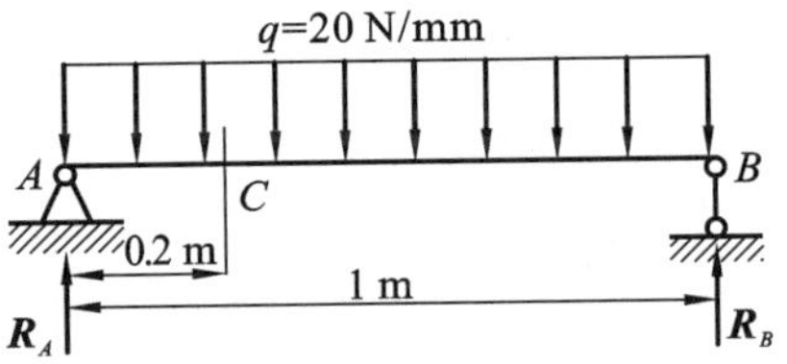

图 7-8　剪力与弯矩

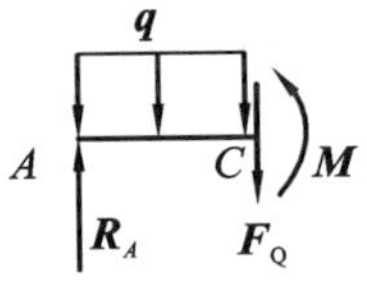

图 7-9　AC 段受力图

由

$$\sum F_y = R_A - q\cdot AC - F_Q = 0$$

得

$$F_Q=(10-20\times0.2)\ \text{kN}=6\ \text{kN}\quad（C\ 横截面上剪力的实际方向向下）$$

又由平衡条件 $\sum M_C(\boldsymbol{F})=0$ 可知，C 横截面上一定存在另一个内力分量，即力偶。此力偶的作用面位于梁的对称面，其矢量垂直于梁的轴线，此内力分量称为弯矩，以 $\boldsymbol{M}$ 表示。弯矩的大小及实际方向由平衡方程确定。

由

$$\sum M_C(\boldsymbol{F}) = M - R_A\cdot AC + \frac{q}{2}\cdot AC^2 = 0$$

得

$$M=\left(10\times0.2-\frac{20}{2}\times0.2^2\right)\ \text{kN}\cdot\text{m}=1.6\ \text{kN}\cdot\text{m}\quad（C\ 横截面弯矩的实际方向为逆时针）$$

注意：一般将所求横截面的形心作为力矩平衡方程的矩心。

7.2.2 剪力与弯矩正负号的规定

在上面以截面法计算弯曲内力的过程中，我们选取了左段作为研究对象，所求得的剪力与弯矩是 C 处左横截面上的弯曲内力。试分析，若选取右段作为研究对象，所求得的弯曲内

力则为 C 处右横截面的内力，而左、右横截面上剪力、弯矩的方向一定是相反的（因为二者为作用力与反作用力的关系），如图 7-10 所示。因此，有必要对弯曲内力的符号做出规定。

图 7-10　左、右横截面上剪力、弯矩的方向

剪力正负号的规定：使所取研究段产生顺时针旋转趋势的剪力为正，反之为负，如图 7-11(a)、图 7-11(b)所示。

弯矩正负号的规定：使所取研究段产生下凸变形的弯矩为正，反之为负，如图 7-11(c)、图 7-11(d)所示。

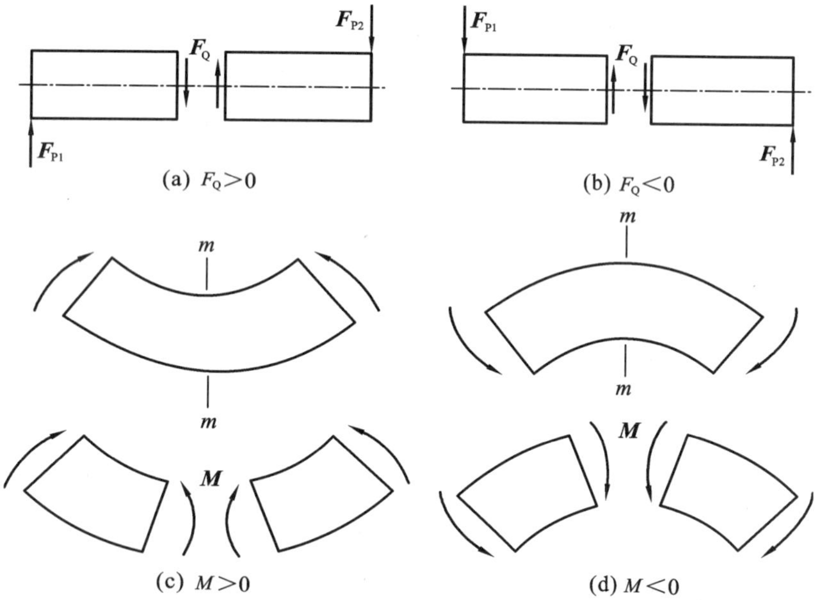

图 7-11　剪力与弯矩正负号的规定

这样，当采用截面法计算弯曲内力时，以一个假想平面将梁截开后，无论选择哪一段作为研究对象，所计算出的同一位置横截面的内力就会具有相同的符号。

综上所述，可将计算弯曲内力的方法概括如下。

(1) 在需要计算内力的横截面处，以一个假想的平面将梁切开，选其中一段为研究对象（一般选择载荷较少的部分为研究对象，以便于计算）。

(2) 对研究对象进行受力分析，此时，一般按正方向画出剪力与弯矩。

(3) 由平衡方程 $\sum F_y=0$ 计算剪力 F_Q。

(4) 以所切横截面形心为矩心，由平衡方程 $\sum M_C(\boldsymbol{F})=0$ 计算弯矩。

7.3　剪力方程与弯矩方程、剪力图与弯矩图

梁横截面上的剪力与弯矩是随横截面的位置而变化的。在计算梁的强度及刚度时，必

须了解剪力及弯矩沿梁轴线的变化规律，从而找出最大剪力与最大弯矩的数值及其所在的横截面位置。

因此，我们沿梁轴方向选取坐标 x，以此表示各横截面的位置，建立梁内各横截面的剪力、弯矩与 x 的函数关系，即

$$F_Q = F_Q(x)$$
$$M = M(x)$$

上述关系式分别称为剪力方程和弯矩方程。这两个方程从数学角度精确地给出了弯曲内力沿梁轴线的变化规律。

若以 x 为横坐标，分别以 F_Q 与 M 为纵坐标，将剪力方程、弯矩方程所对应的图线绘出来，即可得到剪力图与弯矩图，它们都是弯曲构件的内力图（当构件以受弯曲作用为主时，通常只考虑弯矩图）。通过内力图，我们可以更直观地了解梁各横截面的内力变化规律。

下面通过例题来分析剪力方程与剪力图、弯矩方程与弯矩图，以及其作图方法。

例 7-1 一悬臂梁 AB（见图 7-12(a)）右端固定，左端受集中力 $\boldsymbol{F}_P$ 的作用。试作此梁的剪力图及弯矩图。

解 (1) 列剪力方程与弯矩方程。

以 A 为坐标原点，在距原点 x 处将梁截开，取左段梁为研究对象，其受力分析如图 7-12(b)所示。

由 $$\sum F_y = -F_Q - F_P = 0$$

得

$$F_Q = -F_P \qquad ①$$

由 $$\sum M_O = F_P x + M = 0$$

得

$$M = -F_P x \qquad ②$$

因横截面的位置是任意的，故式中的 x 是一个变量。式①与式②分别为 AB 梁的剪力方程与弯矩方程。

(2) 分别依据剪力方程与弯矩方程作出剪力图与弯矩图。

由剪力方程可知，梁各横截面的剪力不随横截面的位置而变，因此剪力图为一条水平直线。如图 7-12(c)所示。

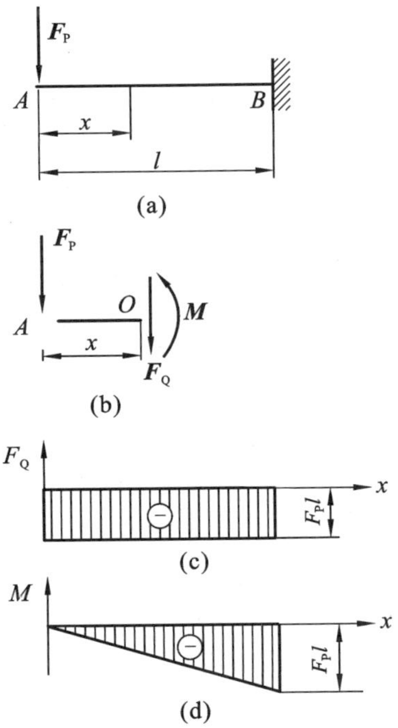

图 7-12　例 7-1 图

由弯矩方程可知，弯矩是 x 的一次函数，故弯矩图为一条斜直线（两点确定一线，$x=0$ 时，$M=0$；$x=l$ 时，$M=-F_P l$），如图 7-12(d)所示。

由于在剪力图与弯矩图中的坐标比较明确，故习惯上往往不再将坐标轴画出。

例 7-2 一简支梁 AB 受载荷集度为 $\boldsymbol{q}$ 的均布载荷的作用（见图 7-13(a)）。试作此梁的剪力图与弯矩图。

解 (1) 求支座反力。

$$R_A = R_B = \frac{1}{2}ql$$

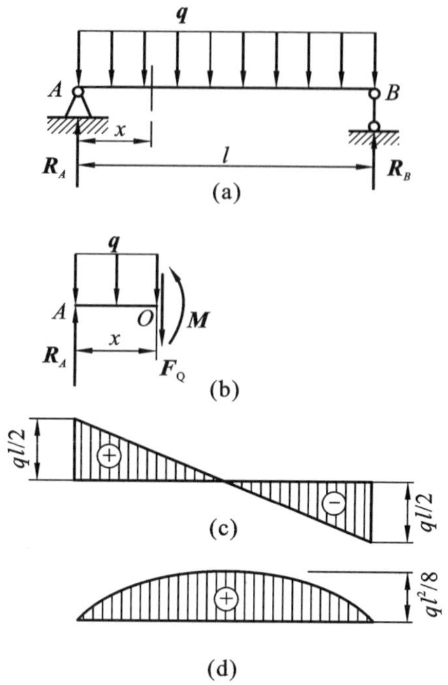

图 7-13　例 7-2 图

(2) 列剪力方程与弯矩方程。

在距 A 点 x 处截取左段梁为研究对象,其受力如图 7-13(b)所示。由平衡方程

$$\sum F_y = R_A - qx - F_Q = 0$$

得

$$F_Q = R_A - qx = \frac{ql}{2} - qx$$

由

$$\sum M_O = -R_A x + qx \cdot \frac{x}{2} + M = 0$$

得

$$M = R_A x - qx \cdot \frac{x}{2} = \frac{ql}{2}x - \frac{q}{2}x^2$$

(3) 画剪力图与弯矩图。

由剪力方程可知剪力图为一斜直线。两点确定一线:$x=0$ 时,$F_Q = ql/2$;$x=l$ 时,$F_Q = -ql/2$。得到剪力图如图 7-13(c)所示。

由弯矩方程可知弯矩图为一抛物线,抛物线上凸。在 $x=1/2$ 处,弯矩有极值,$M_{max} = ql^2/8$;$x=0$ 及 $x=1$ 时,$M=0$。得到弯矩图如图7-13(d)所示。

由剪力图及弯矩图可见,在靠近两支座的横截面上剪力的绝对值最大;在梁的中点横截面上,剪力为零,而弯矩最大。

例 7-3　简支梁如图 7-14(a)所示,在横截面 C 处受集中力 $\boldsymbol{F}_P$ 的作用,试作梁的剪力图与弯矩图。

解　(1) 计算支反力。

由平衡方程

$$\sum M_A = 0, \quad \sum M_B = 0$$

求得

$$R_A = \frac{bF_P}{l}, \quad R_B = \frac{aF_P}{l}$$

(2) 建立剪力方程与弯矩方程。

由于 C 处受集中力 $\boldsymbol{F}_P$ 的作用,故 AC 和 BC 两段梁的剪力方程和弯矩方程不同,必须分别列出。

AC 段:

以 A 为原点,在距 A 点 x_1 处截取左段梁作为研究对象,其受力如图 7-14(b)所示。根据平衡条件分别得

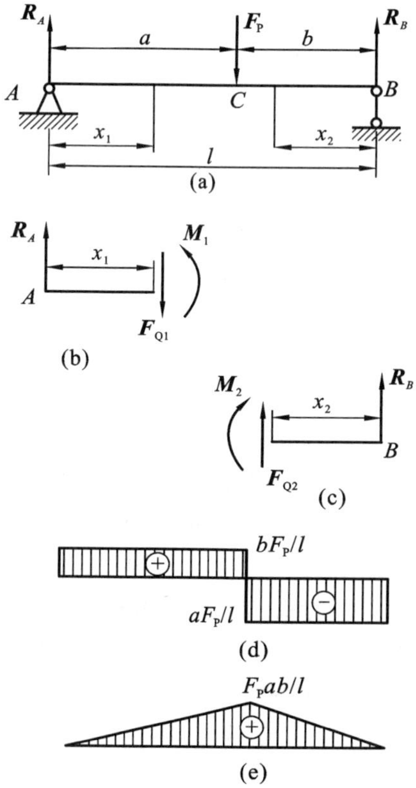

图 7-14　例 7-3 图

$$F_{Q1}=R_A=\frac{bF_P}{l}(0\leqslant x_1\leqslant a)$$

$$M_1=R_Ax_1=\frac{bF_P}{l}x_1(0\leqslant x_1\leqslant a)$$

BC 段：

为计算简便，以 B 为原点，在距 B 点 x_2 处截取梁的右段作为研究对象，其受力如图 7-14(c)所示。根据平衡条件分别得

$$F_{Q2}=-R_B=-\frac{aF_P}{l}(0\leqslant x_2\leqslant b)$$

$$M_2=R_Bx_2=\frac{aF_P}{l}x_2(0\leqslant x_2\leqslant b)$$

(3) 画剪力图与弯矩图。

根据 AC、BC 两段各自的剪力方程与弯矩方程，分别画出 AC、BC 两段梁的剪力图与弯矩图，如图 7-14(d)、图 7-14(e)所示。

可以看出，横截面 C 处的弯矩最大。如果 $a>b$，则 BC 段的剪力的绝对值最大。

由剪力图与弯矩图可以看出，在集中力作用处，其左、右两侧横截面上的弯矩相同，而剪力则发生突变，突变量等于该集中力之值。

例 7-4 图 7-15(a)所示的简支梁在横截面 C 处受到力偶矩为 $\boldsymbol{M}$ 的集中力偶的作用，试作梁的剪力图与弯矩图。

解 (1) 计算支反力。

由平衡方程

$$\sum M_A=0,\quad \sum F_y=0$$

求得

$$R_A=\frac{M}{l},\quad R_B=\frac{M}{l}$$

(2) 建立剪力方程与弯矩方程。

假想于梁的 C^- 处($\boldsymbol{M}$ 左侧)将梁截开，分别取左段与右段为研究对象，并分别以 $\boldsymbol{F}_{Q1}$、$\boldsymbol{M}_1$ 和 $\boldsymbol{F}_{Q2}$、$\boldsymbol{M}_2$ 代表它们各自的内力，如图 7-15(b)所示。

求得

$$F_{Q1}=-R_A=-\frac{M}{l}(0\leqslant x_1\leqslant a)$$

$$M_1=-R_Ax_1=-\frac{M}{l}x_1(0\leqslant x_1\leqslant a)$$

$$F_{Q2}=-R_B=-\frac{M}{l}(0\leqslant x_2\leqslant b)$$

$$M_2=R_Bx_2=\frac{M}{l}x_2(0\leqslant x_2\leqslant b)$$

(3) 画剪力图与弯矩图。

根据剪力方程及弯矩方程，可分别作出如图 7-15(c)、图 7-15(d)所示的剪力图与弯矩图。

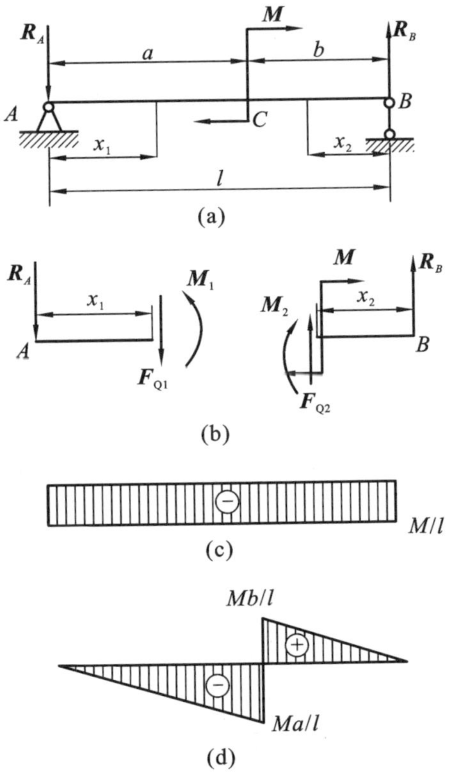

图 7-15 例 7-4 图

由内力图可以看出，在集中力偶作用处，其左右两侧横截面上的剪力相同，而弯矩发生突变，突变量等于该集中力偶之矩。

以上例题都是根据分离体的平衡条件求内力，我们可以从中总结出求内力的简便方法，即直接根据外力计算梁在任意横截面上的内力，规律如下。

（1）剪力的计算规律。

计算剪力是对横截面左（或右）段梁建立投影方程，经过移项后可得

$$F_Q=\sum F_{y左} \quad 或 \quad F_Q=\sum F_{y右}$$

上两式说明：梁在任一横截面上的剪力等于该横截面一侧所有外力在垂直于轴线方向投影的代数和，对所求横截面产生顺时针转动趋势的外力取正号（见图 7-11(a)）；反之，取负号（见图 7-11(b)）。此规律可记为“顺转剪力正”。

（2）弯矩的计算规律。

计算弯矩是对横截面左（或右）段梁建立力矩方程，经过移项后可得

$$M=\sum M_{C左} \quad 或 \quad M=\sum M_{C右}$$

上两式说明：梁内任一横截面上的弯矩等于该横截面一侧所有外力（包括力偶）对该横截面形心力矩的代数和。将所求横截面固定，使所选梁段产生下凸弯曲变形的外力矩取正号（见图 7-11(c)）；反之，取负号（见图 7-11(d)）。此规律可记为“下凸弯矩正”。

利用上述规律直接由外力求梁内力的方法称为简便法。用简便法求内力，可以省去画受力图和列平衡方程，从而简化计算过程。现举例说明。

例 7-5 用简便法求图 7-16 所示简支梁 1—1 横截面上的剪力和弯矩。

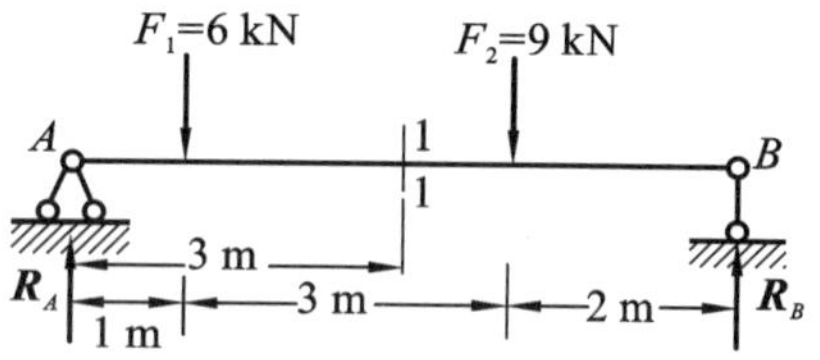

图 7-16 例 7-5 图

解 （1）求支座反力。

由于梁整体平衡，根据平衡方程求得

$$R_A=8\ \text{kN},\quad R_B=7\ \text{kN}$$

（2）计算 1—1 横截面上的内力。

由 1—1 横截面以左部分的外力来计算内力，根据“顺转剪力正”和“下凸弯矩正”规律得

$$F_{Q1}=R_A-F_1=(8-6)\ \text{kN}=2\ \text{kN}$$

$$M_1=R_A\times3-F_1\times2=(8\times3-6\times2)\ \text{kN}\cdot\text{m}=12\ \text{kN}\cdot\text{m}$$

7.4 纯弯曲正应力

在上一节中，通过对梁弯曲内力的分析，可以确定梁受力后的危险横截面，这是解决梁强度问题的重要步骤之一。但要最终对梁进行强度计算，还必须确定梁横截面上的应力，即需要确定横截面上的应力分布情况及最大应力值，因为构件的破坏往往首先开始于危险横

截面上应力最大的地方。因此，研究梁弯曲时横截面上的应力分布规律，确定应力计算公式，是研究梁的强度前所必须解决的问题。

通过7.2节的研究，我们知道梁产生弯曲时，其横截面上有剪力与弯矩两种内力，而剪力由横截面上的切向内力元素 τdA（dA 为横截面上的面积元）所组成，弯矩则由法向内力元素 σdA 组成，故梁横截面上将同时存在正应力 $\boldsymbol{\sigma}$ 与剪应力 $\boldsymbol{\tau}$。但对一般梁而言，正应力往往是引起梁破坏的主要因素，而剪应力则为次要因素，因此，本节着重研究梁横截面上的正应力，并且仅研究工程实际中常见的平面（对称）弯曲情况。

图7-17(a)所示的简支梁在 $\boldsymbol{F}_P$ 力的作用下产生对称弯曲。观察图7-17(b)、图7-17(c)所示的该梁的剪力图与弯矩图，CD 段梁的各横截面上只有弯矩，而剪力为零，这种弯曲称为纯弯曲；AC、BD 段梁的各横截面上同时有剪力与弯矩，这种弯曲称为横力弯曲。为了更集中地分析正应力与弯矩的关系，下面以纯弯曲为研究对象，分析梁横截面上的正应力。

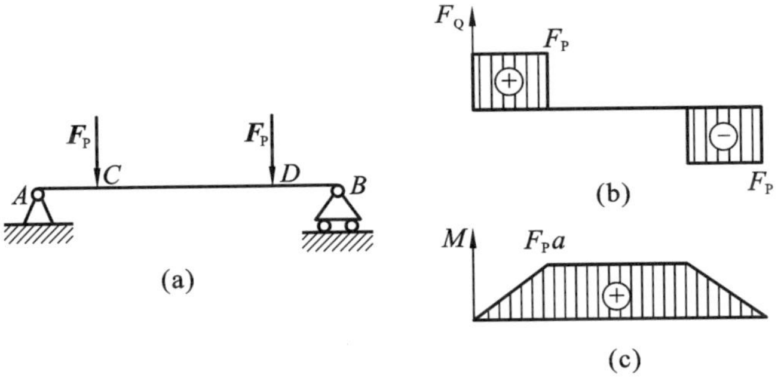

图7-17　简支梁内力

7.4.1　纯弯梁横截面上的正应力

1. 纯弯曲的实验现象及相关假设

为了研究横截面上的正应力，首先观察在外力作用下梁的弯曲变形现象。

取一根矩形横截面梁，在梁的两端沿其纵向对称面，施加一对大小相等、方向相反的力偶 $\boldsymbol{M}$，即使梁发生纯弯曲（见图7-18）。我们观察到如下的实验现象：

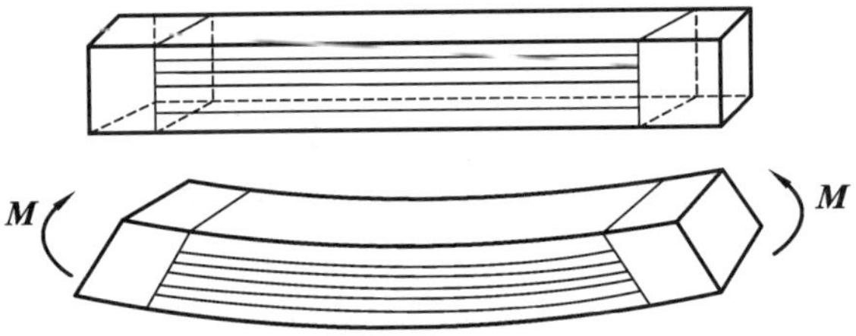

图7-18　纯弯曲实验

(1) 梁表面的纵向直线均弯曲成弧线，而且靠顶面的纵线缩短，靠底面的纵线拉长，位于中间位置的纵线长度不变；

(2) 横向直线仍为直线，只是横截面间做相对转动，但仍与纵线正交；

(3) 在纵向拉长区，梁的宽度略减小；在纵向缩短区，梁的宽度略增大。

根据上述表面变形现象，我们对梁内部的变形及受力做如下假设。

(1) 梁的横截面在梁变形后仍保持为平面，且仍与梁轴线正交。此为平面假设。

(2) 梁的所有与轴线平行的纵向“纤维”都轴向拉长或缩短(即纵向“纤维”之间无相互挤压)。此为单向受力假设。

基于上述假设,我们将与底层平行、纵向长度不变的那层纵向“纤维”称为中性层。中性层即为梁内纵向“纤维”伸长区与纵向“纤维”缩短区的分界层。中性层与横截面的交线被称为中性轴。可以证明,中性轴通过横截面的形心。

概括起来就是:纯弯梁变形时,所有横截面均保持为平面,只是绕各自的中性轴转过一角度,各纵向“纤维”承受纵向力,横截面上各点只有拉应力或压应力。

2. 梁横截面上正应力的分布

经过推导(略),梁横截面上任意一点的正应力与该点到中性轴之距为线性关系,即正应力沿横截面高度呈线性分布,而中性轴上各点的正应力为零。梁横截面上正应力的分布如图 7-19所示。

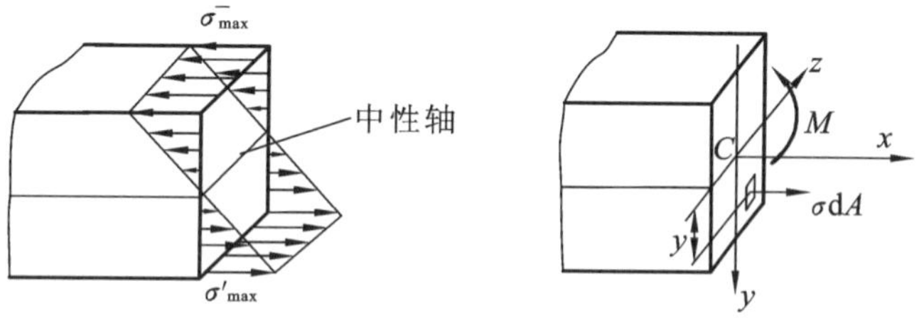

图 7-19 正应力分布图

3. 正应力的计算

通过推导(略),可得梁发生纯弯曲时横截面上任一点的正应力计算公式为

$$\sigma=\frac{My}{I_z} \tag{7-1}$$

式中:I_z 为横截面对中性轴 z 的惯性矩,$I_z=\int_A y^2\,dA$,它是仅与横截面的形状及尺寸有关的几何量;M 为横截面上的弯矩;y 为横截面上欲求应力点到中性轴 z 的距离。

由上式可知,梁发生纯弯曲时横截面上任一点的正应力与该截面上的弯矩成正比,与截面对中性轴 z 的惯性矩成反比。

$y=y_{max}$,即梁上距离中性轴 z 最远处正应力有最大值,其计算公式如下:

$$\sigma_{max}=\frac{My_{max}}{I_z}=\frac{M}{W_z} \tag{7-2}$$

式中,W_z 为横截面对中性轴 z 的抗弯截面系数(抗弯截面模量),它也是一个仅与横截面的形状及尺寸有关的几何量。

当弯矩为正时,中性层以下部分属拉伸区,产生拉应力;中性层以上部分属压缩区,产生压应力。当弯矩为负时,情况相反。用式(7-2)计算正应力时,M 与 y 均代入绝对值,正应力是拉压力还是压应力由观察而定。

7.4.2 常见横截面的惯性矩、抗弯截面系数及平行移轴定理

1. 常见横截面的惯性矩和抗弯截面系数

(1) 矩形横截面的惯性矩 I_z 和抗弯截面系数 W_z。

图 7-20 所示矩形横截面的高、宽分别为 h、b,z 轴通过横截面形心 C 并平行于矩形底

边。为求该横截面对 z 轴的惯性矩，在横截面上距 z 轴为 y 处取一微元面积（图中阴影部分），其面积为 $dA=bdy$，根据惯性矩定义有

$$I_z=\int_A y^2 dA=\int_{-\frac{h}{2}}^{\frac{h}{2}} y^2 b dy=\frac{bh^3}{12}$$

则

$$W_z=\frac{\frac{bh^3}{12}}{\frac{h}{2}}=\frac{bh^2}{6}$$

（2）圆形横截面的惯性矩 I_z 和抗弯截面系数 W_z。

图 7-21 所示为直径为 d 的圆形横截面，z、y 轴均过形心 C。因为圆形横截面对任意直径都是对称的，因此对过任一圆心轴的惯性矩和抗弯截面系数都相等，分别为

$$I_z=\frac{I_p}{2}=\frac{\pi d^4}{64},\quad W_z=\frac{\frac{\pi d^4}{64}}{\frac{d}{2}}=\frac{\pi d^3}{32}$$

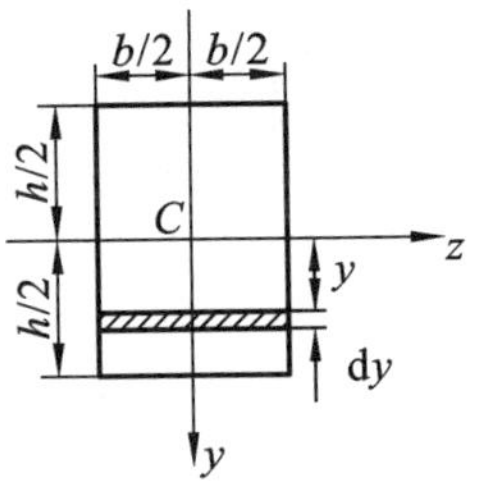

图 7-20　矩形横截面

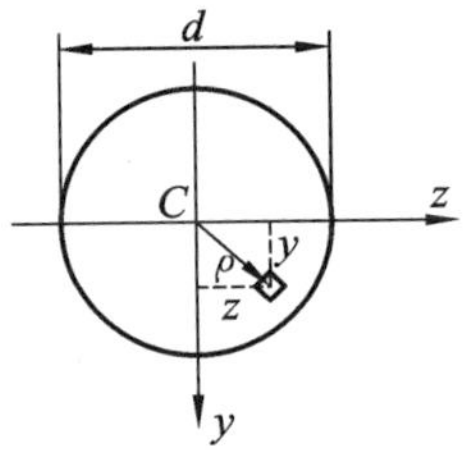

图 7-21　圆形横截面

（3）圆环形横截面的惯性矩 I_z 和抗弯截面系数 W_z。

与圆形横截面同理，圆环形横截面（空心圆横截面）对中性轴的惯性矩和抗弯截面系数为

$$I_z=\frac{I_p}{2}=\frac{\pi D^4}{64}(1-\alpha^4),\quad W_z=\frac{\pi D^3}{32}(1-\alpha^4)$$

式中，D 为圆环形横截面的外径，α 为内、外径的比值。

2. 平行移轴定理

图 7-22 中，C 为横截面形心，z 轴与 z_0 轴平行且相距为 d，微面积 dA 在 yz、y_0z_0 坐标系中的纵坐标分别 y、y_0，根据惯性矩定义有

$$I_z=\int_A y^2 dA=\int_A (y_0+d)^2 dA$$

上式展开得

$$I_z=\int_A y_0^2 dA+2d\int_A y_0 dA+d^2\int_A dA$$

因 z_0 通过形心 C，故

$$\int_A y_0 dA=0$$

于是，得出结论

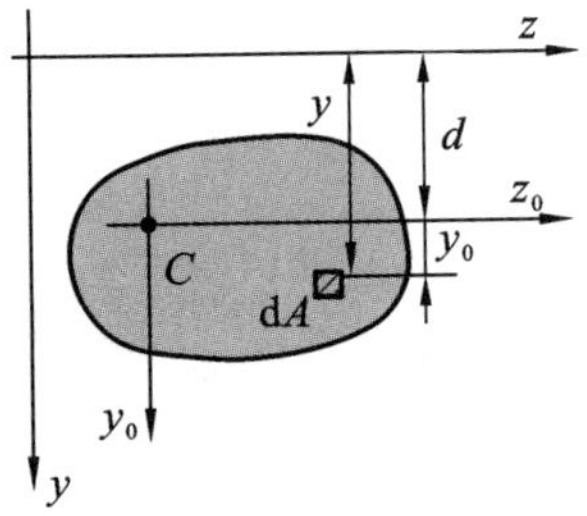

图 7-22　平行移轴定理

$$I_z=I_{z0}+Ad^2$$

上式即为平行移轴定理,它表明:横截面对任一轴(不通过形心)的惯性矩,等于横截面对平行于该轴的形心轴的惯性矩与一附加项之和,该附加项等于横截面面积与两轴距离平方之积。因为该附加项恒为正,所以横截面对形心轴的惯性矩最小。

7.4.3 横力弯曲时梁的正应力计算

前面推导出了纯弯梁的弯曲正应力计算公式——式(7-1),即$\sigma=\frac{My}{I_z}$。此式是在纯弯曲的情况下建立的。但工程实际中,梁横截面上常常既有弯矩又有剪力,即梁产生横力弯曲。那么,要计算横力弯曲时的正应力,式(7-1)是否适用呢?大量的理论计算与实验结果表明:只要梁是细长的,例如$l/h>5$(梁的跨高之比大于5),剪力对弯曲正应力的影响很小,就可以忽略不计。因此,应用式(7-1)计算横力弯曲时的正应力,其值仍然是准确的。

例 7-6 图7-23(a)所示的矩形横截面悬臂梁,承受均布载荷 $\boldsymbol{q}$ 的作用。已知 $q=10$ N/mm,$l=300$ mm,$b=20$ mm,$h=30$ mm。试求 B 横截面上 c、d 两点的正应力。

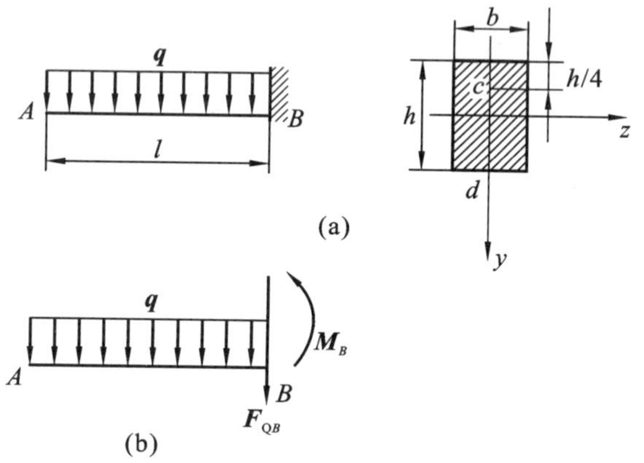

图 7-23 例 7-6 图

解 (1) 求 B 横截面上的弯矩。

由截面法(AB 受力分析如图7-23(b)所示)求得

$$M_B=-\frac{ql^2}{2}=-\frac{10\times300^2}{2}\ \text{N}\cdot\text{mm}=-4.5\times10^5\ \text{N}\cdot\text{mm}$$

(2) 求 B 横截面上 c、d 处的正应力。

由式(7-1)得

$$\sigma_c=\frac{M_By_c}{I_z}=\frac{4.5\times10^5\times30}{4\times45\times10^3}\ \text{MPa}=75\ \text{MPa}$$

$$\sigma_d=\frac{M_By_d}{I_z}=\frac{4.5\times10^5\times30}{2\times45\times10^3}\ \text{MPa}=150\ \text{MPa}$$

因 B 横截面上的弯矩为负,故横截面上中性轴 z 以上各点产生拉应力,以下各点产生压应力。所以,c 点处为拉应力,d 点处为压应力。

例 7-7 求图7-24(a)所示铸铁悬臂梁内的最大拉应力及最大压应力。横截面形状尺寸(单位为毫米)如图7-24(b)所示,$F_P=20$ kN,$I_z=10\ 200$ cm^4,AB 长1.4 m,BC 长0.6 m。

解 (1) 画弯矩图，确定危险横截面。

因为梁是等截面的，且横截面相对 z 轴不对称，铸铁的抗拉能力与抗压能力又不同，故绝对值最大的正、负弯矩所在面均可能为梁的危险横截面。弯矩图如图 7-24(c)所示。

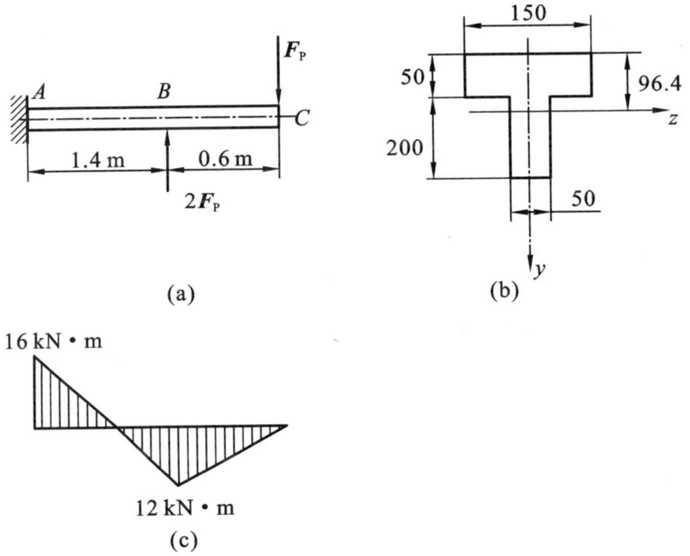

图 7-24 例 7-7 图(一)

(2) 确定危险点，计算最大拉应力与最大压应力。

由弯矩图看出，A、B 两横截面均可能为危险横截面面。A 横截面上有最大正弯矩，该横截面下边缘各点处将产生最大拉应力，上边缘各点处将产生最大压应力；而 B 横截面上有最大负弯矩，该横截面下边缘各点处将产生最大压应力，上边缘各点处将产生最大拉应力。A、B 横截面正应力分布如图 7-25 所示。

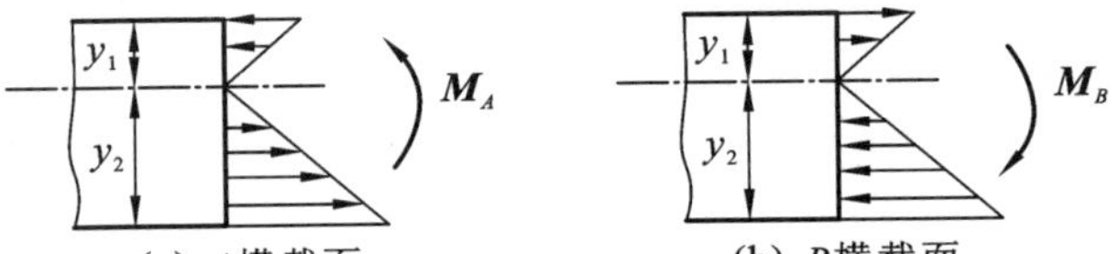

图 7-25 例 7-7 图(二)

显然，A 横截面上的最大拉应力要大于 B 横截面上的最大拉应力，故梁内最大拉应力发生在 A 横截面下边缘各点处，其值为

$$\sigma_{\max}^{+}=\frac{M_A y_2}{I_z}=\frac{16\times10^6\times(250-96.4)}{1.02\times10^8}\ \text{MPa}=24.09\ \text{MPa}$$

对于 A、B 两横截面来说，需经计算才能得知哪个横截面上的最大压应力更大。

$$\sigma_{A\max}^{-}=\frac{M_A y_1}{I_z}=\frac{16\times10^6\times96.4}{1.02\times10^8}\ \text{MPa}=15.12\ \text{MPa}$$

$$\sigma_{B\max}^{-}=\frac{M_B y_2}{I_z}=\frac{12\times10^6\times(250-96.4)}{1.02\times10^8}\ \text{MPa}=18.07\ \text{MPa}$$

由此可见，梁内最大压应力发生在 B 横截面的下边缘各点处。

7.5 强度条件及其应用

7.5.1 弯曲强度条件

在一般载荷作用下的细长、非薄壁截面梁，弯矩对强度的影响要远大于剪力对强度的影响。因此，对细长非薄壁梁进行强度计算时，主要是限制弯矩所引起的梁内最大弯曲正应力不超过材料的许用应力，即

$$\sigma_{max} \leqslant [\sigma] \tag{7-3}$$

式(7-3)即为弯曲强度条件。

7.5.2 强度条件的应用

我们常常应用强度条件来解决三类强度问题：强度校核、设计横截面、确定许可载荷。在进行这类强度计算时，一般应遵循下列步骤。

(1) 分析梁的受力，依据平衡条件确定约束力；分析梁的内力，画出弯矩图。

(2) 依据弯矩图及横截面沿梁轴线变化的情况，确定可能的危险面：对等截面梁来说，弯矩最大横截面即为危险横截面；对变截面梁来说，需依据弯矩及横截面变化情况，才能确定危险横截面。

(3) 确定危险点：对于拉、压力学性能相同的材料(如钢材)而言，其最大拉应力点和最大压应力点具有同样的危险程度，因此，危险点显然位于危险横截面上离中性轴最远处；而对于拉、压力学性能不等的材料(如铸铁)而言，需分别计算梁内绝对值最大的拉应力与压应力，因为最大拉应力点与最大压应力点均可能是危险点。

(4) 依据强度条件，进行强度计算。

例 7-8 一原起重量为 50 kN 的单梁吊车跨度 l=10.5 m(其计算简图如图 7-26(a)所示)，由 45 号工字钢制成。现拟将起重量提高到 F=70 kN，试校核梁的强度。若强度不够，再计算其可能承受的起重量。梁的材料为 A3 钢，许用应力$[\sigma]$=140 MPa；电葫芦自重 G=15 kN，暂不考虑梁的自重。

解 (1) 作弯矩图，确定危险横截面。

显然，当电葫芦行至梁中点时所引起的弯矩最大，此时弯矩图如图 7-26(b)所示。由弯矩图可知，危险横截面为中点处的横截面，其弯矩为

$$M_{max}=\frac{(F+G)l}{4}=\frac{(70+15)\times 10.5}{4}\ \text{kN}\cdot\text{m}=223\ \text{kN}\cdot\text{m}$$

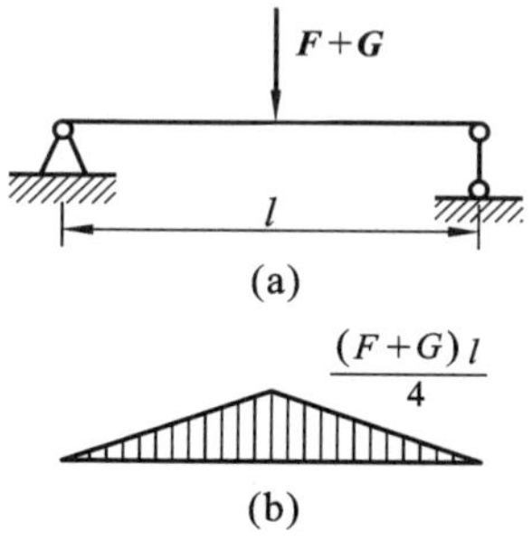

图 7-26 例 7-8 图

(2) 计算最大弯曲正应力。

横截面(如工字钢、矩形、圆形)关于中性轴对称的等截面梁最大弯曲正应力显然发生在危险横截面(最大弯矩)处的上下边缘点处。

由型钢表查得 45 号工字钢的抗弯截面模量为

$$W_z=1430\ \text{cm}^3$$

故梁内最大工作正应力为

$$\sigma_{max}=\frac{M_{max}}{W_z}=\frac{223\times10^3}{1430\times10^{-6}}\ \text{Pa}=156\ \text{MPa}$$

(3)依据强度条件，进行强度计算。

显然，最大工作应力超过了材料的许用应力，故梁不安全。梁的最大承载能力为

$M_{max}\leqslant[\sigma]\cdot W_z=(140\times10^6)\times(1430\times10^{-6})\ \text{N}\cdot\text{m}=2\times10^5\ \text{N}\cdot\text{m}=200\ \text{kN}\cdot\text{m}$

$$F_{max}=\frac{4M_{max}}{l}-G=\left(\frac{4\times200}{10.5}-15\right)\text{kN}=61\ \text{kN}$$

因此，梁的最大起重量为 61 kN。

例 7-9 图 7-27(a)所示的简支梁受均布载荷 $\boldsymbol{q}$ 的作用，梁跨度 $l=2$ m，$[\sigma]=140$ MPa，$q=2$ kN/m，试按以下两个方案设计轴的截面尺寸，并比较重量。

(1) 圆形横截面梁；

(2) 圆环形横截面梁，其内、外径之比 $\alpha=0.9$。

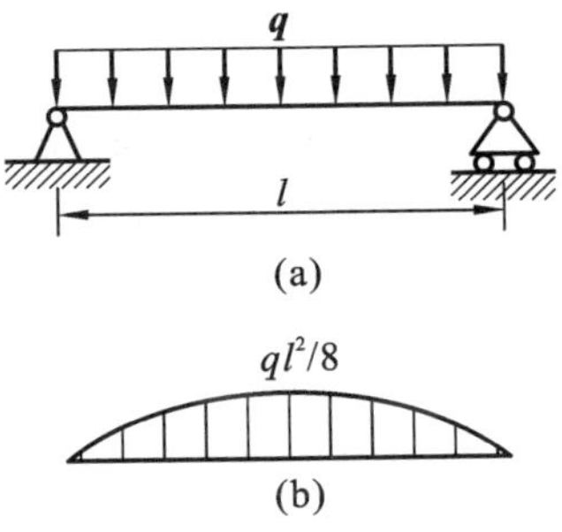

图 7-27 例 7-9 图

解 画梁的弯矩图(见图 7-27(b))，由弯矩图可知，梁中点横截面为危险横截面，其上弯矩值为

$$M_{max}=\frac{ql^2}{8}=\frac{2\times2^2}{8}\ \text{kN}\cdot\text{m}=1\ \text{kN}\cdot\text{m}$$

(1) 设计圆形横截面梁的直径 d。

强度条件为

$$\sigma_{max}=\frac{M_{max}}{W_z}\leqslant[\sigma]$$

将 $W_z=\frac{\pi\cdot d^3}{32}$ 代入上式，解得

$$d\geqslant\sqrt[3]{\frac{32M_{max}}{\pi[\sigma]}}=\sqrt[3]{\frac{32\times1\times10^6}{\pi\times140}}\ \text{mm}=41.75\ \text{mm}$$

取 $d=42$ mm。

(2) 确定圆环形横截面梁的内径 d_1、外径 D。

将 $W_z=\frac{\pi\cdot D^3}{32}(1-\alpha^4)$ 代入强度条件公式中，解得

$$D\geqslant\sqrt[3]{\frac{32M_{max}}{\pi(1-\alpha^4)[\sigma]}}=\sqrt[3]{\frac{32\times1\times10^6}{\pi\times(1-0.9^4)\times140}}\ \text{mm}=59.59\ \text{mm}$$

取 $D=60$ mm，并由 $\alpha=0.9$ 求得 $d_1=54$ mm。

(3) 比较两种不同横截面梁的质量。

因材料及长度相同，故两种横截面梁的质量之比等于其横截面面积之比。

$$\text{质量比}=\frac{\frac{\pi}{4}(D^2-d_1{}^2)}{\frac{\pi}{4}d^2}=0.388$$

上述计算结果表明，圆环形横截面梁的质量比圆形横截面梁的质量小很多，因此，在满足强度要求的前提下，采用圆环形横截面梁，可节省材料、减轻结构质量。

前面已提到，在一般情况下，对梁进行强度分析时，只需考虑弯曲正应力的强度条件是否得以满足，因为弯曲正应力远大于弯曲剪应力(两者之比大约等于梁的跨高之比)。

但是，在下列几种特殊情况下，应同时考虑弯曲正应力强度条件及弯曲剪应力强度条

件，因为在这些特殊情况下，梁内往往产生较大的弯曲剪应力：

(1) 薄壁横截面梁；

(2) 弯矩较小而剪力较大的梁，如短而粗的梁；

(3) 集中载荷作用于支座附近的梁。

7.6 提高梁弯曲强度的主要措施

前面已述及，设计梁的主要依据是弯曲正应力强度条件。由此条件可知：梁的强度与其所用材料、横截面的形状及尺寸、外力所引起的弯矩等因素有关。而要提高梁的强度，自然就应降低梁内的最大正应力，由 $\sigma_{max}=M_{max}/W_z$ 知，要降低梁内最大正应力，通常可以从以下几方面采取措施。

1. 选择合理的横截面形状

合理的横截面形状是指用最少的材料获得最大的抗弯截面模量的截面。一般情况下，抗弯截面模量与横截面高度的平方成正比，因此，在横截面面积不变的前提下，将较多材料配置在远离中性轴的部位，便可获取较大的抗弯截面模量，从而降低梁内的最大弯曲正应力。另外，由于弯曲正应力沿横截面高度呈直线分布，当离中性轴最远处的正应力达到许用应力时，中性轴附近各点处的正应力仍很小，而且离中性轴较近的区域所承担的弯矩很小。所以，将较多材料配置于远离中性轴的部位，也会提高材料的利用率。

在设计梁的合理横截面时，还应考虑材料自身的特性。对于抗拉强度与抗压强度相同的塑性材料而言，宜采用关于中性轴对称的横截面，如图 7-28 所示；而对于抗压强度高于抗拉强度的脆性材料而言，则最好采用横截面形心偏于受拉一侧的横截面形状，以使横截面上的最大压应力大于最大拉应力，如图 7-29 所示。

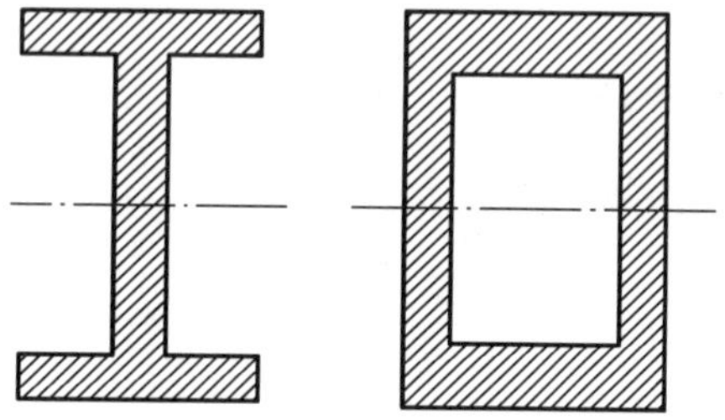

图 7-28 合理的横截面形状

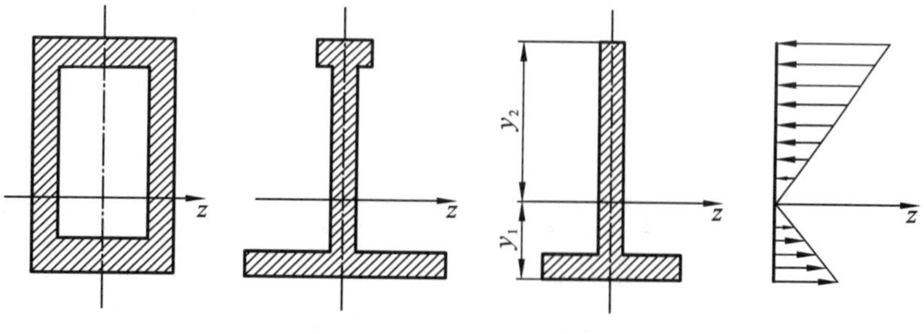

图 7-29 横截面形心偏于受拉一侧的横截面形状

2. 采用变截面梁或等强度梁

一般情况下，梁内不同横截面的弯矩不同，在设计等截面梁时，我们针对最大弯矩所在横截面进行设计，这样，除最大弯矩所在横截面外，其余横截面上的最大弯曲正应力均小于或远远小于材料的许用应力，即材料强度均未得到充分利用。鉴于此，为了减轻构件质量并节省材料，工程上常根据弯矩沿梁轴的变化情况，将梁设计为变截面梁。弯矩较大处，采用较大的横截面；弯矩较小处，采用较小的横截面。

从强度角度考虑，理想的变截面梁应使所有横截面上的最大弯曲正应力相等，且趋近材料的许用应力，这种梁称为等强度梁。图 7-30 所示的阶梯轴为近似的等强度梁。

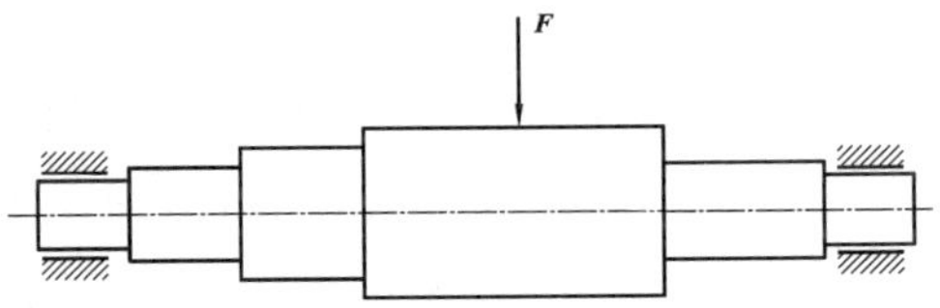

图 7-30 阶梯轴为近似的等强度梁

等强度梁虽然是一种理想的构件，但加工制造时有一定的难度，因此，工程实际中常将弯曲构件设计为近似等强度梁。

3. 改善梁的受力状况

合理安排梁的约束及加载方式，可以减小梁内的最大弯矩，从而减小梁内最大弯曲正应力，这是提高梁强度的另一措施。

如图 7-31(a)所示的简支梁，在均布载荷的作用下，梁内最大弯矩为 $ql^2/8$。若将两端铰支座各向内移动 $0.2l$（见图 7-31(b)），则最大弯矩为 $ql^2/40$，为前者的 1/5。

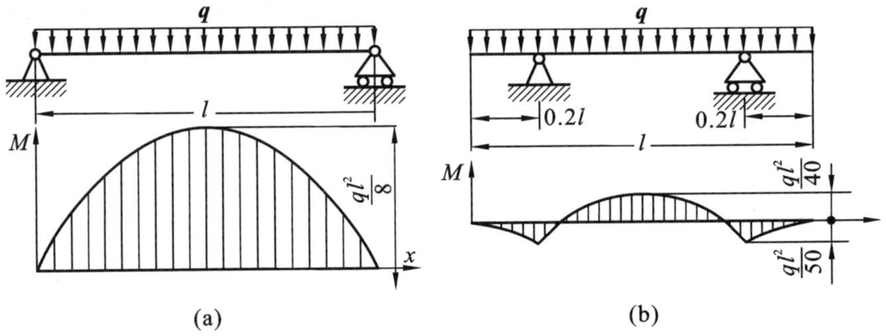

图 7-31 简支梁（一）

又例如图 7-32(a)所示简支梁，将集中载荷 $\boldsymbol{P}$ 分为大小相等的两个集中载荷 $\boldsymbol{P}/2$ 作用于梁上（见图 7-32(b)），则减小了梁内的最大弯矩。

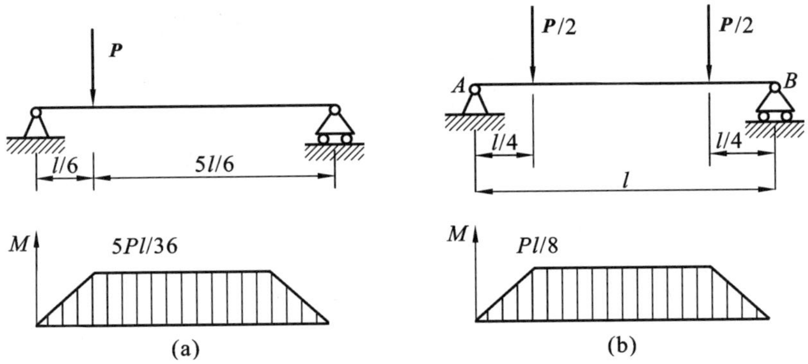

图 7-32 简支梁（二）

由此可见,在条件允许的情况下,合理安排约束及加载方式,可以显著减小梁内的最大弯矩。

7.7 梁的变形和刚度条件

7.7.1 弯曲变形概念

为了研究弯曲变形,首先讨论如何度量和描述弯曲变形的问题。

设有一梁,受载荷作用后其轴线将弯曲成为一条光滑的连续曲线,如图 7-33 所示。在平面弯曲的情况下,这是一条位于载荷所在平面内的平面曲线。梁弯曲后的轴线称为挠曲线。

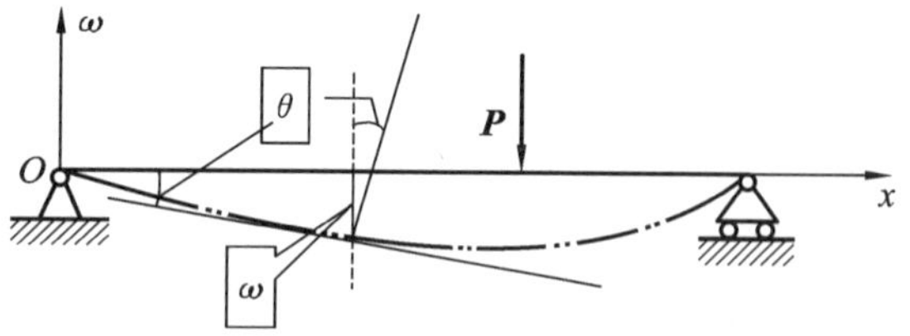

图 7-33 梁的弯曲变形

在小变形的条件下,忽略梁横截面在轴向的位移,则在梁的变形过程中,梁横截面有沿垂直方向的线位移 ω,称为挠度;相对于原横截面转过的角位移 θ,称为转角。这两个基本量决定了梁在弯曲变形后梁轴线的形状,即挠曲线。

挠曲线是一条连续光滑平面曲线,其方程是 $\omega=f(x)$。

挠度 ω——横截面形心在坐标 ω 方向上的位移,其正负号与 ω 坐标轴正负相符。

转角 θ——横截面绕中性轴转过的角度,逆时针为正,顺时针为负。在小变形情况下,有

$$\theta\approx\tan\theta=\frac{d\omega}{dx}=\omega'=f'(x) \tag{7-4}$$

由此可见,梁的挠度 ω 与转角 θ 之间存在一定的关系,即梁任一横截面的转角 θ 等于该横截面处挠度 ω 对 x 的一阶导数。

7.7.2 梁在简单载荷作用下的变形

梁在各种简单载荷作用下的变形,可用数学方法进行分析与计算。现将几种典型梁在简单载荷作用下的变形列于表 7-1 中。

表 7-1 梁在简单载荷作用下的变形

序号	梁的简图	挠曲线方程	端截面转角	最大挠度
1	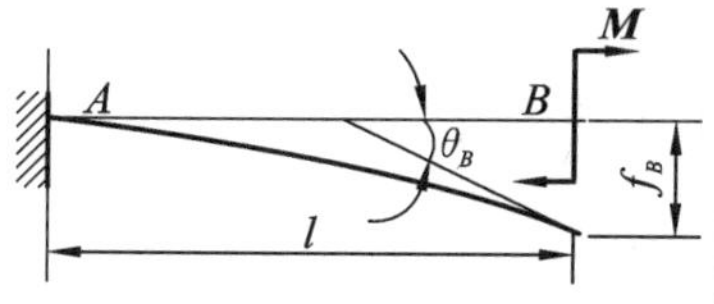	$\omega=-\dfrac{Mx^2}{2EI}$	$\theta_B=-\dfrac{Ml}{EI}$	$f_B=-\dfrac{Ml^2}{2EI}$

续表

序号	梁的简图	挠曲线方程	端截面转角	最大挠度
2	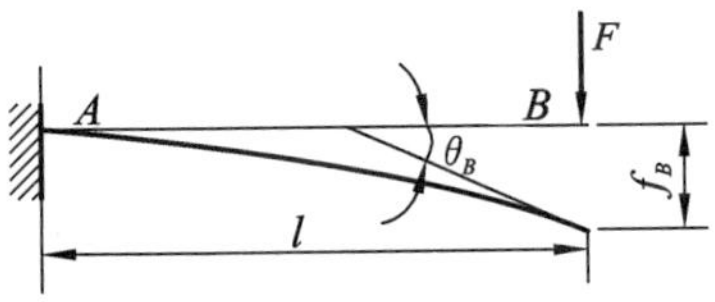	$\omega=-\dfrac{Fx^2}{6EI}(3l-x)$	$\theta_B=-\dfrac{Fl^2}{2EI}$	$f_B=-\dfrac{Fl^3}{3EI}$
3	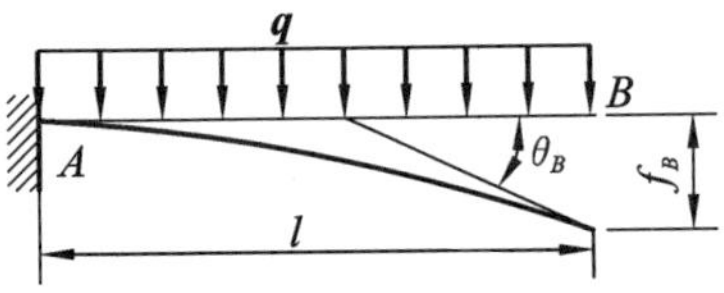	$\omega=-\dfrac{qx^2}{24EI}(x^2-4lx+6l^2)$	$\theta_B=-\dfrac{ql^3}{6EI}$	$f_B=-\dfrac{ql^4}{8EI}$
4	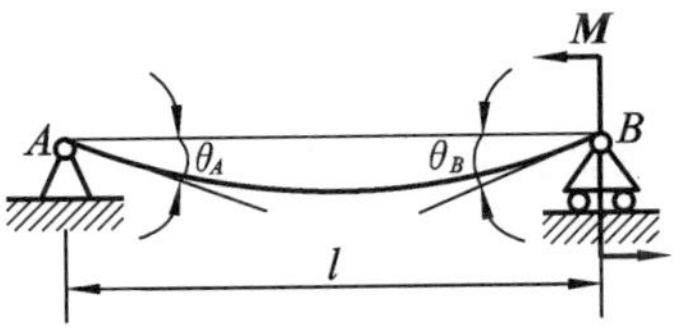	$\omega=-\dfrac{Mx}{6EIl}(l^2-x^2)$	$\theta_A=-\dfrac{Ml}{6EI}$ $\theta_B=\dfrac{Ml}{3EI}$	$x=\dfrac{l}{\sqrt{3}}$， $f_{\max}=-\dfrac{Ml^2}{9\sqrt{3}EI}$ $x=\dfrac{l}{2}$， $f_{\frac{l}{2}}=-\dfrac{Ml^2}{16EI}$
5	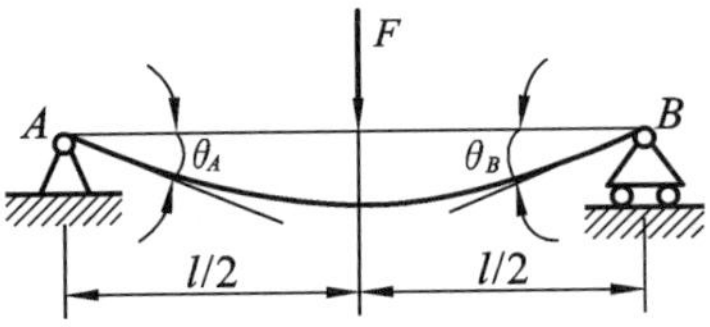	$\omega=-\dfrac{Fx}{48EI}(3l^2-4x^2)$ $(0\leqslant x\leqslant\dfrac{l}{2})$	$\theta_A=-\theta_B=-\dfrac{Fl^2}{16EI}$	$f=-\dfrac{Fl^3}{48EI}$
6	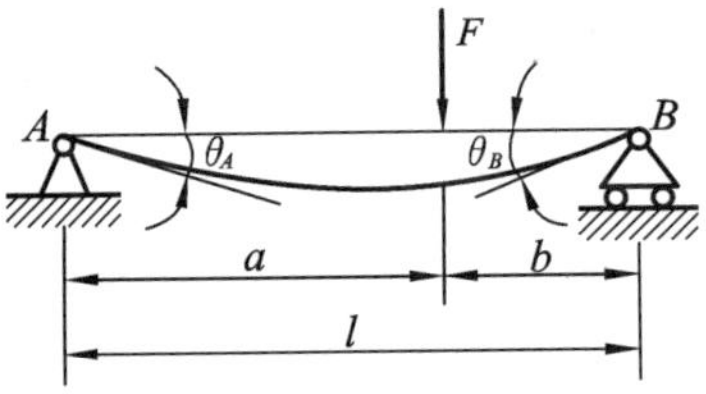	$\omega=-\dfrac{Fbx}{6lEI}(l^2-x^2-b^2)$ $(0\leqslant x\leqslant a)$ $\omega=-\dfrac{Fb}{6lEI}[\dfrac{l}{b}(x-a)^3$ $+(l^2-b^2)x-x^3](a\leqslant x\leqslant l)$	$\theta_A=-\dfrac{Fab(l+b)}{6EIl}$ $\theta_B=\dfrac{Fab(l+a)}{6EIl}$	设 $a>b$， 在 $x=\sqrt{\dfrac{l^2-b^2}{3}}$ 处， $f_{\max}=-\dfrac{Fb(l^2-b^2)^{3/2}}{9\sqrt{3}lEI}$ 在 $x=\dfrac{l}{2}$ 处， $f_{\frac{l}{2}}=-\dfrac{Fb(3l^2-4b^2)}{48EI}$
7	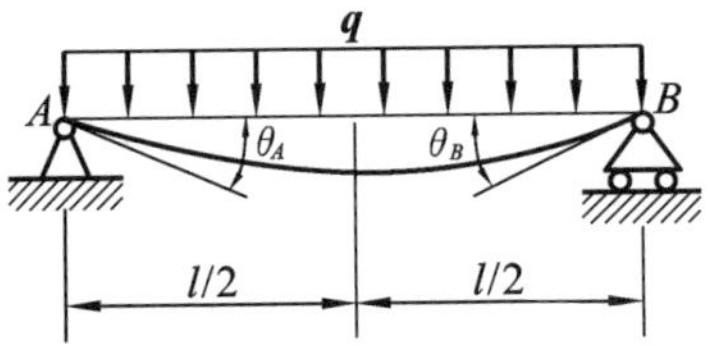	$\omega=-\dfrac{qx}{24EI}(l^3-2lx^2+x^3)$	$\theta_{AB}=-\theta_B$ $=-\dfrac{ql^3}{24EI}$	$f=-\dfrac{5ql^4}{384EI}$

7.7.3 梁的刚度条件与刚度的合理要求及提高措施

1. 梁的刚度条件

梁的刚度条件是指梁的最大挠度和最大转角不能超过许可值,即

$$\theta_{max}\leqslant[\theta]$$

$$f_{max}\leqslant[f] \tag{7-5}$$

以上两式合称为弯曲构件的刚度条件。

2. 刚度的合理要求

对于主要承受弯曲的零件或构件而言,刚度设计就是根据对零件或构件的不同要求,将最大挠度和转角限制在一定范围内,即满足弯曲刚度条件。许用挠度和许用转角对不同的构件有不同的规定,可从有关设计规范中查得。

3. 提高梁刚度的措施

梁的弯曲变形与弯矩 $M(x)$ 及抗弯刚度 EI 有关,而影响梁弯矩的因素又包括载荷、支承情况及梁的有关长度。因此,为提高梁的刚度,可采用以下一些措施:

(1) 选择合理的梁横截面,从而增大横截面的惯性矩 I;

(2) 调整加载方式,改善梁结构,以减小弯矩,或使受力部位尽可能靠近支座,或使集中力分散成分布力;

(3) 减小梁的跨度,增加支承约束。

其中,第三种措施的效果最为显著,因为梁的跨长或有关长度是以其乘方影响梁的挠度和转角的。

【工程应用】

图 7-34 所示工作中的镗床主轴、图 7-35 所示的风中高塔都是承受弯曲变形的实例。

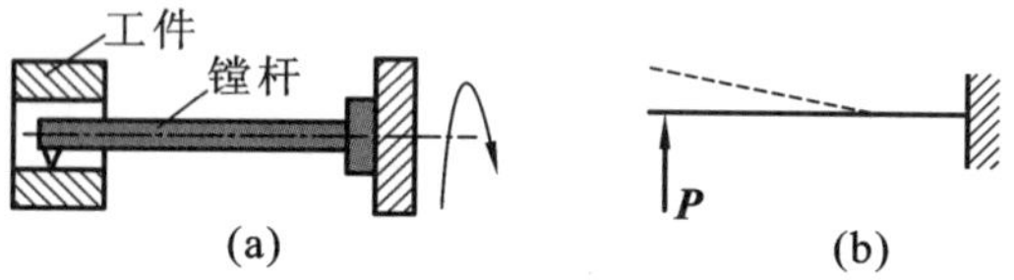

图 7-34 镗床主轴

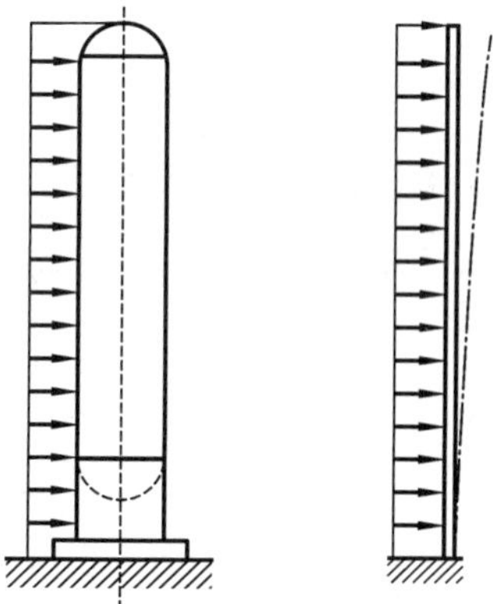

图 7-35 风中高塔

【课后讨论】

取 1 mm 厚的纸板,在材料用量相同的前提下,制成不同横截面、跨度 $l=1$ m 的若干根梁进行承载实验,选择最合理的横截面形状,并采用已掌握的力学知识说明原因。

第 8 章 组合变形

知识及技能

- 了解组合变形的概念；
- 掌握轴的拉伸（压缩）与弯曲组合变形的强度计算；
- 掌握轴的弯曲与扭转组合变形的强度计算。

【知识引入】

图 8-1 所示的工业厂房中的柱子，由于承受的压力并不通过柱的轴线，加上桥式吊车的小车水平刹车力、风力等，产生了压缩与弯曲的组合变形；图 8-2 所示钻机的钻杆在工作时，压力 $\boldsymbol{P}$ 使其产生压缩变形，转矩 $\boldsymbol{M}_1$ 和与孔壁的摩擦阻力矩 $\boldsymbol{M}_2$ 使其产生扭转变形，所以钻杆发生压缩与扭转的组合变形。这类由两种或两种以上基本变形组合而成的组合变形强度计算问题，该如何解决呢？

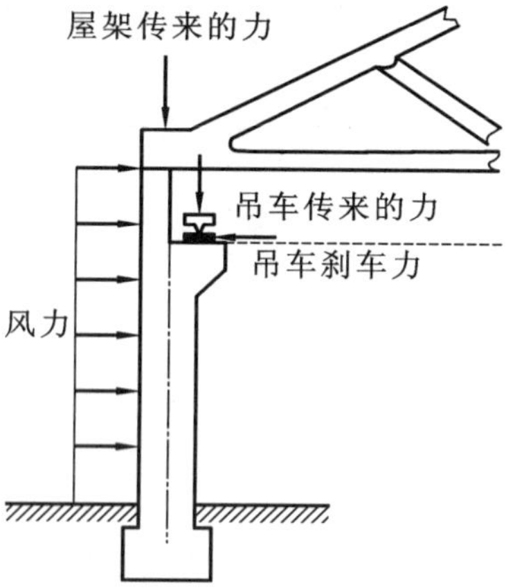

图 8-1　工业厂房中的柱子

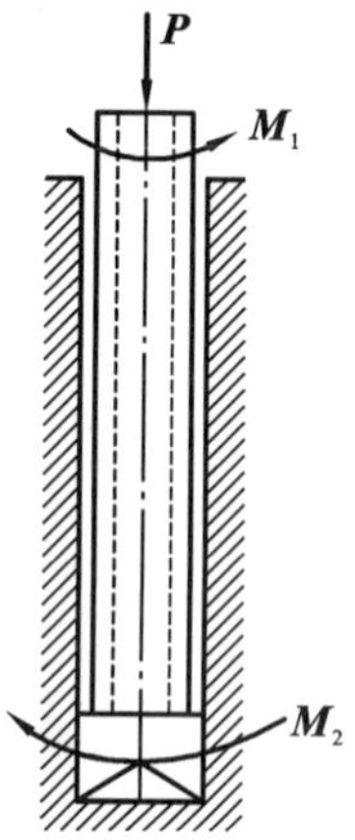

图 8-2　钻机的钻杆

8.1　组合变形的概念

在工程实际中，由于结构所受载荷是复杂的，大多数构件往往会产生两种或两种以上的基本变形，这类变形称为组合变形。在工程实际中，同时产生几种基本变形的构件是很多的。

例如，图 8-1 所示的工业厂房中的柱子产生压缩与弯曲的组合变形，图 8-2 所示的钻机的钻杆在工作时产生压缩与扭转的组合变形。又例如图 8-3 所示的皮带轮轴 BC，皮带拉力使其产生弯曲变形，转矩使其产生扭转变形，所以皮带轮轴产生弯曲和扭转的组合变形。

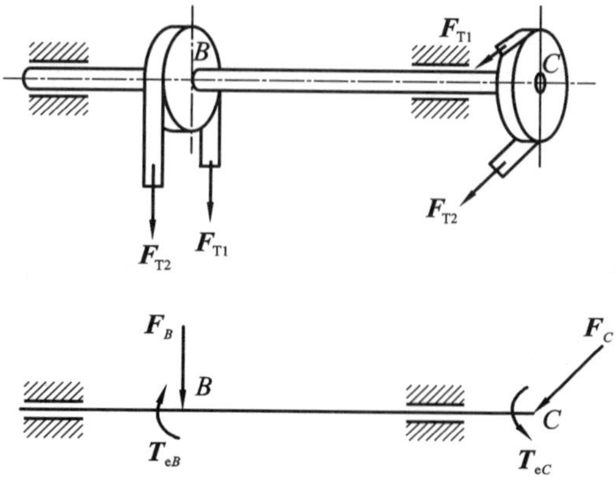

图 8-3　皮带轮轴

本章只讨论工程实际中最常见的拉伸(压缩)与弯曲的组合变形以及弯曲与扭转的组合变形。

8.2 拉伸(压缩)与弯曲组合变形

当杆件受到轴向力和横向力的共同作用时,杆件受力符合拉伸(压缩)与弯曲组合变形的情况。杆件组合变形计算时,需分别计算轴向和横向的正应力。图 8-4 所示的旋臂式起重机横梁 AB 在横向力($\boldsymbol{F}$、$\boldsymbol{F}_{Ay}$、$\boldsymbol{F}_{Ty}$)的作用下产生弯曲,同时在轴向力($F_{Ax}=F_{Tx}$)作用下产生压缩,这是压缩与弯曲组合变形的例子。

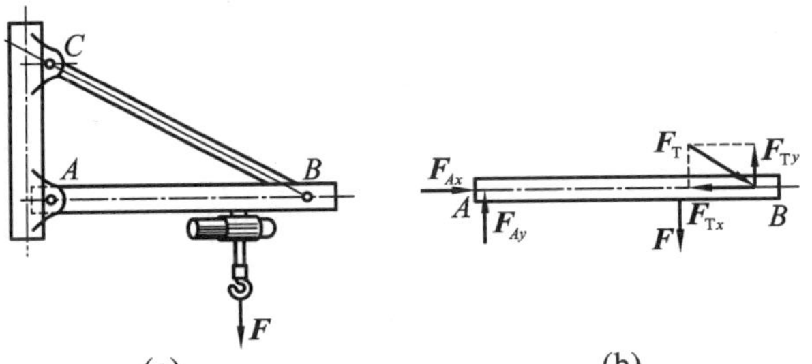

图 8-4 压缩与弯曲组合变形实例

现以图 8-5(a)所示矩形横截面悬臂梁为例,说明产生拉伸(压缩)与弯曲组合变形时的强度计算方法。

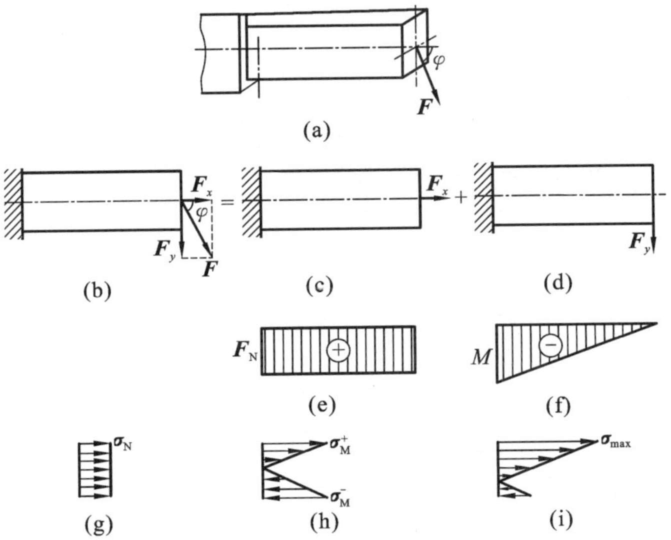

图 8-5 拉伸(压缩)与弯曲组合变形分析

悬臂梁在自由端受力 $\boldsymbol{F}$ 的作用,力 $\boldsymbol{F}$ 处于梁的纵向对称面内,并与梁的轴线成夹角 φ。由于力 $\boldsymbol{F}$ 既不与梁的轴线重合,也不与梁的轴线垂直,因而把它正交分解为两个分力 $\boldsymbol{F}_x$ 和 $\boldsymbol{F}_y$(见图 8-5(b)),即

$$F_x=F\cos\varphi, \quad F_y=F\sin\varphi$$

显然轴向拉力 $\boldsymbol{F}_x$(见图 8-5(c))使梁产生拉伸变形,横向力 $\boldsymbol{F}_y$(见图 8-5(d))使梁产生弯曲变形。

梁内各横截面的轴力均为:$F_N=F_x=F\cos\varphi$。轴力图如图 8-5(e)所示。

弯矩图如图 8-5(f)所示,最大弯矩为 $M=F_yL=FL\sin\varphi$。

显然,梁的固定端是危险横截面,在此横截面上的拉伸正应力 σ_N 和最大弯曲正应力 σ_M 分别是

$$\sigma_N=\frac{F_N}{A},\quad \sigma_M=\pm\frac{M_{max}}{W_z}$$

拉伸正应力和弯曲正应力的分布图分别如图 8-5(g)、图 8-5(h)所示。

由于两种应力都是正应力,且方向线相同,因而可以按叠加原理求和,即危险横截面上下边缘的总应力分别为

$$\sigma=\sigma_N\pm\sigma_M=\frac{F_N}{A}\pm\frac{M_{max}}{W_z} \tag{8-1}$$

总应力的分布图如图 8-5(i)所示。

如果构件产生的是压缩与弯曲的组合变形,则压缩正应力为负值。此时,危险横截面上下边缘的总应力分别为

$$\sigma=-\sigma_N\pm\sigma_M=-\frac{F_N}{A}\pm\frac{M_{max}}{W_z} \tag{8-2}$$

由式(8-1)得到产生拉伸与弯曲组合变形时构件的强度条件为

$$\sigma_{max}=\frac{F_N}{A}+\frac{M_{max}}{W_z}\leqslant[\sigma] \tag{8-3}$$

由式(8-2)得到产生压缩与弯曲组合变形时构件的强度条件为

$$\sigma_{max}=\left|-\frac{F_N}{A}-\frac{M_{max}}{W_z}\right|\leqslant[\sigma] \tag{8-4}$$

下面通过几个例子来说明拉伸和压缩组合变形中的计算问题。

例 8-1 简易悬臂吊车(尺寸单位为毫米)如图 8-6(a)所示,起吊重力 $G=12$ kN,横梁 AB 为 No. 20a 工字钢,材料的许用应力$[\sigma]=100$ MPa,试校核梁 AB 的强度。

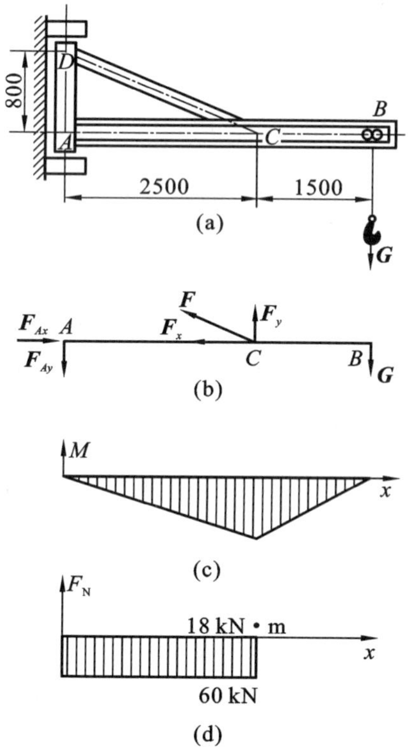

图 8-6 例 8-1 图

解 (1) 梁 AB 的受力图如图 8-6(b)所示。梁 AB 承受压缩与弯曲组合变形。

设 CD 杆的拉力为 $\boldsymbol{F}$,由平衡方程得

$$\sum M_A=0$$

即

$$F\times\frac{0.8}{\sqrt{0.8^2+2.5^2}}\times2.5\ \text{m}-12\ \text{kN}\times4\ \text{m}=0$$

则

$$F=63\ \text{kN}$$

(2) 由图可知,梁 AC 段的轴力为

$$F_N=F_x=F\times\frac{2.5}{\sqrt{0.8^2+2.5^2}}=60\ \text{kN}$$

最大弯矩为

$$M_{max}=12\times1.5\ \text{kN}\cdot\text{m}=18\ \text{kN}\cdot\text{m}$$

梁 AB 的内力图如图 8-6(c)、图 8-6(d)所示。

梁 AB 上横截面 C 略偏左为危险横截面，危险横截面的下边缘为危险点(有最大压应力)。

(3) 校核梁 AB 的强度。

由型钢表查得 No.20a 工字钢的抗弯截面系数和横截面面积分别为 $W_z=237\ \text{cm}^3$，$A=35.578\ \text{cm}^2$。

因钢材的抗拉强度与抗压强度相同，由强度条件得

$$\sigma_{max}=\left|-\frac{F_N}{A}-\frac{M_{max}}{W_z}\right|=\left|-\frac{60\times1000}{35.578\times10^{-4}}-\frac{18\times10^3}{237\times10^{-6}}\right|\ \text{Pa}=92.81\ \text{MPa}<[\sigma]$$

故梁 AB 满足强度要求。

例 8-2 受拉钢板(见图 8-7(a))原宽度 $b=80$ mm，原厚度 $t=10$ mm，上边缘有一切槽，槽深 $a=10$ mm，$F=80$ kN，钢板的许用应力$[\sigma]=140$ MPa，试校核其强度。

解 钢板有切槽，在外力 $\boldsymbol{F}$ 的作用下，有切槽截面产生偏心拉伸，其偏心距 e 为

$$e=\frac{b}{2}-\frac{b-a}{2}=\frac{a}{2}=5\ \text{mm}$$

将力 $\boldsymbol{F}$ 向横截面 1—1 形心简化，得该横截面上的轴力 F_N 和弯矩 M 分别为

$$F_N=F=80\ \text{kN}$$

$$M=Fe=80\times10^3\times5\times10^{-3}\ \text{N}\cdot\text{m}=400\ \text{N}\cdot\text{m}$$

轴力 $\boldsymbol{F}_N$ 引起均匀分布的拉应力，弯矩 $\boldsymbol{M}$ 在 1—1 横截面的 A 点引起最大拉应力，故危险点在 A 点。又因为该点为单向应力状态，所以有

$$\begin{aligned}\sigma_{max}&=\frac{F_N}{A}+\frac{M_{max}}{W_z}=\left(\frac{80\times10^3}{10\times70\times10^{-6}}+\frac{6\times400}{10\times70^2\times10^{-9}}\right)\text{Pa}\\&=(114.29\times10^6+48.98\times10^6)\ \text{Pa}\\&=163.27\times10^6\ \text{Pa}=163.27\ \text{MPa}>[\sigma]\end{aligned}$$

校核表明钢板的强度不够。从计算可见，由于微小偏心引起的弯曲应力约为总应力的30%，因此为了保证强度，在条件允许时，可在切槽的对称位置，再开一个同样的切槽，如图

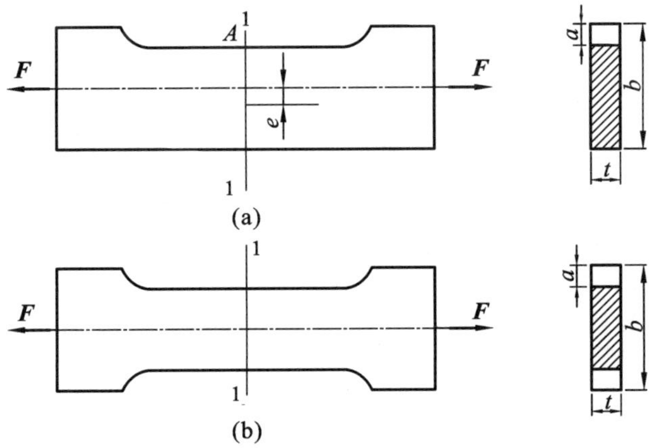

图 8-7 例 8-2 图

8-7(b)所示。这时虽然横截面 1—1 的面积有所减小,但消除了偏心,使应力均匀分布,A 点的强度条件为

$$\sigma=\frac{F}{A}=\frac{80\times10^{3}}{10\times60\times10^{-6}}\ \text{Pa}=133.33\times10^{6}\ \text{Pa}=133.33\ \text{MPa}<[\sigma]$$

此时钢板的强度满足强度条件。由此可见,使构件内应力均匀分布,是充分利用材料、提高强度的办法之一。但应注意,开槽时应尽可能使横截面变化缓和,以减少应力集中。

8.3 弯曲与扭转组合变形

在工程应用中,齿轮传动、带传动等中的轴受力情况较为复杂,工作时均产生弯曲与扭转组合变形。现讨论圆横截面杆在产生弯曲与扭转组合变形时的应力分布。

设有一圆横截面杆 AB,一端固定,一端自由,在自由端 B 处安装一个圆轮,并在轮缘上作用一个与轮相切的集中力,如图 8-8(a)所示,现讨论 AB 杆的强度计算。

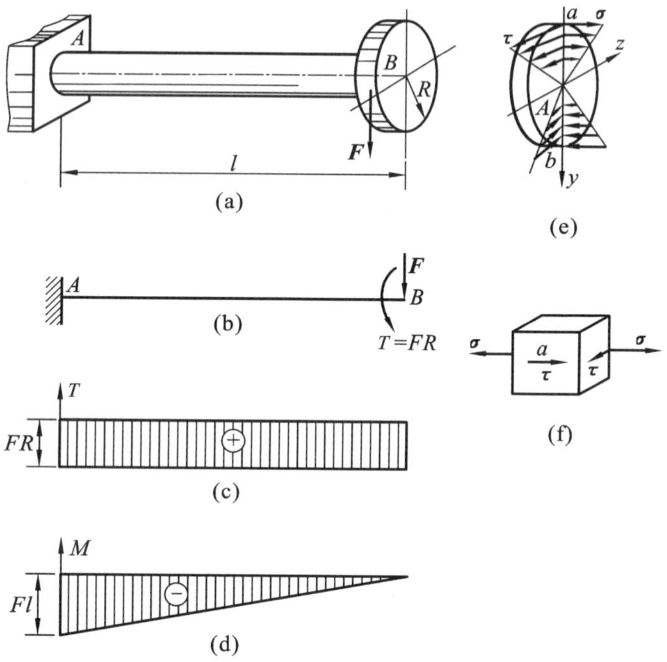

图 8-8 弯曲与扭转组合变形

AB 杆受力分析如图 8-8(b)所示。画出 AB 杆的扭矩图和弯矩图分别如图 8-8(c)、图 8-8(d)所示。由此可以分析,在危险横截面 A 上必然存在弯曲正应力和扭转切应力,其分布情况如图 8-8(e)所示。就扭转而言,所有横截面的最外边缘同等危险;就弯曲而言,A 横截面的上、下边缘是危险点,因此,A 横截面的上、下边缘也是 AB 杆的危险点。从 A 横截面的上边缘 a 点取原始单元体,如图 8-8(f)所示,危险点的应力状态为平面应力状态,该点的弯曲正应力和扭转切应力分别为

$$\sigma=\frac{M}{W_z},\quad \tau=\frac{T}{W_p}$$

一般转轴由塑性材料制成,可按第三强度理论或第四强度理论(下一节介绍)建立强度

条件，即

$$\sigma_{r3}=\sqrt{\sigma^2+4\tau^2}\leqslant[\sigma]$$

$$\sigma_{r4}=\sqrt{\sigma^2+3\tau^2}\leqslant[\sigma]$$

将 σ、τ 的表达式代入，并利用 $W_p=2W_z$，得到圆轴产生弯曲与扭转组合变形时的强度条件为

$$\sigma_{r3}=\frac{\sqrt{M^2+T^2}}{W_z}\leqslant[\sigma] \quad (8\text{-}5)$$

$$\sigma_{r4}=\frac{\sqrt{M^2+0.75T^2}}{W_z}\leqslant[\sigma] \quad (8\text{-}6)$$

例 8-3 图 8-9(a)所示的传动轴 AB 由电动机带动，轴长 $L=1.2$ m，在跨中安装一胶带轮，重力 $G=5$ kN，半径 $R=0.6$ m，胶带紧边张力 $F_1=6$ kN，松边张力 $F_2=3$ kN，轴直径 $d=0.1$ m，材料许用应力$[\sigma]=50$ MPa。试按第三强度理论校核轴的强度。

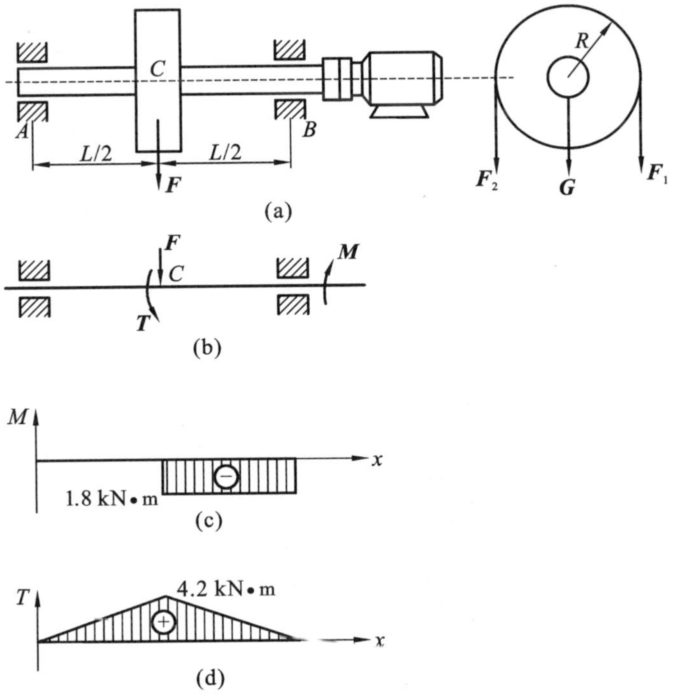

图 8-9　校核传动轴 AB

解　(1) 外力分析。

将作用在胶带轮上的胶带拉力 $\boldsymbol{F}_1$、$\boldsymbol{F}_2$ 向轴线简化，结果如图 8-9(b)所示。传动轴所受竖向主动力为

$$F=G+F_1+F_2=(5+6+3)\ \text{kN}=14\ \text{kN}$$

胶带拉力 $\boldsymbol{F}_1$、$\boldsymbol{F}_2$ 使轴在竖向平面内弯曲，附加力偶为

$$M=-(F_1-F_2)R=-(6-3)\times0.6\ \text{kN}\cdot\text{m}=-1.8\ \text{kN}\cdot\text{m}$$

此外力偶使轴产生扭转变形，故此轴产生弯曲与扭转组合变形。

(2) 内力分析。

分别画出轴的扭矩图和弯矩图如图 8-9(c)、图 8-9(d)所示，危险横截面上的扭矩 $M=$

1.8 kN·m,弯矩 $T=4.2\ \text{kN·m}$。

(3) 强度校核。

按第三强度理论式(8-5)得

$$\sigma_{r3}=\frac{\sqrt{M^2+T^2}}{W_z}=\frac{\sqrt{(4.2\times10^6)^2+(1.8\times10^6)^2}}{\pi\times100^3/32}\ \text{MPa}=46.54\ \text{MPa}<[\sigma]$$

故此轴满足强度要求。

例 8-4 传动轴(尺寸单位为毫米)如图 8-10 所示,传递功率 $P=7$ kW,转速 $n=200$ r/min。皮带轮重力 $G=1.8$ kN。左端齿轮上啮合力 **F** 与齿轮节圆切线的夹角(压力角)为 20°,带轮上紧边、松边拉力 $F_1=2F_2$,轴材料的许用应力$[\sigma]=80$ MPa,试按第三强度理论设计轴的直径。

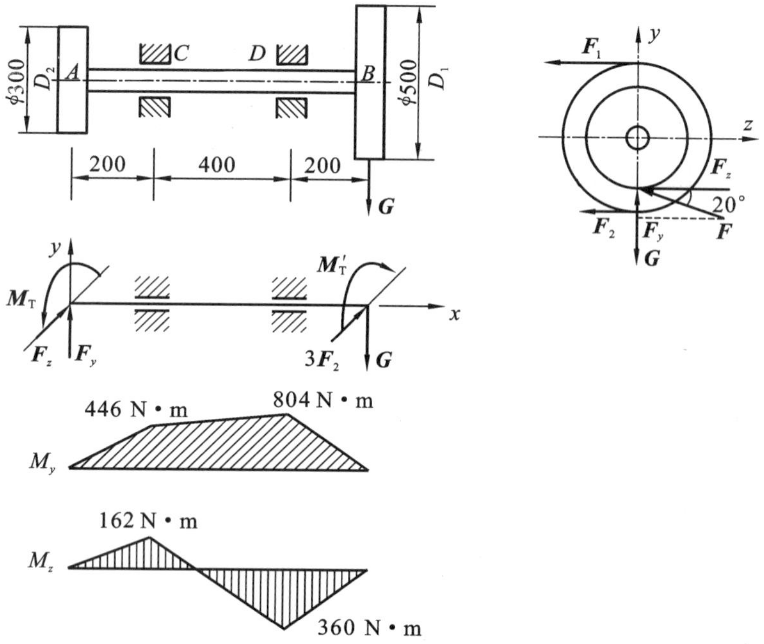

图 8-10 设计轴的直径

解 (1) 外力简化(建立计算模型)。

外力向 AB 轴轴线简化,并计算各力大小。

$$M_T=9550\frac{P}{n}=9550\times\frac{7}{200}\ \text{N·m}=334\ \text{N·m}$$

$$F_z=\frac{2M_T}{D_2}=\frac{2\times334}{0.3}\ \text{N}=2227\ \text{N}$$

$$F_y=F_z\tan20^\circ=2227\times\tan20^\circ\ \text{N}=811\ \text{N}$$

$$3F_2=3\times\frac{2M_T}{D_1}=3\times\frac{2\times334}{0.5}\ \text{N}=4008\ \text{N}$$

(2) 作轴的扭矩图和弯矩图(确定轴的危险横截面)。

因为全轴上扭矩相等,所以扭矩图略。作 xz 平面内的 M_y 图和 xy 平面内的 M_z 图,可以看出 D 横截面为危险横截面,其上的内力为

$$\begin{cases}M_T=334\ \text{N·m}\\ M_D=\sqrt{M_y^2+M_z^2}=\sqrt{804^2+360^2}\ \text{N·m}=881\ \text{N·m}\end{cases}$$

(3) 根据第三强度理论设计轴的直径。

由 $$\sigma_{r3}=\frac{\sqrt{M_D^2+M_T^2}}{W_z}\leqslant[\sigma]$$

得

$$\frac{\pi d^3}{32}\geqslant\frac{\sqrt{M_D^2+M_T^2}}{[\sigma]}=\frac{\sqrt{0.881^2+0.334^2}\times10^6}{80}\ \text{mm}^3=0.1178\times10^5\ \text{mm}^3$$

即 $d\geqslant\sqrt[3]{\frac{0.1178\times10^5\times32}{\pi}}$ mm≈49.3 mm，取 $d=50$ mm。

8.4 应力状态与强度理论简介

8.4.1 应力状态

前面在研讨构件的基本变形时，都是分析和讨论构件横截面上的应力，而且在横截面上的应力只有正应力 $\boldsymbol{\sigma}$ 或剪应力 $\boldsymbol{\tau}$ 一种，相应的强度条件是

$$\sigma_{\max}\leqslant[\sigma]=\frac{\sigma^0}{n}\quad 或\quad \tau_{\max}\leqslant[\tau]=\frac{\tau^0}{n}$$

式中，σ^0 和 τ^0 分别是材料在拉伸和剪切时的极限应力(危险应力)。

但是，有些构件并不是在横截面上发生破坏的，例如铸铁试件(脆性材料)在压缩和扭转试验时，都是沿着45°的斜截面发生破坏的。另外，在复杂的组合变形中，构件横截面上的危险点既有正应力也有剪应力。例如，机械上的轴类，发生的是弯曲与扭转的组合变形，轴的上、下边缘点是危险点，其弯曲正应力 σ 和扭转剪应力 τ 都是最大值，面对这样复杂的应力情况，能否分别使用上述强度条件进行计算？大量的实践证明，这样做是错误的，因为这些横截面上的正应力和剪应力并不是孤立地分别对构件产生破坏作用，而是相互联系、相互影响的，因此必须考虑它们的综合作用效果。

由此可见，要解决构件上危险点处的复杂应力问题，就需要研讨复杂应力状态下的强度理论。

所谓一点的应力状态，是指构件内一点处各个横截面上的应力情况。为了研究点的应力状态，可围绕该点切取一个微小的正方体，其各边的尺寸均为无限小量，称为单元体。由于单元体的尺寸很微小，所以互相平行的两个平面上的应力是等值、反向的。这样，单元体上六个面上的应力，就代表了过该点三个相互垂直截面上的应力，于是该点的应力状态便完全确定了。

例如，直杆受轴向拉伸(见图8-11(a))时，若分析其上 A 点的应力状态，就可围绕 A 点取出一个单元体，如图8-11(b)所示。单元体左右两个面都是横截面，其余四个面都平行于杆件的轴线。作用在单元体各个面上的应力，就表示 A 点的应力状态。

单元体只要有一对平行平面上无应力，就可用其投影图表示。上述单元体的投影图如图8-11(c)所示。在图8-11(b)中，单元体的三个相互垂直的面上均无剪应力，如此剪应力为零的面称为主平面。主平面上的应力称为主应力。主应力的方向称为主方向。

一般来说，在受力构件内围绕着任意一点总可截出一个单元体，使它具有三个互相垂直的主平面，因而每一点都有三个主应力。三个主应力分别用 $\boldsymbol{\sigma}_1$、$\boldsymbol{\sigma}_2$、$\boldsymbol{\sigma}_3$ 表示，并按代数值大小的顺序排列，即 $\sigma_1>\sigma_2>\sigma_3$。一点的应力状态常用该点处的三个主应力来表示，如图 8-12 所示。在三个主应力中，若有一个不等于零，称为单向应力状态；若两个不等于零，称为二向应力状态或平面应力状态；若三个全不等于零，便称为三向应力状态或空间应力状态。单向应力状态又称为简单应力状态，二向应力状态、三向应力状态统称为复杂应力状态。

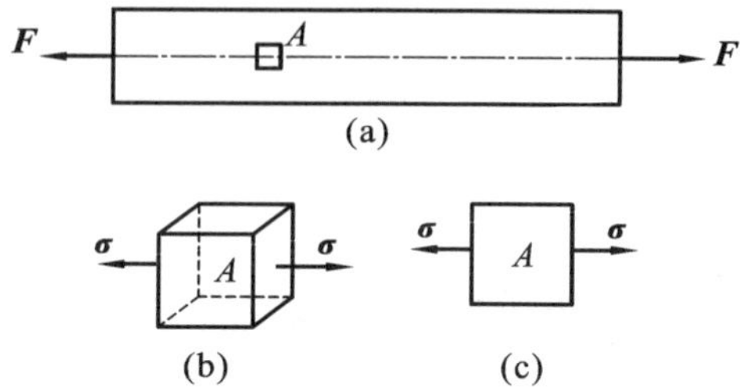

图 8-11　直杆受轴向拉伸时 A 点的应力状态分析

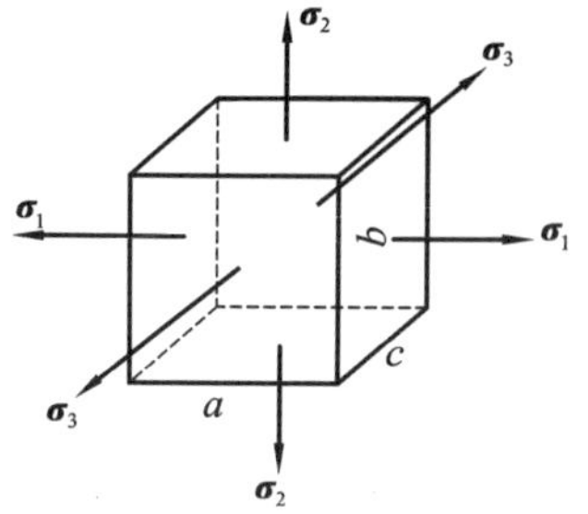

图 8-12　单元体的应力状态

8.4.2　强度理论简介

在工程实际中，分析受力构件的强度问题时，需要确定它的危险横截面上危险点的应力状态，而大多数的危险点都处于复杂应力状态下。如果也仿照单向拉（压）用试验的方法来建立强度条件，那么就得在各种各样的复杂应力状态下，对材料一一进行试验，以确定相应的极限应力，然后建立强度条件，但这显然是难以实现的，因此需寻求他法。目前，工程上根据对材料破坏原因的考察，找出材料在各种应力状态下破坏的共同原因，再利用简单应力状态下的试验结果（破坏时的极限应力 σ_s 和 σ_b）来建立构件的强度条件。关于材料破坏原因所提出的假说并由此而建立的强度准则，称为强度理论。

工程实际和材料破坏实验表明：在静载荷作用下，材料的破坏主要有塑性屈服和脆性断裂两种形式。形式不同，原因各异，于是就出现了各不相同的强度理论。

现将各向同性材料在常温、静载条件下常用的四种强度理论简介如下。

1. 最大拉应力理论（第一强度理论）

该理论假设材料的破坏是由绝对值最大的拉应力引起的。也就是说，材料在各种应力状态下，只要三个主应力中有一个主应力的数值达到单向拉伸或压缩破坏的极限应力，材料就发生破坏，因此，材料的破坏条件为

$$\sigma_1=\sigma_b$$

相应地，材料的强度准则为

$$\sigma_1\leqslant[\sigma] \tag{8-7}$$

这一理论能较好地解释铸铁、玻璃等脆性材料的破坏现象，与试验结果吻合得较好，但没有考虑另外两个主应力的影响，且对没有拉应力的状态（如单向压缩、三向压缩等）无法使用，对塑性材料的屈服失效也无法解释。

2. 最大拉应变理论（第二强度理论）

这一理论认为，引起材料断裂破坏的主要因素是最大拉应变，即不论材料处于何种应力状态下，只要危险点处的最大拉应变 ε_1 达到材料单向拉伸断裂时的极限应变值 ε_b，材料即发

生断裂破坏。按此理论，材料脆性断裂破坏的条件是

$$\varepsilon_1=\varepsilon_b$$

相应地，材料的强度准则(推导过程略)为

$$\sigma_1-\mu(\sigma_2+\sigma_3)\leqslant[\sigma] \tag{8-8}$$

这一理论对于石料或混凝土等脆性材料受轴向压缩时沿纵向横截面开裂的现象，能给出很好的解释，但未被金属材料的试验证实。

3. 最大剪应力理论(第三强度理论)

这一理论假设材料的破坏是由最大剪应力引起的。也就是说，材料在各种应力状态下，只要最大剪应力的数值达到轴向拉伸破坏的极限应力，材料就发生塑性屈服破坏。据此，材料的破坏条件为

$$\tau_{max}=\tau^0$$

在轴向拉伸时，也即在单向应力状态下的强度条件为

$$\sigma_1-\sigma_3\leqslant[\sigma]$$

而

$$[\sigma]=\frac{\sigma^0}{n}=\frac{\sigma_s}{n}$$

试验结果表明，最大剪应力理论较圆满地解释了塑性材料的屈服现象，与许多塑性材料在大多数受力情况下发生屈服的试验结果相当符合，因此在机械工程中得到广泛的应用。但该理论没有考虑主应力 $\boldsymbol{\sigma}_2$ 的影响。

现将第三强度理论应用到承受弯曲与扭转组合作用的圆轴上：轴上危险点的弯曲正应力$\sigma=\frac{M}{W_z}$，扭转剪应力 $\tau=\frac{T}{W_T}$，而 $W_z=\frac{\pi d^3}{32}$，$W_T=\frac{\pi d^3}{16}$，所以 $W_T=2W_z$，经推导(略)可得

$$\sigma_{xd_3}=\frac{\sqrt{M^2+T^2}}{W_z}\leqslant[\sigma] \tag{8-9}$$

式(8-9)即为按第三强度理论圆轴弯扭组合变形时的强度条件，σ_{xd_3} 的意义是按第三强度理论所得的相当应力。

4. 形状改变比能理论(第四强度理论)

塑性材料在外力作用下发生变形，载荷作用点随之产生位移，因此，在变形过程中，载荷在相应作用点的位移上做功。根据能量守恒定律，如果外力属于静载荷，则荷载所做之功全部转化为积蓄在弹性体内的变形能，其单元体的形状和体积均发生改变。由此，变形能又可分解为形状变形能和体积变形能。单位体积内的形状变形能称为形状改变比能。

形状改变比能理论认为，引起材料屈服的主要因素是形状改变比能。也就是说，不论材料处于何种应力状态下，只要形状改变比能达到材料单向拉伸时的极限形状改变比能，材料就发生塑性屈服破坏。相应的强度准则(推导过程略)为

$$\sqrt{\frac{1}{2}[(\sigma_1-\sigma_2)^2+(\sigma_2-\sigma_3)^2+(\sigma_3-\sigma_1)^2]}\leqslant[\sigma] \tag{8-10}$$

而

$$[\sigma]=\frac{\sigma^0}{n}=\frac{\sigma_s}{n}$$

试验表明，对于塑性材料而言，第四强度理论比第三强度理论更符合试验结果。这两个强度理论在工程中都得到广泛的应用。

再将第四强度理论应用到承受弯曲与扭转组合作用的圆轴(推导过程略)上，最后可得

$$\sigma_{xd_4}=\frac{\sqrt{M^2+0.75T^2}}{W_z}\leqslant[\sigma] \tag{8-11}$$

式(8-11)即为按第四强度理论圆轴弯扭组合变形时的强度条件，σ_{xd_4} 的意义是按第四强度理论所得的相当应力。

【工程应用】

摇臂钻床如图 8-13 所示，在钻孔时其立柱是同时受拉伸和弯曲的，因此，立柱的强度计算就要按照拉伸与弯曲组合变形来进行。

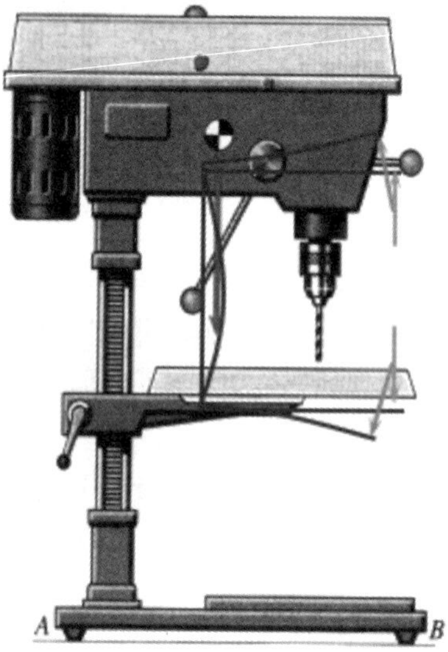

图 8-13　摇臂钻床

【课后讨论】

拉伸(压缩)与弯曲组合变形的强度准则同扭转与弯曲组合变形的强度准则建立方法是否相同？

第 9 章 压杆稳定

知识及技能

- 理解压杆稳定性的基本概念；
- 能够判断压杆的类型；
- 能够对工程结构中的单个物体及物体系统进行压杆稳定性分析。

【知识引入】

小麦是我国北方地区的主要粮食作物，在小麦即将成熟的季节里，往往一场风雨过后，很多麦田出现了倒伏现象。经过观察发现，倒伏容易出现在小麦植株密、茎节长、土壤比较肥沃的田块。这是什么原因呢？

9.1 压杆稳定的基本概念

9.1.1 压杆稳定的概念

为了保障机器或设备正常工作，其构件必须具有足够的强度和刚度。在研究强度问题时人们发现，对于满足强度条件的细长杆件而言，在轴向压力超过一定数值以后，在任意外界的扰动下，其直线平衡形式将突然转变为弯曲变形，致使杆件或由之组成的结构丧失正常功能。很显然，这是区别于强度和刚度的又一失效形式，即稳定失效。

取一细长直杆(见图 9-1(a))，将其两端用铰支座连接(图中未画出)，沿着直杆的轴线方向施加一个逐渐增大的压力 $\boldsymbol{F}$。当压力 F 较小时，杆件保持直线形式平衡状态。此时，若用一横向力 $\boldsymbol{F}_Q$ 给杆件以横向干扰，使杆件微弯(见图 9-1(b))，随即撤去干扰，则杆件能依靠材料的弹性抗力弹回，经过几次摆动后，恢复到原来的直线形式平衡状态。这说明杆件所处的直线形式平衡状态经得起干扰，是稳定的。

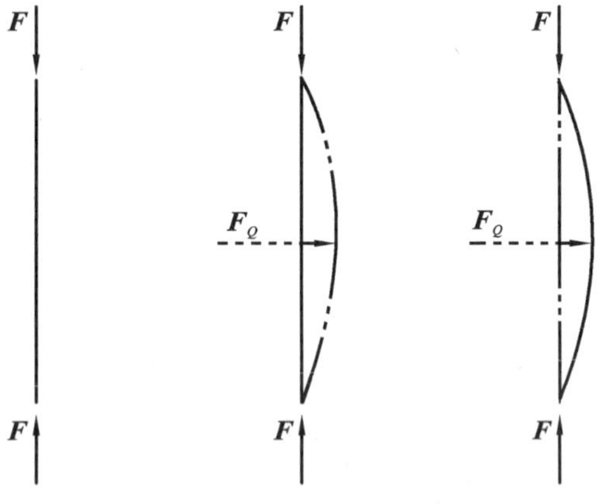

(a)受压直杆　(b) $F<F_{cr}$时　(c) $F=F_{cr}$时

图 9-1　受压直杆稳定性实验

当 F 达到某一值 F_{cr}时，再用一横向力 $\boldsymbol{F}_Q$ 给杆件以横向干扰使杆件微弯，但去掉干扰后，杆件不能恢复到原来的直线平衡状态，而是以曲线状态达到新的平衡(见图 9-1(c))。这说明杆件在 $\boldsymbol{F}_{cr}$作用下的直线形式平衡状态是不稳定的。压杆丧失其直线形式平衡状态的现象，称为丧失稳定，简称**失稳**。**受压直杆保持其直线形式平衡状态的能力称为压杆**

的稳定性。所谓稳定性，是指构件保持原有平衡状态的能力。

应当指出，当载荷超过临界值时，不仅压杆会出现失稳现象，其他构件也会出现失稳现象。图 9-2(a)所示为受均匀外压的薄壁圆筒，因稳定性不够而变成椭圆的情况。图 9-2(b)所示为工字梁因稳定性不够而发生侧向弯曲和扭转的情况。本章只讨论压杆稳定问题。

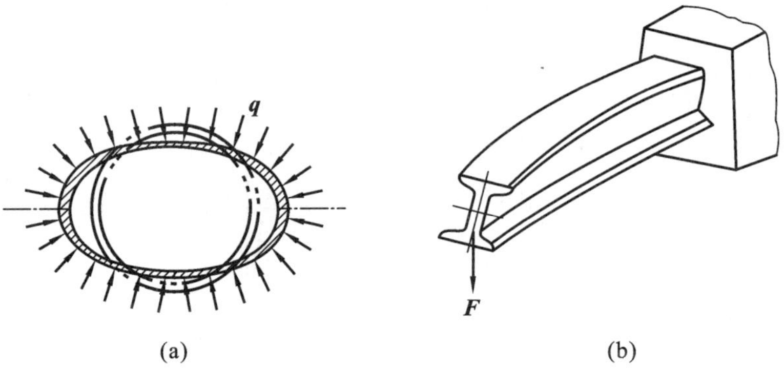

图 9-2 其他构件的失稳现象

9.1.2 压杆的临界载荷

1. 临界载荷的定义

工程实际中的压杆，由于种种原因(如制作误差、材料不均匀、周围物体振动等)，不可能达到理想的中心受压状态，所以，当压杆上的载荷达到某一临界值 F_{cr} 时，甚至还小于 F_{cr} 时，压杆就会出现失稳现象。压杆上的这一轴向压力的临界值，称为**压杆的临界载荷，即使轴向受压杆件由稳定的直线形式平衡状态过渡到不稳定平衡状态的轴向压力的临界值，用 F_{cr} 表示**。

2. 临界载荷的欧拉公式

当作用在细长杆上的压力 F 等于 F_{cr} 时，杆在横向干扰力的作用下将变弯。对于等截面细长直杆来说，在杆的变形不大，杆内应力不超过比例极限的情况下，根据弯曲变形的理论可以得到求临界载荷值的公式。该公式由欧拉于 1744 年最早提出，称为压杆**临界载荷的欧拉公式**，即

$$F_{cr}=\frac{\pi^2 EI}{(\mu l)^2} \tag{9-1}$$

式中：F_{cr}——临界载荷；

I——杆件横截面对中性轴的惯性矩；

μ——与支承情况相关的长度系数。

由此公式可以看出，临界载荷的大小由杆件的材料、长度、横截面的形状和尺寸及杆端的支承情况决定。μl 称为相当长度。不同支承情况下的 μ 值列于表 9-1 中。

表 9-1　不同支承情况下的 μ 值

支承方式	两端铰支	一端自由，另一端固定	两端固定	一端铰支另一端固定
挠曲线形状	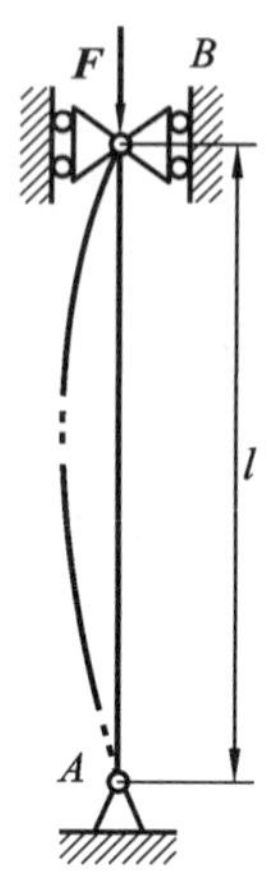 (a)	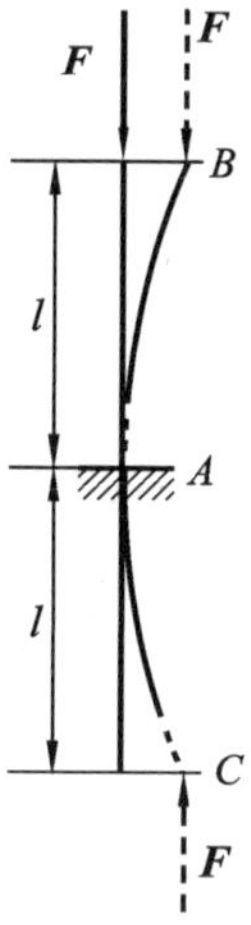 (b)	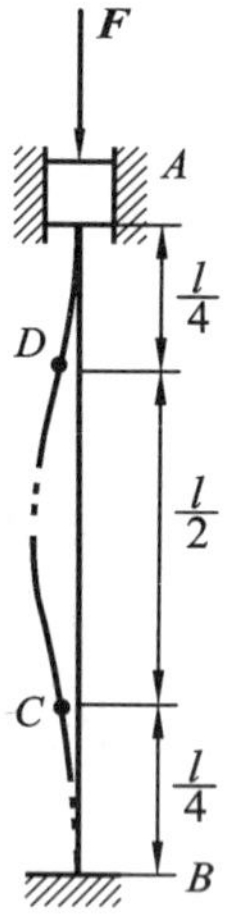 (c)	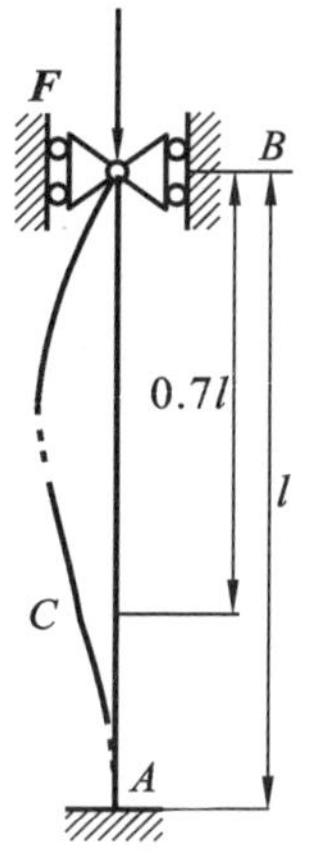 (d)
F_{cr}	$\frac{\pi^2 EI}{l^2}$	$\frac{\pi^2 EI}{(2l)^2}$	$\frac{\pi^2 EI}{(0.5l)^2}$	$\frac{\pi^2 EI}{(0.7l)^2}$
μ	1.0	2.0	0.5	0.7

9.1.3　压杆的临界应力

细长压杆的临界载荷除以其横截面面积所得到的值，称为**临界应力**，用 σ_{cr} 表示。设压杆的横截面面积为 A，则由式(9-1)可知临界应力为

$$\sigma_{cr}=\frac{F_{cr}}{A}=\frac{\pi^2 EI}{(\mu l)^2 A}$$

引入惯性半径 $i=\sqrt{\frac{I}{A}}$，令

$$\lambda=\frac{\mu l}{i} \tag{9-2}$$

得

$$\sigma_{cr}=\frac{F_{cr}}{A}=\frac{\pi^2 EI}{(\mu l)^2 A}=\frac{\pi^2 E}{\left(\frac{\mu l}{i}\right)^2}$$

即

$$\sigma_{cr}=\frac{\pi^2 E}{\lambda^2} \tag{9-3}$$

式中，λ 为**压杆的柔度或长细比**，是一个无量纲的量，它综合反映了压杆的长度、支承情况、横截面的形状与尺寸等因素对临界应力的影响。λ 大，表示压杆细而长，临界应力小，压杆容易失稳；λ 小，压杆粗而短，临界应力大，压杆不易失稳。所以，柔度 λ 是压杆稳定计算中一个重要的几何参数。式(9-3)是临界应力的欧拉公式，由公式可以看出，λ 值越大，压杆的临界应力越小，压杆的稳定性就越差；反之，λ 值越小，压杆的临界应力越大，压杆的稳定性就越好。

9.2 临界载荷的计算

9.2.1 欧拉公式的适用范围

由于压杆的临界载荷欧拉公式是由挠曲线近似微分方程推导得出的，该方程只有在材料服从胡克定律时才成立，因此只有压杆的临界应力不超过材料的比例极限 σ_p 时，才可以应用欧拉公式，因此欧拉公式的适用范围可表示为

$$\sigma_{cr}=\frac{\pi^2 E}{\lambda^2}\leqslant\sigma_p$$

或改写为

$$\lambda\geqslant\sqrt{\frac{\pi^2 E}{\sigma_p}}=\pi\sqrt{\frac{E}{\sigma_p}}$$

$$\lambda\geqslant\lambda_p=\sqrt{\frac{\pi^2 E}{\sigma_p}} \tag{9-4}$$

于是，**欧拉公式的适用范围又可写为** $\lambda\geqslant\lambda_p$，$\lambda_p$ 称为对应于**材料比例极限的柔度**，是由材料本身性质所决定的量，而与横截面形状和杆端约束力无关，可由式(9-4)求出。如 Q235A 钢，$E=200$ GPa，$\sigma_p=200$ MPa，将它们代入式(9-4)得 $\lambda_p\approx99$；又如 Q275 钢，$E=200$ GPa，$\sigma_p=300$ MPa，代入式(9-4)可得 $\lambda_p\approx81$。

9.2.2 临界应力的经验公式

工程中常遇到一些相对短粗的压杆，其工作应力 σ 往往介于材料的比例极限 σ_p 与屈服点 σ_s（或屈服强度 $\sigma_{0.2}$）之间，也就是其柔度 $\lambda<\lambda_p$，它不会因静强度不够而破坏，但可能会丧失稳定性，其临界应力不能用欧拉公式计算。

研究表明，$\lambda<\lambda_p$ 的压杆，临界应力可用经验公式计算。常用的经验公式有直线公式和抛物线公式，这里只介绍直线公式。

对于用合金钢、铝合金、铸铁和木材等材料制成的压杆而言，当 $\lambda<\lambda_p$ 时，一般采用直线公式，其表达式为

$$\sigma_{cr}=a-b\lambda \tag{9-5}$$

式中，a、b 为与材料本身性质有关的常数，单位为 MPa。表 9-2 中给出了几种材料的 a 和 b 值。

使用直线公式时，要注意适用范围。对于用塑性材料制成的压杆来说，其临界应力不应超过材料的屈服点 σ_s，否则，压杆因强度不足而失效，故

$$\sigma_{cr}=a-b\lambda<\sigma_s$$

$$\lambda>\frac{a-\sigma_s}{b}$$

$$\lambda_s=\frac{a-\sigma_s}{b} \tag{9-6}$$

于是，直线公式的适用范围可表示为 $\lambda_s<\lambda<\lambda_p$，$\lambda_s$ 称为对应于材料屈服点的柔度。如

Q235A 钢的 $\sigma_s=240$ MPa，$a=310$ MPa，$b=1.12$ MPa，将这些数据代入式(9-6)，得 $\lambda_s=62.5$。柔度在该范围内的压杆称为中柔度杆或中长杆。

$\lambda\leqslant\lambda_s$ 的压杆称为小柔度杆或粗短杆。此类压杆在失稳之前杆内应力已达到了材料的屈服点，将因强度不够而破坏，属于强度问题。为了统一起见，也把 σ_s 看成临界应力，即$\sigma_{cr}=\sigma_s$。

表 9-2　直线公式中的 a 和 b 值

材料	a/MPa	b/MPa
A3 钢($\sigma_b\geqslant372$ MPa，$\sigma_s\geqslant235$ MPa)	304	1.12
优质碳钢($\sigma_b\geqslant470$ MPa，$\sigma_s\geqslant306$ MPa)	460	2.57
硅钢($\sigma_b\geqslant510$ MPa，$\sigma_s\geqslant306$ MPa)	577	3.74
铬钼钢	980	5.29
硬铝	392	3.26
铸铁	331.9	1.45
松木	28.7	0.19

综上所述，可得以下结论：

当柔度 $\lambda\geqslant\lambda_p$ 时，称为大柔度杆或细长杆，压杆将发生弹性失稳，采用式(9-3)计算其临界应力；

当柔度 $\lambda_s<\lambda<\lambda_p$ 时，称为中柔度杆或中长杆，压杆将发生非弹性失稳，目前在设计中多采用式(9-5)计算其临界应力；

当 $\lambda\leqslant\lambda_s$ 时，称为小柔度杆或粗短杆，这类压杆首先出现强度失效，即不用考虑其稳定性，按轴向压缩公式计算其临界应力，即 $\sigma_{cr}=\sigma_s$。

9.2.3　临界应力总图

以柔度 λ 为横坐标，以临界应力 σ_{cr} 为纵坐标建立直角坐标系，在此坐标系中绘出临界应力 σ_{cr} 与柔度 λ 之间的关系曲线，该曲线称为临界应力总图(见图 9-3)。由图 9-3 可知，细长杆和中长杆的临界应力随柔度 λ 增大而减小，粗短杆的临界应力与柔度无关，细长杆的临界应力低于材料的比例极限。图 9-3 中的粗虚线为欧拉公式的延长部分，它说明：如果对中长杆仍采用欧拉公式计算临界应力，则使压杆偏于危险的一面。

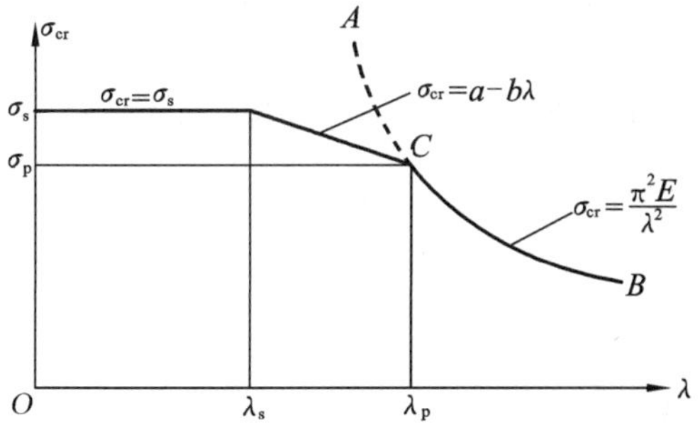

图 9-3　临界应力总图

以上讨论的是用塑性材料制成的压杆。若压杆由脆性材料制成，只需将屈服点 σ_s 换成强度极限 σ_b 即可。这时，粗短杆的破坏不是屈服，而是压溃。

9.2.4 临界载荷的计算

1. 大柔度杆(细长杆)临界载荷的计算

根据临界载荷的欧拉公式,可计算出大柔度杆的临界载荷。

例 9-1 有一矩形横截面压杆如图 9-4 所示,一端固定,一端自由。材料为钢,已知弹性模量 $E=200$ GPa,杆长 $l=2$ m,$h=90$ mm,$b=40$ mm。试计算此压杆的临界压力。若 $b=h=60$ mm,长度不变,此压杆的临界载荷又为多少?

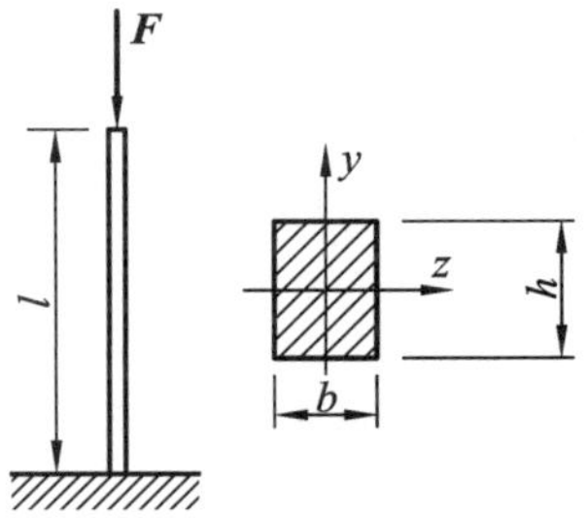

图 9-4 钢制细长压杆

解 根据题意,查表 9-1 可知,此压杆的长度系数 $\mu=2$。压杆的横截面为矩形,故横截面绕 y 轴和 z 轴的惯性矩分别为

$$I_y=\frac{hb^3}{12}=\frac{90\times 40^3}{12}\ \text{mm}^4=48\times 10^4\ \text{mm}^4$$

$$I_z=\frac{bh^3}{12}=\frac{40\times 90^3}{12}\ \text{mm}^4=243\times 10^4\ \text{mm}^4$$

因为 $I_y<I_z$,故压杆失稳弯曲时,横截面绕 y 轴转动,应按 I_y 计算临界载荷,于是将 I_y 代入欧拉公式得

$$F_{cr}=\frac{\pi^2 EI}{(\mu l)^2}=\frac{\pi^2\times 200\times 10^3\times 48\times 10^4}{(2\times 2000)^2}\ \text{N}=59\ \text{kN}$$

若 $b=h=60$ mm,则横截面惯性矩为

$$I_y=I_z=\frac{bh^3}{12}=\frac{60^4}{12}\ \text{mm}^4=108\times 10^4\ \text{mm}^4$$

代入欧拉公式得临界载荷为

$$F_{cr}=\frac{\pi^2 EI}{(\mu l)^2}=\frac{\pi^2\times 200\times 10^3\times 108\times 10^4}{(2\times 2000)^2}\ \text{N}=133\ \text{kN}$$

比较以上计算结果,两杆所用材料相同,长度相同,横截面面积相等,但后者的临界载荷约是前者的 2.25 倍。

应用压杆临界载荷欧拉公式时,注意以下两点:

(1) 欧拉公式只适用于材料的线弹性范围,即杆内应力不超过材料的比例极限;

(2) 对于沿各个方向约束相同的情形(例如球铰约束)来说,I 取横截面的最小惯性矩,即 $I=I_{min}$;对于沿不同方向具有不同约束条件的情形来说,计算时应根据横截面惯性矩和约束条件,首先判断失稳时的弯曲方向,从而确定横截面的中性轴以及相应的惯性矩。

2. 中柔度杆(中长杆)临界载荷的计算

对于中柔度杆而言,可由直线公式计算其临界应力,此时杆的临界载荷为

$$F_{cr}=\sigma_{cr}A=(a-b\lambda)A$$

3. 小柔度杆(粗短杆)临界载荷的计算

对于粗短杆而言,其临界应力为材料的屈服点 σ_s,用强度条件求临界载荷:

$$F_{cr}=\sigma_{cr}A=\sigma_s A$$

例 9-2 用 Q235A 钢($\lambda_s=61.4$,$\lambda_p=100$,$E=200$ GPa)制成的三根压杆两端均为铰支座,横截面直径 $d=50$ mm,长度分别为 $l_1=2$ m,$l_2=1$ m,$l_3=0.5$ m。试求这三根压杆的临界载荷。

解　首先计算各杆柔度，然后确定压杆类型及所用临界载荷计算公式。

因为三根压杆的横截面直径相同，所以它们的横截面惯性矩和横截面面积均为

$$I=\frac{\pi d^4}{64},\quad A=\frac{\pi d^2}{4}$$

于是得横截面的惯性半径均为

$$i=\sqrt{\frac{I}{A}}=\frac{d}{4}$$

代入式(9-2)得

$$\lambda_1=\frac{\mu l_1}{i}=\frac{\mu l_1}{(d/4)}=\frac{1\times 2000\times 4}{50}=160$$

$$\lambda_2=\frac{\mu l_2}{i}=\frac{\mu l_2}{(d/4)}=\frac{1\times 1000\times 4}{50}=80$$

$$\lambda_3=\frac{\mu l_3}{i}=\frac{\mu l_3}{(d/4)}=\frac{1\times 500\times 4}{50}=40$$

(1) $\lambda_1>\lambda_p$，压杆 1 是细长杆，应采用欧拉公式计算其临界载荷。

$$F_{cr1}=A\sigma_{cr1}=A\frac{\pi^2 E}{\lambda_1^2}=\frac{\pi d^2}{4}\times\frac{\pi^2 E}{\lambda_1^2}$$

$$=\frac{\pi\times 50^2}{4}\times\frac{\pi^2\times 200\times 10^3}{160^2}\ \text{N}=151\ \text{kN}$$

(2) $\lambda_s<\lambda_2<\lambda_p$，压杆 2 是中长杆，应采用直线公式计算其临界应力，查表 9-2 得 $a=304$ MPa，$b=1.12$ MPa，求得其临界载荷为

$$F_{cr2}=A\sigma_{cr2}=A(a-b\lambda_2)=\frac{\pi d^2}{4}(a-b\lambda_2)$$

$$=\frac{\pi\times(50\times 10^{-3})^2}{4}\times(304-1.12\times 80)\times 10^6\ \text{N}$$

$$=421\times 10^3\ \text{N}=421\ \text{kN}$$

(3) $\lambda_3<\lambda_s$，压杆 3 是粗短杆，其临界应力为材料的屈服点 σ_s，用强度条件求临界载荷。

$$F_{cr2}=A\sigma_{cr2}=A\sigma_s=\frac{\pi d^2}{4}\times\sigma_s=\frac{\pi\times(50\times 10^{-3})^2}{4}\times 235\times 10^6\ \text{N}$$

$$=461\times 10^3\ \text{N}=461\ \text{kN}$$

9.3 压杆的稳定性计算

9.3.1 稳定安全系数法

对于不同柔度的压杆而言，总可以计算出它的临界应力，将临界应力乘以压杆横截面面积，就得到临界载荷。值得注意的是，因为临界载荷是由压杆整体变形决定的，局部削弱(如开孔、槽等)对杆件整体变形的影响很小，所以计算临界应力或临界载荷时，可采用未削弱前的横截面面积 A 和惯性矩 I。

压杆的临界载荷 F_{cr} 与压杆实际承受的轴向压力 F 之比，为压杆的工作安全系数 n，它应该不小于规定的**稳定安全系数**$[n_{st}]$，因此，压杆的稳定性条件为

$$n=\frac{F_{cr}}{F}\geqslant[n_{\omega}] \tag{9-7}$$

由稳定性条件便可对压杆稳定性进行计算，在工程中主要是稳定性校核。通常情况下，$[n_{\omega}]$得比强度安全系数高，原因是一些难以避免的因素（例如压杆的初弯曲、材料不均匀、压力偏心以及支座缺陷等）对压杆稳定性的影响远远超过对强度的影响。表 9-3 列出了几种常用钢制构件的稳定安全系数值。

表 9-3 钢制构件的稳定安全系数值

机械类型	稳定安全系数$[n_{\omega}]$
金属结构中的压杆	1.8～3.0
矿山和冶金设备中的压杆	4.0～8.0
机床的丝杠	2.5～4.0
起重螺旋杆	3.5～6.0
高速发动机挺杆	2.0～5.0

9.3.2 折减系数法

在工程中，为了简便计算，对压杆的稳定性计算还可采用折减系数法，以应力的形式表示稳定性条件，即

$$\sigma=\frac{F}{A}\leqslant[\sigma_{cr}] \tag{9-8}$$

其中

$$[\sigma_{cr}]=\frac{\sigma_{cr}}{[n_{\omega}]} \tag{9-9}$$

式中，$[\sigma_{cr}]$为**稳定许用应力**。由于临界应力 σ_{cr} 随压杆的柔度而变，而且对不同柔度的压杆又规定不同的稳定安全系数$[n_{\omega}]$，所以$[\sigma_{cr}]$是柔度 λ 的函数。在某些结构设计中，常常把材料的强度许用应力$[\sigma]$乘以一个小于 1 的系数 φ 作为**稳定许用应力**$[\sigma_{cr}]$，即

$$[\sigma_{cr}]=\varphi[\sigma] \tag{9-10}$$

式中，φ 称为**折减系数**。因为$[\sigma_{cr}]$是柔度 λ 的函数，所以 φ 也是 λ 的函数，且总有 $\varphi<1$。几种常用材料压杆的折减系数列于表 9-4 中。引入折减系数后，式(9-8)可写为

$$\sigma=\frac{F}{A}\leqslant\varphi[\sigma] \tag{9-11}$$

表 9-4 Q235 钢和 A2 钢中心受压构件的折减系数 φ

λ	0	1	2	3	4	5	6	7	8	9
0	1.000	1.000	1.000	1.000	0.999	0.999	0.998	0.998	0.997	0.996
10	0.995	0.994	0.993	0.992	0.991	0.989	0.988	0.987	0.985	0.983
20	0.981	0.979	0.977	0.975	0.973	0.971	0.969	0.966	0.963	0.961
30	0.958	0.956	0.953	0.950	0.947	0.944	0.941	0.937	0.934	0.931
40	0.927	0.923	0.920	0.916	0.912	0.908	0.904	0.900	0.896	0.892
50	0.888	0.884	0.879	0.875	0.870	0.816	0.861	0.856	0.851	0.847

续表

λ	0	1	2	3	4	5	6	7	8	9
60	0.842	0.837	0.832	0.826	0.821	0.866	0.811	0.805	0.800	0.795
70	0.789	0.784	0.778	0.772	0.767	0.761	0.755	0.749	0.743	0.737
80	0.731	0.725	0.719	0.713	0.707	0.701	0.695	0.688	0.682	0.676
90	0.669	0.663	0.657	0.650	0.644	0.637	0.631	0.624	0.617	0.611
100	0.604	0.597	0.591	0.584	0.577	0.570	0.563	0.557	0.550	0.543
110	0.536	0.529	0.522	0.515	0.508	0.501	0.494	0.487	0.480	0.473
120	0.466	0.459	0.452	0.445	0.439	0.432	0.426	0.420	0.413	0.407
130	0.401	0.396	0.390	0.384	0.379	0.374	0.369	0.364	0.359	0.354
140	0.349	0.344	0.340	0.335	0.331	0.327	0.322	0.318	0.314	0.310
150	0.306	0.303	0.299	0.295	0.292	0.288	0.285	0.281	0.278	0.275
160	0.272	0.268	0.265	0.262	0.259	0.256	0.254	0.251	0.248	0.245
170	0.243	0.240	0.237	0.235	0.232	0.230	0.227	0.225	0.223	0.220
180	0.218	0.216	0.214	0.212	0.210	0.207	0.205	0.203	0.201	0.199
190	0.197	0.196	0.194	0.192	0.190	0.188	0.187	0.185	0.183	0.181
200	0.180	0.178	0.176	0.175	0.173	0.172	0.170	0.169	0.167	0.166
210	0.164	0.163	0.162	0.160	0.159	0.158	0.156	0.155	0.154	0.152
220	0.151	0.150	0.149	0.147	0.146	0.145	0.144	0.143	0.142	0.141
230	0.139	0.138	0.137	0.136	0.135	0.134	0.133	0.132	0.131	0.130
240	0.129	0.128	0.127	0.126	0.125	0.125	0.124	0.123	0.122	0.121
250	0.120									

例 9-3 图 9-5 所示为一用 20a 工字钢制成的压杆，材料为 Q235 钢，$E=200$ MPa，$\sigma_p=200$ MPa，压杆长度 $l=5$ m，$F=200$ kN。若$[n_{st}]=2$，试校核压杆的稳定性。

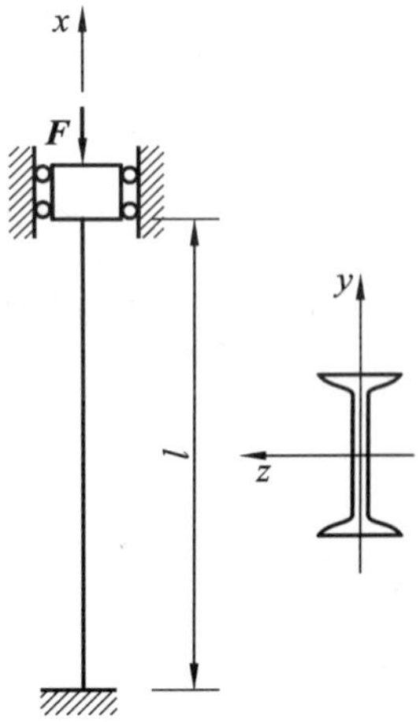

图 9-5 工字钢制受压件

解 (1) 计算 λ。

查型钢表得 $i_y=2.12\ \text{cm}$，$i_z=8.51\ \text{cm}$，$A=35.5\ \text{cm}^2$。压杆在 i 最小的纵向平面内抗弯刚度最小，柔度最大，临界应力将最小，因而压杆失稳一定发生在压杆 λ_{max}的纵向平面内，且

$$\lambda_{max}=\frac{\mu l}{i_y}=\frac{0.5\times 5}{2.12\times 10^{-2}}=117.9$$

(2) 计算临界应力，校核稳定性。

$$\lambda_p=\pi\sqrt{\frac{E}{\sigma_p}}=\pi\sqrt{\frac{200\times 10^9}{200\times 10^6}}=99.3$$

因为 $\lambda_{max}>\lambda_p$，此压杆属细长杆，要用欧拉公式来计算临界应力。

$$\sigma_{cr}=\frac{\pi^2 E}{\lambda_{max}^2}=\frac{\pi^2\times 200\times 10^3}{117.9^2}\ \text{MPa}=142\ \text{MPa}$$

$$F_{cr}=A\sigma_{cr}=35.5\times 10^{-4}\times 142\times 10^6\ \text{N}$$
$$=504.1\times 10^3\ \text{N}=504.1\ \text{kN}$$

$$n=\frac{F_{cr}}{F}=\frac{504.1}{200}=2.52>[n_\omega]$$

所以，此压杆稳定。

9.3.3 提高压杆稳定性的措施

提高压杆的稳定性，在于增大压杆的临界载荷或临界应力，因此，从分析临界应力计算公式入手，可找到提高压杆稳定性的一些途径。

1. 选择合理的横截面形状

细长杆的临界压力 $\sigma_{cr}=\pi^2 E/\lambda^2$ 和中长杆的临界应力 $\sigma_{cr}=a-b\lambda$ 均与柔度 λ 有关，柔度越小，临界应力越大，压杆的稳定性越好，因此，对于固定长度和约束方式的压杆来说，在横截面面积保持不变的情况下，应选择惯性矩较大的横截面形状，即尽可能选用材料远离中性轴的横截面形状。例如，由四根角钢组成的立柱，角钢应分散放置在横截面的四个角(见图 9-6(a))，而不是放在横截面形心的附近(见图 9-6(b))。

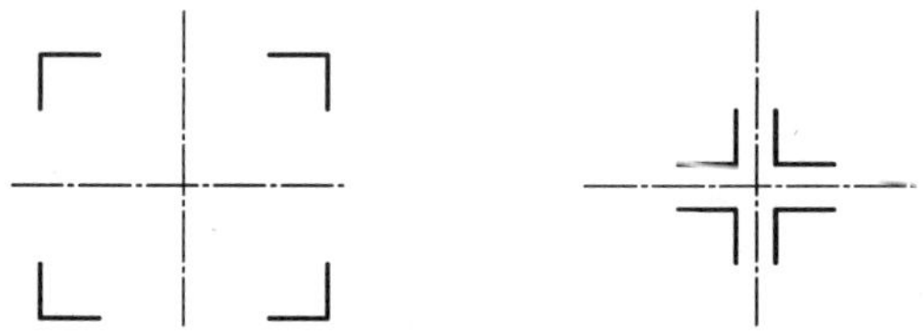

(a)　　(b)

图 9-6　合理选择压杆横截面的形状

如果考虑压杆失稳的方向性，那么对于压杆两端约束沿各个方向相同的情形(如球铰约束或固定端约束)来说，宜选用空心圆横截面或者中空的正方形横截面，以保证横截面对各个方向的形心轴的惯性矩都相同。但应注意，空心横截面的壁厚不能太薄，以免出现皱褶而出现局部失稳现象。对于压杆端部约束沿各个方向不相同的情形(如圆柱销连接)来说，最理想的设计是使各个纵向平面内有相等或相近的柔度，因此宜选用矩形或工字形横截面，使压杆在各个纵向平面内有相同或相近的稳定性。

2. 尽量减小压杆的长度

由 $\lambda=\frac{\mu l}{i}$ 可知,压杆的柔度与压杆的长度成正比。在结构允许的情况下,应尽可能地减小压杆的长度,甚至可改变结构布局,将压杆改为拉杆(如将图 9-7(a)所示的托架改成图 9-7(b)所示的形式)等。

3. 改善约束条件

改变压杆的支座条件直接影响临界载荷的大小。例如图 9-8 中,长为 l、两端铰支的压杆,其 $\mu=1$,$F_{cr}=\frac{\pi^2 EI}{l^2}$。若在这一压杆的中点增加一个中间支座或者把一端改为固定端,则相当于长度变为 $\mu l=\frac{l}{2}$,临界载荷变为 $F_{cr}=\frac{\pi^2 EI}{\left(\frac{l}{2}\right)^2}=\frac{4\pi^2 EI}{l^2}$。

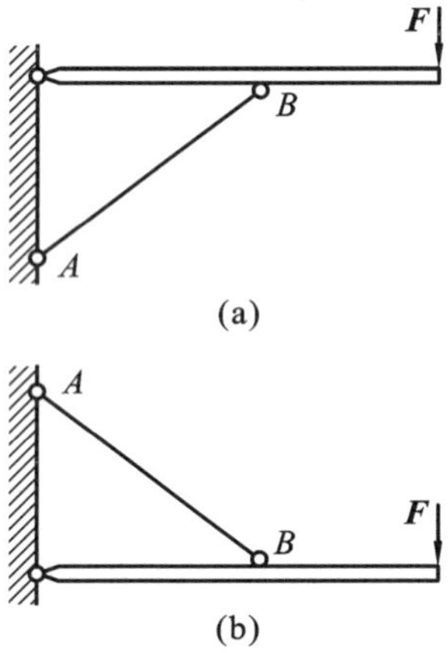

图 9-7 改压杆为拉杆

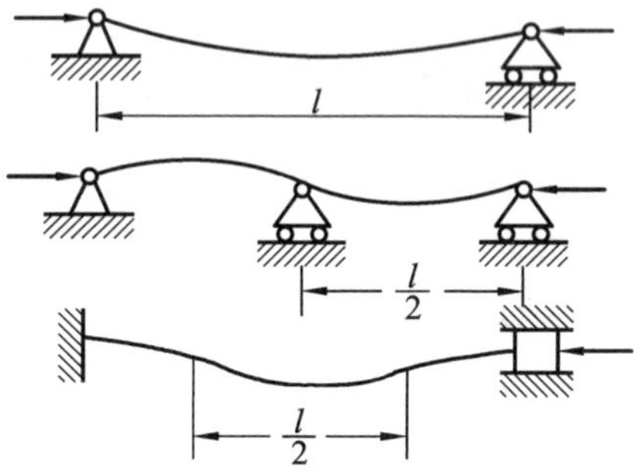

图 9-8 增加压杆的约束

由此可见,临界载荷变为原来的四倍。增加压杆的约束,使其不容易发生弯曲变形,可以提高压杆的稳定性。

4. 合理选择材料

由欧拉公式 $\sigma_{cr}=\frac{\pi^2 E}{\lambda^2}$ 可知,临界应力与材料的弹性模量 E 有关。由于钢的弹性模量比其他材料(如铝合金等)的大,所以细长压杆多采用钢材制造。然而,由于各种钢材的弹性模量 E 大致相等,所以对于细长杆而言,选用优质钢材制造和选用低碳钢制造并没有很大的差别;对于中长杆而言,无论是经验公式还是理论分析,都说明临界应力与材料的强度有关,优质钢材在一定程度上可以增大临界应力的数值。又由于使用高强度钢制造中长杆可减轻压杆的自重,所以合理选择材料对高速运转和要求体积小、质量轻的压杆具有重要意义。至于短粗杆,本来就是强度问题,选择优质钢材自然可以提高其强度。

【工程应用】

图 9-9 所示的两种桁架,1、4 杆均为压杆,但不难看出图 9-9(b)所示桁架中 1、4 杆的承载能力要强于图 9-9(a)中的 1、4 压杆的承载能力。

(a) 桁架1稳定性弱　　(b) 桁架2稳定性强

图 9-9　两种不同稳定性的桁架

对于图 9-10 所示的螺旋千斤顶，不仅要对螺杆进行强度设计，还要校核螺杆的稳定性。

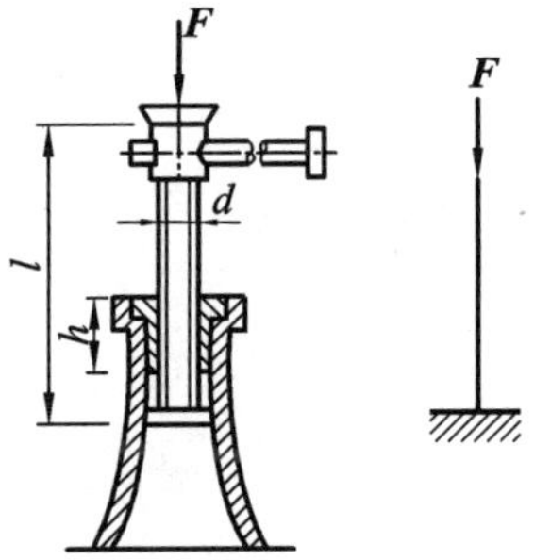

图 9-10　螺旋千斤顶

【课后讨论】

请用压杆稳定的知识解释麦田倒伏现象。

第 10 章
动载荷与交变应力

10

知识及技能

- 理解动载荷的概念；
- 掌握交变应力的概念、循环特征及疲劳失效的特点和原因；
- 理解材料的疲劳极限，掌握提高构件疲劳强度的措施。

【知识引入】

在第一次世界大战中，首次用于战争的飞机非战斗减员非常严重，究其原因是由机翼突然折断造成，但机翼的设计强度是足够的。经分析发现，飞机在天上高速飞行时，受湍流作用，机翼将上下振动，机翼的根部会反复折弯，引起疲劳破坏。

10.1 动载荷的概念

前面讨论了构件在静载荷作用下的强度、刚度和稳定性问题。所谓静载荷，是指载荷的大小由零开始缓慢地增加到最终值，以后就不再变动的载荷。在加载过程中，构件内各质点运动的加速度很小，可以忽略不计。此时，构件内的应力称为**静应力**。作用在构件上随时间急剧变化的载荷，以及做加速运动或转动的构件的惯性力，均为**动载荷**。例如：起重机启动时，起重机加速吊升重物，吊索受到惯性力的作用；气锤打桩时，冲击过程中，桩受到冲击载荷的作用等。上述吊索、桩都承受动载荷。构件由动载荷所引起的应力和变形分别称为**动应力**和**动变形**。构件在动载荷作用下同样有强度、刚度和稳定性问题，而且采用与静载荷相同的处理方法。实验结果表明，在静载荷作用下服从胡克定律的材料，在动载荷作用下，只要动应力不超过材料的比例极限，胡克定律仍然适用。

10.2 交变应力的概念

构件内的应力若随时间做周期性的变化，则称为**交变应力**。图 10-1 表示齿轮（图中为从动轮）在啮合过程中，轮齿齿根 A 点的弯曲正应力的变化过程。$\boldsymbol{F}$ 为啮合时作用于齿轮上的力，齿轮每转一周，轮齿啮合一次，啮合力由零增加到最大值，然后又减小为零，且轮齿齿根 A 点的弯曲正应力也同步变化。应力 σ 随时间 t 变化的曲线如图 10-1(b)所示。

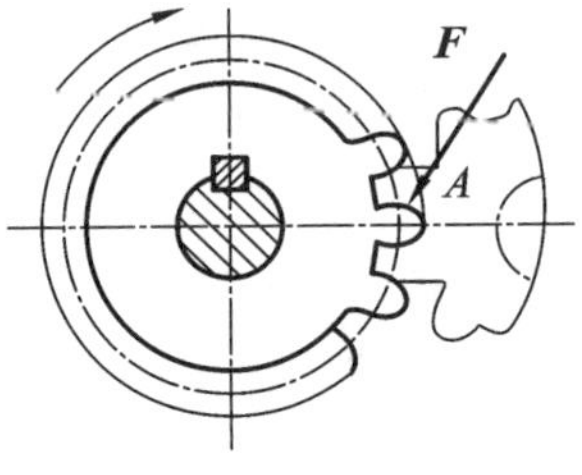

(a) 轮齿啮合力

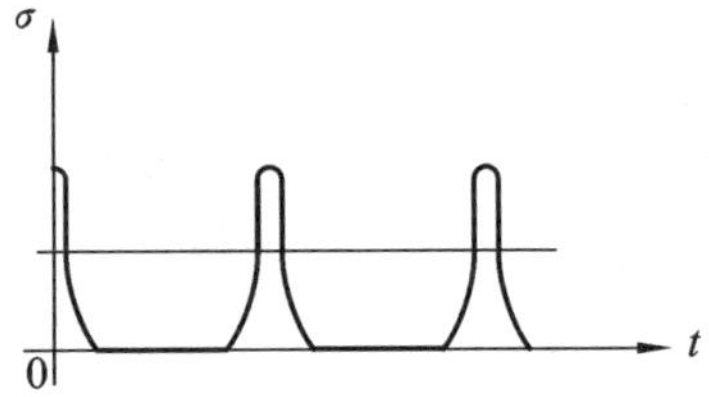

(b) σ 随 t 的变化规律

图 10-1　齿轮的交变应力

为了清晰地表达交变应力随时间做周期性变化的规律，将应力 σ 随时间 t 变化绘制成如图 10-2 所示的曲线。图 10-2 称为 σ-t 曲线图。构件的应力重复出现一次称为一个应力循环，重复出现的次数称为循环次数，完成一个应力循环所需要的时间称为一个循环周期。

通常用最小应力和最大应力的比值来说明应力的变化规律。该比值称为**循环特征**（**应力比**），用 r 表示为

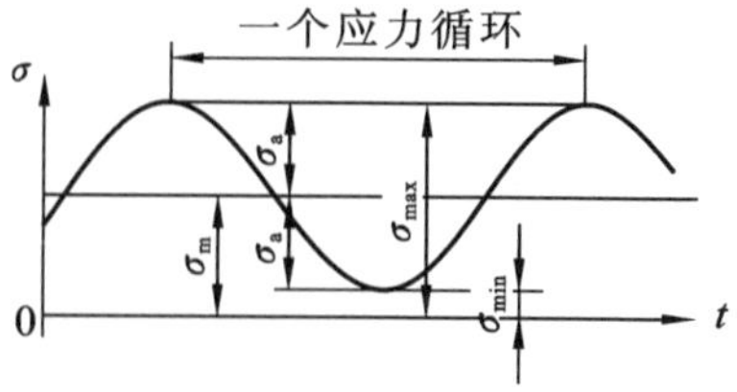

图 10-2　σ 随 t 的变化规律

$$r=\frac{\sigma_{min}}{\sigma_{max}} \tag{10-1}$$

最大应力和最小应力的代数平均值称为**平均应力**,用 σ_m 表示。

$$\sigma_m=\frac{1}{2}(\sigma_{max}+\sigma_{min}) \tag{10-2}$$

最大应力和平均应力的差值称为**应力幅**,用 σ_a 表示。

$$\sigma_a=\sigma_{max}-\sigma_m=\frac{1}{2}(\sigma_{max}-\sigma_{min}) \tag{10-3}$$

当 $\sigma_{max}=-\sigma_{min}$ 时,$r=-1$,这种交变应力称为**对称循环交变应力**。$r\neq-1$ 时的交变应力称为**非对称循环交变应力**。在非对称循环中,$\sigma_{min}=0$、$r=0$ 时的交变应力称为**脉动循环交变应力**。静应力是交变应力的一种特殊情况,它不随时间而变化,这时,$\sigma_{max}=\sigma_{min}$,$r=1$。

10.3　疲劳破坏与持久极限

10.3.1　疲劳破坏

构件在交变应力作用下的破坏,称为**疲劳破坏**。与静强度破坏相比,在交变应力作用下,构件的破坏有三大特征:① 即使最大应力值还远远没达到材料的极限应力,经受了一定次数的应力循环之后,构件也会发生断裂;② 即使是塑性较好的材料,如低碳钢,断裂前也没有明显的塑性变形;③ 如图 10-3 所示,疲劳破坏的断口有两个明显的区域,一个是光滑区,一个是粗糙区,静强度破坏断口只有粗糙区。

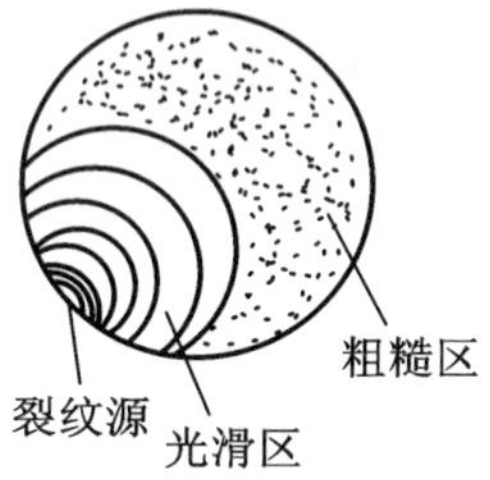

图 10-3　疲劳破坏的断口示意图

疲劳破坏由于是在没有明显预兆的情况下突然发生的,因此极易造成重大事故。

10.3.2　材料的持久极限

实验表明,材料发生疲劳破坏,不仅与最大应力 σ_{max} 有关,而且与应力的循环特征 r 及循环次数 N 有关。在一定的循环特征下,当最大应力 σ_{max} 不超过某一极限值时,材料可以经历无数次应力循环而不发生疲劳破坏。所以,材料在交变应力的作用下,能够经受无数次应力循环而不发生疲劳破坏的最大应力值,称为**材料的持久极限**,用 σ_r 表示(r 为交变应力的循环特征)。材料的持久极限首先与材料本身有关,但同一种材料,在承受不同循环特征的交变应力作用时,其持久极限也有所不同,其中以对称循环交变应力的持久极限 σ_{-1} 为最低。

出于安全角度的考虑，通常以 σ_{-1} 作为材料在交变应力作用下的主要强度指标。

持久极限用疲劳试验机测定。图 10-4 所示为疲劳试验机示意图。试验时，将某种要测试持久极限的材料加工成一组（6～8 根）直径 $d=7\sim10$ mm 的标准试件，表面磨光。将第一根试件夹持在疲劳试验机上，施加载荷，使试件承受的最大弯曲正应力在 $(0.7\sim0.8)\sigma_b$ 范围内。开机后，载荷大小和方向都不变，电动机带动试件旋转。每转一周，其横截面上各点就经历一次对称循环交变应力的作用。经过一定的循环次数 N_1 后，试件将因疲劳而断裂，得到第一组数据 (N_1,σ_1)；然后在上一次基础上，将试件载荷依次按 10% 的幅度递减，依次得到一组数据 $(N_2,\sigma_2),\cdots,(N_7,\sigma_7)$。

处理试验数据时，先以 σ 为纵坐标，以 N 为横坐标，建立平面直角坐标系，用描点法将以上几组数据绘成一条 σ-N 曲线，该曲线称为疲劳曲线。大多数钢铁材料的疲劳曲线形状相似，如图 10-5 所示。

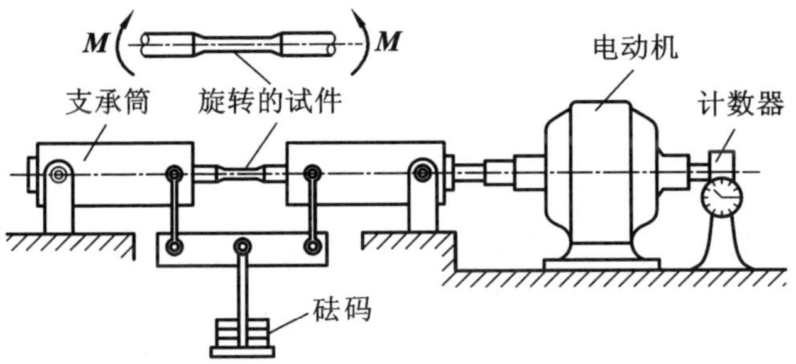

图 10-4　疲劳试验机示意图

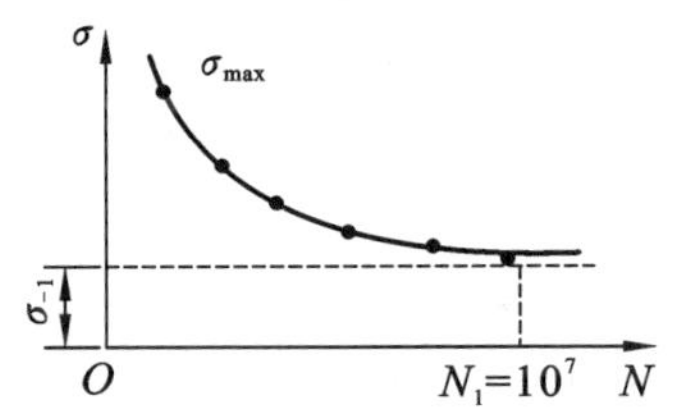

图 10-5　钢铁材料的疲劳曲线

由疲劳曲线可以看出，随着最大应力 σ_{max} 逐渐减小，试件断裂前所经历的循环次数逐渐增加，当最大应力 σ_{max} 减小到一定值时，疲劳曲线趋于水平，即疲劳曲线存在一条水平渐近线。这就意味着，如果试件所承受的交变应力的最大值不超过水平渐近线所对应的应力值，则经过无数次应力循环，试件也不会发生疲劳破坏，该水平渐近线所对应的应力值即为材料的持久极限。

一般情况下，钢铁材料试件在经历 10^7 次应力循环后，曲线开始趋于水平，这时不再继续做试验，把 $N-10^7$ 次应力循环所对应的最大应力值，作为材料的持久极限 σ_{-1}。

非铁金属类材料的疲劳曲线一般不存在水平渐近线，工程上一般采用条件疲劳极限作为其持久极限。条件疲劳极限是指在规定的应力循环次数 $N_0(N_0=10^7\sim10^9)$ 下，不发生疲劳破坏的最大应力值。

各种材料的持久极限可从有关手册中查到。大量的试验数据表明，在对称循环交变应力的作用下，钢材的持久极限与它在静载荷作用下的强度极限 σ_b 存在下列近似关系：

（1）拉压，$\sigma_{-1}\approx0.28\sigma_b$；

（2）弯曲，$\sigma_{-1}\approx0.40\sigma_b$；

（3）扭转，$\sigma_{-1}\approx0.22\sigma_b$。

影响持久极限数值的因素有构件外形（槽、孔、缺口或轴肩等，应力集中问题）、构件尺寸、构件表面加工质量、构件工作环境（强度、介质等）等。因此，必须对光滑小试件的持久极限 σ_{-1} 加以修正，获得构件的持久极限，才能用于构件的设计。构件在对称循环交变应力作用下的持久极限为

$$\sigma_{-1}^{0}=\frac{\varepsilon_{\sigma}\beta}{K_{\sigma}}\sigma_{-1} \tag{10-4}$$

式中:K_{σ}——有效应力集中因数,可以从有关设计手册中查阅;

ε_{σ}——尺寸因数,试验表明,当构件横截面上的应力非均匀分布时,随着构件横截面尺寸的增加,尺寸因数减小,且常用材料的尺寸因数可从有关设计手册中查得;

β——表面质量因数,具体数值可查阅有关手册。

10.3.3 提高构件的疲劳强度

由上可见,在交变应力作用下的疲劳强度指标,比静载荷作用下的强度指标要低得多,应设法提高构件的疲劳强度,即:

(1) 合理设计构件的外形,尽量避免在构件上设计方形或带尖角的孔槽,阶梯形圆轴轴肩处的圆角尽量大些;

(2) 降低构件表面的粗糙度,尽量避免在构件表面上造成机械损伤和化学腐蚀;

(3) 提高构件表面的强度和硬度。

【工程应用】

工业厂房中转动的机械设备对楼板与楼板梁的振动载荷、地震时的地震载荷、土建工程中打桩时气锤对桩的冲击力、吊车突然刹车时对吊车梁的冲击等都是动载荷,机械中各类旋转轴承受的弯载荷都是交变载荷。

【课后讨论】

以下几种状况,各产生的是何种类型的交变应力?

1. 人走路时鞋底的脚掌部。

2. 人挑起重物并行走时的扁担。

3. 反复吹胀的、儿童玩耍的带哨笛的气球。

参考文献 CANKAOWENXIAN

[1] 王道远，李冬. 工程力学[M]. 北京：中国水利水电出版社，2014.

[2] 李鸣. 工程力学[M]. 广州：华南理工大学出版社，2005.

[3] 王先，何航红. 工程力学[M]. 广州：华南理工大学出版社，2008.

[4] 王世刚，郭润兰. 工程力学及机械设计基础[M]. 2版. 北京：国防工业出版社，2014.

[5] 罗静，袁江，陈娜. 工程力学[M]. 武汉：华中科技大学出版社，2016.

[6] 刘宇，姜雄基. 工程力学[M]. 北京：北京理工大学出版社，2013.